应用型本科院校"十三五"规划教材/石油工程类

U0222332

主 编 王国库 王 瑞

副主编 程 铭 张苏北 夏长元

主 审 龙安厚

特殊工艺井钻井技术

Unconventional Drilling Technology

哈爾濱工業大學出版社

内容简介

本书根据高校教育的特点,按新的教材体系要求编写,并紧密结合油田实际、注重学生实践能力的培养,以真实工作任务和工作过程为依据整合教学内容,力求实现教、学、做相结合,理论和实践一体化,主要内容包括四章,分别为第1章水平井钻井技术;第2章大位移井钻井技术;第3章套管开窗侧钻井技术;第4章其他特殊工艺钻井技术。在每一章都介绍了各种特殊工艺钻井工程中的一些典型案例,讲述了主要的相关知识要点,通过有关的操作技能,最后进行理论和技能考核,达到掌握知识的目的。

本书适用于钻井工程技术人员、技术工人参考,也可作为高等本科院校、高职高专石油工程专业学生的必修或选修课教材以及钻井工程技术人员的培训教材。

图书在版编目(CIP)数据

特殊工艺井钻井技术/王国库,王瑞主编. —哈尔滨:
哈尔滨工业大学出版社,2018.1
应用型本科院校"十三五"规划教材
ISBN 978 - 7 - 5603 - 6532 - 9

Ⅰ.①特… Ⅱ.①王…②王… Ⅲ.①油气钻井-高等学校-教材 Ⅳ.①TE2

中国版本图书馆 CIP 数据核字(2017)第 057951 号

策划编辑　杜　燕
责任编辑　刘　瑶
出版发行　哈尔滨工业大学出版社
社　　址　哈尔滨市南岗区复华四道街 10 号　邮编 150006
传　　真　0451 - 86414749
网　　址　http://hitpress.hit.edu.cn
印　　刷　哈尔滨市工大节能印刷厂
开　　本　787mm×1092mm　1/16　印张 16.5　字数 395 千字
版　　次　2018 年 1 月第 1 版　2018 年 1 月第 1 次印刷
书　　号　ISBN 978 - 7 - 5603 - 6532 - 9
定　　价　36.00 元

序

哈尔滨工业大学出版社策划的《应用型本科院校"十三五"规划教材》即将付梓,诚可贺也。

该系列教材卷帙浩繁,凡百余种,涉及众多学科门类,定位准确,内容新颖,体系完整,实用性强,突出实践能力培养。不仅便于教师教学和学生学习,而且满足就业市场对应用型人才的迫切需求。

应用型本科院校的人才培养目标是面对现代社会生产、建设、管理、服务等一线岗位,培养能直接从事实际工作、解决具体问题、维持工作有效运行的高等应用型人才。应用型本科与研究型本科和高职高专院校在人才培养上有着明显的区别,其培养的人才特征是:①就业导向与社会需求高度吻合;②扎实的理论基础和过硬的实践能力紧密结合;③具备良好的人文素质和科学技术素质;④富于面对职业应用的创新精神。因此,应用型本科院校只有着力培养"进入角色快、业务水平高、动手能力强、综合素质好"的人才,才能在激烈的就业市场竞争中站稳脚跟。

目前国内应用型本科院校所采用的教材往往只是对理论性较强的本科院校教材的简单删减,针对性、应用性不够突出,因材施教的目的难以达到。因此亟须既有一定的理论深度又注重实践能力培养的系列教材,以满足应用型本科院校教学目标、培养方向和办学特色的需要。

哈尔滨工业大学出版社出版的《应用型本科院校"十三五"规划教材》,在选题设计思路上认真贯彻教育部关于培养适应地方、区域经济和社会发展需要的"本科应用型高级专门人才"精神,根据前黑龙江省委书记吉炳轩同志提出的关于加强应用型本科院校建设的意见,在应用型本科试点院校成功经验总结的基础上,特邀请黑龙江省9所知名的应用型本科院校的专家、学者联合编写。

本系列教材突出与办学定位、教学目标的一致性和适应性,既严格遵照学科体系的知识构成和教材编写的一般规律,又针对应用型本科人才培养目标及与之相适应的教学特点,精心设计写作体例,科学安排知识内容,围绕应用讲授理论，做到"基础知识够用、实践技能实用、专业理论管用"。同时注意适当融入新理论、新技术、新工艺、新成果，并且制作了与本书配套的PPT多媒体教学课件，形成立体化教材，供教师参考使用。

《应用型本科院校"十三五"规划教材》的编辑出版，是适应"科教兴国"战略对复合型、应用型人才的需求，是推动相对滞后的应用型本科院校教材建设的一种有益尝试，在应用型创新人才培养方面是一件具有开创意义的工作，为应用型人才的培养提供了及时、可靠、坚实的保证。

希望本系列教材在使用过程中，通过编者、作者和读者的共同努力，厚积薄发、推陈出新、细上加细、精益求精，不断丰富、不断完善、不断创新，力争成为同类教材中的精品。

前　　言

特殊工艺井一般指水平井、大位移井、欠平衡井、分支井、深井超深井以及套管钻井等，特殊工艺井钻井工艺复杂、施工难度大，几乎应用了目前世界上 90% 最前沿的钻井完井技术，随着油田开发的逐步深入和扩展，钻特殊工艺井数量越来越多，掌握特殊工艺井钻井技术势在必行。

本书根据高校教育的特点，按新的教材体系要求编写，并紧密结合油田实际、注重学生实践能力的培养，以真实工作任务和工作过程为依据整合教学内容，力求实现教、学、做相结合，理论和实践一体化。本书包括四章，分别为第 1 章水平井钻井技术；第 2 章大位移井钻井技术；第 3 章套管开窗侧钻井技术；第 4 章其他特殊工艺钻井技术。在每一章都介绍了各种特殊工艺钻井工程中的一些典型案例，讲述了主要的相关知识要点，通过有关的操作技能，最后进行理论和技能考核，达到掌握知识的目的。

由于从石油工业发展的形势来看，常规的钻井方式已不能满足现代钻井的需要，欠平衡钻井技术已成为钻井技术发展的热点，其用途特别广泛，例如：欠平衡钻井技术有利于降低油气勘探开发成本，最大限度地保护油气层；有利于中小型油气田、非常规油气藏、低压低渗油气藏的勘探开发；有利于油田中后期改造挖潜等。欠平衡钻井由于其技术的先进性为勘探、开发带来了广阔的前景，在油气田开发中发挥着越来越重要的作用。为此，本书在第四章"其他特殊工艺钻井技术"中用大篇幅详细介绍了欠平衡钻井，突出其在钻井工艺领域的重要性。

本书由哈尔滨石油学院石油工程学院王国库和王瑞担任主编，由程铭、张苏北和夏长元担任副主编，由石油工程学院院长龙安厚担任主审。本书具体分工如下：第 1 章和第 2 章的 2.1 节由王瑞编写；第 2 章的 2.2 节和 2.3 节、第 3 章及第 4 章的 4.5.5 小节由王国库编写；第 4 章的 4.1 ~ 4.4 节及 4.5.2 小节由程铭编写；第 4 章的 4.5.1、4.5.3、4.5.4 小节由张苏北编写；第 4 章的 4.5.6、4.5.7 小节及 4.6 节由夏长元编写。本书还得到了石油工程学院专家和同事的鼎力支持，再此表示衷心的感谢。

由于编写人员水平所限，书中难免存在不完善之处，敬请广大师生多提宝贵意见。

编　者
2017 年 9 月

目　　录

第1章

水平井钻井技术

1.1 知识要点

　　水平井的钻井过程比常规钻井要复杂得多,从设计到施工,都包含着很多比直井复杂的理论技术和相应的施工作业技术。首先,分析该钻井过程中所涉及的理论知识。另外,由于地质因素等多方面的原因,同样都是水平井,但每一口水平井所用的工具和施工方法等并不完全一样,分析该井的同时也要掌握一些水平井的普通知识。

　　分析整个水平井钻井过程,可以总结出几个知识要点,即水平井的基本知识、水平井专用工具、测量仪器、钻井技术(剖面设计技术、轨迹控制技术和安全钻井技术)和固井技术。

1.1.1 水平井的基本知识

1.水平井的概念

　　水平井是指井斜角大于或等于86°,并保持这种井斜角在目的层中维持一定长度的水平井段的特殊井,如图1.1所示。水平井是定向井的一种特例,图1.2是三维水平井示意图。水平井钻井技术是常规定向井钻井技术的延伸和发展,井斜角大于或等于86°的井段称为水平段。钻水平井的主要目的是获得较高的油气产能。

　　　图1.1　水平井示意图　　　　　　　图1.2　三维水平井示意图

2.一些常用参数的概念

　　(1)井深。井深指井口(转盘面)至测点井眼的实际长度,人们常称为斜深,国外称为测量深度。

（2）测井。测井指测点的井深，即测量装置所在井深。

（3）井斜角。井斜角指该测点处的井眼方向线与重力线之间的夹角（图1.3）。井斜角常以希腊字母 α 表示，单位为（°）。

（4）井斜方位角。井斜方位角是指以正北方位线为始边，顺时针旋转至井斜方位线所转过的角度（图1.4）。井斜方位角常以希腊字母 ϕ 表示，单位为（°）。实际应用过程中常常简称为方位角。

图1.3　井斜方位角示意图　　　　　　　　图1.4　井斜角示意图

（5）磁方位角。磁力测斜仪测得的井斜方位角是以地球磁北方位线为准的，称为磁方位角。

（6）磁偏角。磁北方位线与真北方位线并不重合，两者之间有一个夹角，这个夹角称为磁偏角，如图1.5所示。磁偏角又有东磁偏角和西磁偏角之分，当磁北方位线在正北方位线以东时，称为东磁偏角；当磁北方位线在正北方位线以西时，称为西磁偏角。进行磁偏角矫正时按以下公式计算：

$$真方位角 = 磁方位角 + 东磁偏角$$
$$真方位角 = 磁方位角 - 西磁偏角$$

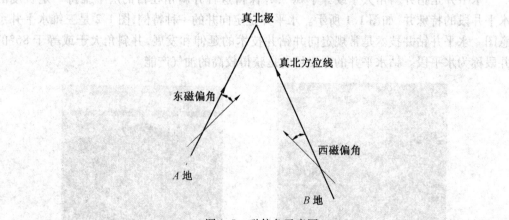

图1.5　磁偏角示意图

（7）井斜变化率。井斜变化率是指井斜角随井深变化的快慢程度，常以 K_α 表示。精确地讲，井斜变化率是井斜角度（α）对井深（L）的一阶导数，即

$$K_\alpha = \frac{\mathrm{d}\alpha}{\mathrm{d}L} \tag{1.1}$$

井斜变化率的单位常以(°)/(100 m)表示。

(8)井深方位变化率。井深方位变化率在实际应用中简称方位变化率,是指井斜方位角随井深变化的快慢程度,常用K_ϕ表示,计算公式为

$$K_\phi = \frac{\mathrm{d}\phi}{\mathrm{d}L} \tag{1.2}$$

(9)全角变化率(狗腿严重度或井眼曲率)。全角变化率指从井眼内的一个点到另一个点,井眼前进方向变化的角度(两点处井眼前进方向线之间的夹角)。该角度既反映了井斜角度的变化,又反映了方位角度的变化,通常称为全角变化值。两点间的全角变化值γ相对于两点间井眼长度ΔL变化的快慢即为全角变化率K,计算公式为

$$K = \frac{\gamma}{\Delta L} \tag{1.3}$$

在实际钻井中,井眼曲率的计算方法有很多,包括公式法、查表法、图解法、查图法和尺算法五种。后四种方法皆来源于公式法。计算井眼曲率的公式有三套。

第一套公式:对于一个测点,即

$$K = \sqrt{K_\alpha^2 + K_\phi^2 \sin^2\alpha} \tag{1.4}$$

对于一个测段,即

$$K = \sqrt{\left(\frac{\Delta\alpha}{\Delta L}\right)^2 + \left(\frac{\Delta\varphi}{\Delta L}\right)^2 \sin^2\alpha_c} \tag{1.5}$$

第一套公式的图解法,如图1.6所示。

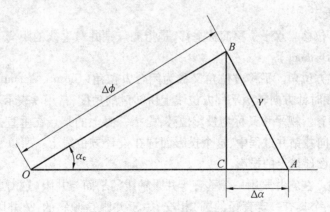

图1.6　第一套公式的图解法

①作水平射线OA;
②作$\angle BOA = \alpha_c$(两测点平均井斜角);
③以一定长度代表单位角,量$OB = \Delta\phi$(两测点方位角差);
④自B点向OA垂线,垂足为C点;
⑤按步骤③中的比例,$CA = \Delta\alpha$;
⑥连接A、B,并测量长度,按步骤③比例换算成角度,此角度即狗腿角γ。
第二套公式,由于误差比较大,现场使用少,略。

第三套公式：

$$\gamma=\sqrt{\alpha_1^2+\alpha_2^2-2\alpha_1\alpha_2\cos\Delta\phi} \tag{1.6}$$

第三套公式图解法，如图 1.7 所示

①选取一定比例，经一定长度代表单位角度，作线段 OA，使其长度代表 α_1；

②作 OB 线段，使 $\angle BOA=\Delta\varphi$；

③按步骤①的比例量 $OB=\alpha_2$；

④连接 A、B，并量 AB 的长度，按步骤①的比例换算成角度，即为 γ。

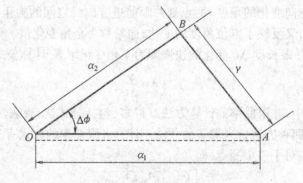

图 1.7　第三套公式的图解法

（10）垂深（垂直井深）。即某测点的垂直深度，是指井身任意一点至转盘面所在平面的距离，以 H 表示。

（11）水平投影长度。水平投影长度是指自井口至测点的井眼长度在水平面上的投影长度，以 S 表示。

（12）水平位移。水平位移简称平移，是指测点到井口垂线的距离。在国外又称为闭合距（Closure Distance）。

（13）平移方位角。平移方位角又称为闭合方位角（Closure Azimuth），是指以正北方位线为始边，顺时针方向转至平移方位线上所转过的角度，常用 θ 表示。

（14）视平移。视平移又称为投影位移，是指井身上的某点在垂直投影面上的水平位移。在实际定向井钻井过程中，这个投影面选在设计方位线上。所以视平移也可以定义为水平位移在设计线上的投影。

（15）高边。在斜井段用一个垂直于井眼轴线的平面与井眼（这时的井眼不能理解为一条线，而是一个具有一定直径的圆）相交，由于井眼是倾斜的，故井眼在该平面上有一个最高点，最高点与井眼圆心所形成的直线即为井眼的高边。

（16）工具面。工具面就是造斜工具弯曲方向的平面。

（17）磁性工具面角。磁性工具面角是指造斜工具弯曲的平面与正北方位所在平面的夹角。

（18）高边工具面角。高边工具面角是指造斜工具弯曲方向的平面与井斜方位角所在平面的夹角。

（19）装置角。装置角是指造斜工具弯曲方向的平面与原井斜方向所在平面的夹角，通常用 ω 表示。

（20）反扭矩。在用井底动力钻具钻进时,都存在一个与钻头转动方向相反的扭矩,该扭矩被称为反扭矩。

（21）反扭角。使用井底动力钻具钻进时,都存在一个与钻头转动方向相反的扭矩,由于该扭矩的作用,使得井底钻具外壳向逆时针方向转动一个角度,该角度被称为反扭角。

（22）设计入口角度。设计入口角度是指进入储层顶部的井斜角度。

（23）着陆点。着陆点是指井眼轨迹中井斜角达到水平段设计井斜角的点。

（24）入口窗口高度。入口窗口高度是指入靶点垂直方向上下误差之和。

（25）入口窗口宽度。入口窗口宽度是指入靶点水平方向左右误差之和。

（26）出口窗口高度。出口窗口高度是指出靶点垂直方向上下误差之和。

（27）出口窗口宽度。出口窗口宽度是指出靶点水平方向左右误差之和。

（28）着陆点允许水平偏差。着陆点允许水平偏差是指着陆点允许水平方向前后的误差。

水平井各段名称如图 1.8 所示。

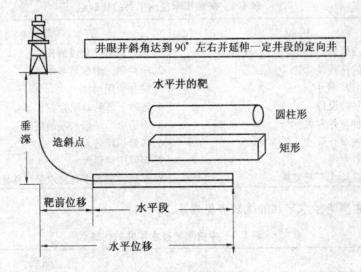

图 1.8　水平井各段名称示意图

3. 描述水平井的几个常用术语

（1）入靶点。入靶点是指地质设计规定的目标起始点。

（2）终止点。终止点是指地质设计规定的目标结束点。

（3）靶前位移。靶前位移是指入靶点的水平位移。

（4）水平段长。水平段长是指入靶点与终止点之间的轨道长度。

（5）水平段有效长度。水平段有效长度指实钻水平段保持在靶区内的累计长度。

（6）水平段有效比值。水平段有效比值指水平段有效长度与水平段总长之比。

4. 水平井的类型和特点

目前,水平井主要有长曲率半径、中曲率半径和短曲率半径三类水平井基本类型,如图 1.9 所示。

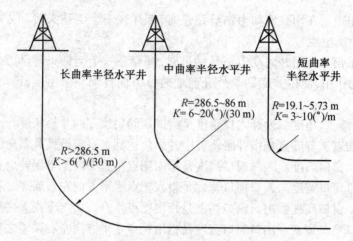

图 1.9 水平井基本类型

（1）长曲率半径水平井的优缺点见表 1.1。

表 1.1 长曲率半径水平井的优缺点

优点	缺点
1.穿透油层段最长(可以大于 1 000 m)	1.井眼轨道控制段最长
2.使用标准的钻具及套管	2.全井斜深增加最多
3."狗腿严重度"最小	3.钻井费用增加
4.使用常规钻井设备	4.各种下部钻具组合较长
5.可使用多种完井方法	5.不适合薄油层和浅油层
6.可采用多种举升采油工艺	6.转盘扭矩较大
7.测井及取心方便	7.套管用量最大
8.井眼及工具尺寸不受限制	8.穿过油层长度与总水平位移比最小

（2）中曲率半径水平井的优缺点见表 1.2。

表 1.2 中曲率半径水平井的优缺点

优点	缺点
1.进入油层时无效井段较短	1.要求使用 MWD 测量系统
2.使用的井下工具接近常规工具	2.要求使用加重钻杆或抗压缩钻杆
3.使用动力钻具或导向钻井系统	
4.离构造控制点较近	
5.可使用常规的套构及完井方法	
6.井下扭矩及阻力较小	
7.较高及较稳定的造斜率	
8.井眼轨迹控制井段较短	
9.穿透油层段较长(1 000 m)	
10.井眼尺寸不受限制,可以测井及取心	
11.从一口直井可以钻多口水平分支井	
12.可实现有选择的完井方案	

（3）短曲率半径水平井的优缺点见表1.3。

表1.3　短曲率半径水平井的优缺点

优点	缺点
1. 井眼曲线段最短	1. 非常规的井下工具
2. 侧钻容易	2. 非常规的完井方法
3. 能够准确击中油层目标	3. 穿透油层段短(120～180 m)
4. 从一口直井可以钻多口水平分支井	4. 井眼尺寸受到限制
5. 直井段与油层距离最小	5. 起下钻次数多
6. 可用于浅油层	6. 要求使用顶部驱动系统或动力水龙头
7. 全井斜深最小	7. 井眼方位控制受到限制
8. 不受地表条件的影响	8. 目前还不能进行电测

（4）各曲率半径水平井的工艺特见表1.4。

表1.4　长曲率半径、中曲率半径、短曲率半径水平井的工艺特点

类型工艺	长曲率半径	中曲率半径	短曲率半径
造斜率	<8(°)/(30 m)	8～30(°)/(30 m)	90～300(°)/(30 m)
曲率半径	>286.5 m	286.5～86 m	19.1～5.73 m
井眼尺寸	无限制	无限制	$6\frac{1}{2}$ in、$4\frac{3}{4}$ in
钻井方式	转盘钻井或导向钻井系统	造斜段:弯外壳马达或 Gilligan钻具组合;水平段:转盘钻井或导向钻井	铰接马达方式转盘钻柔性组合
钻杆	常规钻杆	常规钻杆及加重钻杆	$2\frac{7}{8}$ in 钻杆
测斜工具	无限制	有线随钻测斜仪;电子多点测斜仪;MWD	柔性有线测斜仪或柔性 MWD
取心工具	常规工具	常规工具	岩心筒长 1 m
地面设备	可用常规钻机	可用常规钻机	配备动力水龙头或顶部驱动系统
完井方式	无限制	无限制	只限制于裸眼及割缝管

注:① 1 in=0.0 254 m。

5.水平井的应用

（1）开发薄油藏油田,提高单井产量。水平井较直井和常规定向井大大增加泄油面积,如图1.10所示,从而提高薄油层的油产量,使薄油层具有开采价值。

（2）开发低渗透油藏,提高采收率。

（3）开发重油稠油油藏。水平井除扩大泄油面积外,如进行热采,还有利于热线的均匀推进。

（4）开发以垂直裂缝为主的油藏。水平井钻遇垂直裂缝的机遇比直井大得多。

（5）开发底水和气顶活跃的油藏。水平井可以减缓水锥、气锥的推进速度,延长油井的寿命。

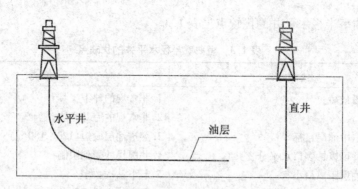

图 1.10　水平井、直井比较示意图

（6）利用老井采出残余油。在停产老井中侧钻水平井较钻调整井（加密井）节约费用。

（7）用水平井注水。注气有利于水线气线的均匀推进。

（8）用水平探井可钻穿多层陡峭的产层，往往相当于多口直井的勘探效果。

（9）有利于更好地了解目的层的性质。水平井在目的层中的井段较直井长得多，可以更多、更好地收集目的层的各种特性资料。

（10）有利于环境保护。一口水平井可以替代几口直井，大大减少了钻井过程中的排污量。

6. 水平井、定向井的建井基本过程

1）井位的确定

井位坐标要求基本数据同一般直井。注明各中靶点的坐标及垂直深度，提供最新井位构造图。

2）地面井口位置的选择

工程、地质设计及测量人员根据井位坐标和地面实际条件确定井口位置。尽量利用地层自然造斜规律进行井口位置的选择。多目标井井口位置在第一靶点和最后一个靶点连线的延长线上。井架立好后需要进行井口坐标的复测。

3）定向井设计

地质设计在坐标初测后提出初步设计，在坐标复测后提出正式设计。地质设计除包括一般井内容外，在工程施工中必须说明靶点相对于井口的位移和方位，多目标井说明靶点之间的稳斜角度；附最新井位构造图、油藏剖面图、设计轨道水平投影图和垂直投影图。

工程设计必须符合地质设计要求、井身轨道设计数据表、特殊工艺技术措施、井身结构及分段钻具组合和钻井参数等。

4）设备要求（钻机）

根据定向井垂直井深、水平位移、井深结构和井眼曲率选择设备类型，推荐设备标准（使用位移与垂深之比小于 0.4 的定向井）：

①垂深小于 2 800 m、水平位移小于 600 m，选用 3 200 m 钻机。

②垂深小于 3 500 m、水平位移小于 1 200 m，选用 4 500 m 钻机。

③垂深小于 4 500 m、水平位移小于 2 000 m，选用 6 000 m 钻机。

④垂深小于 4 500 m、水平位移大于 1 500 m，选用 7 000 m 钻机。

5）定向井靶区半径标准

定向井靶区半径标准见表1.5。

表 1.5　不同井深靶区半径标准

靶区垂深/m	靶区半径/m	靶区垂深/m	靶区半径/m
≤1 000	≤30	≤3 000	≤80
≤1 500	≤40	≤3 500	≤100
≤2 000	≤50	≤4 000	≤120
≤2 500	≤65	≤4 500	≤140

7. 水平井钻井技术的发展状况

水平井作为一种提高油气井产量的方法曾在苏联、美国和加拿大等国家的许多油田受到重视，但由于技术和经济因素的限制，水平技术发展缓慢。水平井钻井技术实际上是20世纪80年代国际石油界迅猛发展起来并日臻完善的一项综合性配套技术。水平井的应用规模不断迅速发展。水平井钻井技术的发展为提高勘探效果及油气藏采收率开辟了一条崭新的途径，石油工业发展带来了一场新的革命，已列为当今发展石油工业重要技术之一。

目前，国际上水平井钻井成本大幅下降，以钻成多样的水平井，成为高效开发油气藏的主要手段。目前，水平井技术在国外已经成为开发各类油气藏的常规技术。

我国是继美国和苏联之后，第三个钻水平井的国家。国内水平井钻井最早出现在1957年，1965～1966年在四川钻成两口水平井，即巴-24和磨-3井。之后处于停滞状态直到20世纪80年代末。"石油水平井钻井成套技术"1990年列入国家"八五"重大科技攻关项目。六个油田五所院校的762名科技人员参加攻关，历经四年在10个油田钻成长曲率半径、中曲率、短曲率半径水平井50余口，涉及八种以上的油气藏。目前，水平井钻井技术已取得重大进展。近年来，已经逐渐形成规模应用。长曲率半径、中曲率半径水平井跻身世界先进行列。同时，短曲率半径钻井技术方面正在现场工业化实验及应用阶段，短曲率半径水平井技术同世界先进水平还有差距。

1.1.2　水平井专用工具

水平井要求在产层或某一指定的地层钻成有一定长度延伸的水平段，这就决定了其他工艺上固有的特殊性。因而工具的选择与使用必须能够保证钻头（或钻柱）能够按照预先设计的井眼轨道准确运行。首先，需要造斜工具必须具有较高的造斜能力，这是钻井成功的基本保障；其次，在满足高造斜要求的基础上还必须使工具有较好的稳定性。当井斜角到一定程度后，继续增斜，致使井斜角接近或超过90°，这是常规钻井工具所不能完成的。水平井的专用工具有以下几种。

1. 稳定器

钻柱稳定器是增斜、稳斜、降斜钻具组合中必需的部件，特别是钻水平井（定向井）必不可少的工具之一。根据不同生产段的需要和定向井自身的特点，有着不同稳定器的形状及几何尺寸。

1）稳定器的种类

目前，稳定器的类型很多，按稳定器的结构可分为螺旋稳定器、直条稳定器、无磁稳定器、可换套稳定器、滚轮稳定器、偏心稳定器、近钻头稳定器(双母稳定器)等。稳定器按安放部位分为钻柱型和井底型。

2)各种稳定器的特点

(1)直条稳定器具有结构简单、起钻较容易的特点,对井壁切削最严重,其效果不如螺旋稳定器好。

(2)螺旋稳定器效果好,但起钻困难,易泡包。

(3)滚轮稳定器扭矩最小,稳定效果好,方位不易右漂,但存在结构复杂、价格高、更换滚轮困难等缺点。

(4)无磁稳定器用于无磁钻铤之间需要使用稳定器的情况。

(5)近钻头稳定器(双母稳定器)直接接钻头,不需要配合接头,缩小了钻头到稳定器中点的距离。

3)几种稳定器的结构。

(1)螺旋稳定器。所谓螺旋稳定器即稳定器片是螺旋形的。螺旋稳定器的螺旋一般应制成闭式、右旋的四条螺旋,根据需要也可制成开式、左旋的三条螺旋。螺旋稳定器使用中憋劲小,应用较为普遍。标准整体式螺旋稳定器(扶正器)的结构如图1.11所示。

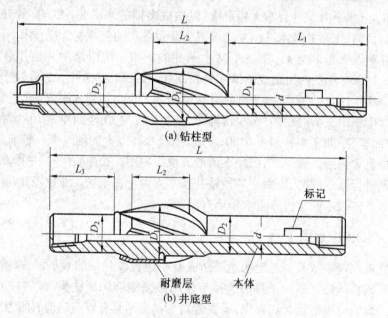

(a) 钻柱型

(b) 井底型

图 1.11　标准整体式螺旋稳定器(扶正器)的结构

图中,L_1、L_3 分别为扶正器上、下两段的长度。

钻柱型稳定器:短型 L_1 为 250 mm,长型 L_1 为 800 mm。

井底型稳定器:短型 L_3 为 50 mm,长型 L_3 为 300 mm。

(2)可换套螺旋稳定器。这种螺旋稳定器的特点是螺旋套外径磨损后可以更换新套,这样不仅延长了本体的使用寿命,还大大降低了成本。

(3)滚轮稳定器。滚轮稳定器分为三滚轮和六滚轮两种,常用的是三滚轮稳定器。滚轮稳定器的特点是与井壁摩擦阻力小,耐磨性强,使用寿命长。

滚轮稳定器由本体、滚轮、滚轮轴及轴座等组成。三滚轮稳定器的结构如图 1.12 所示。

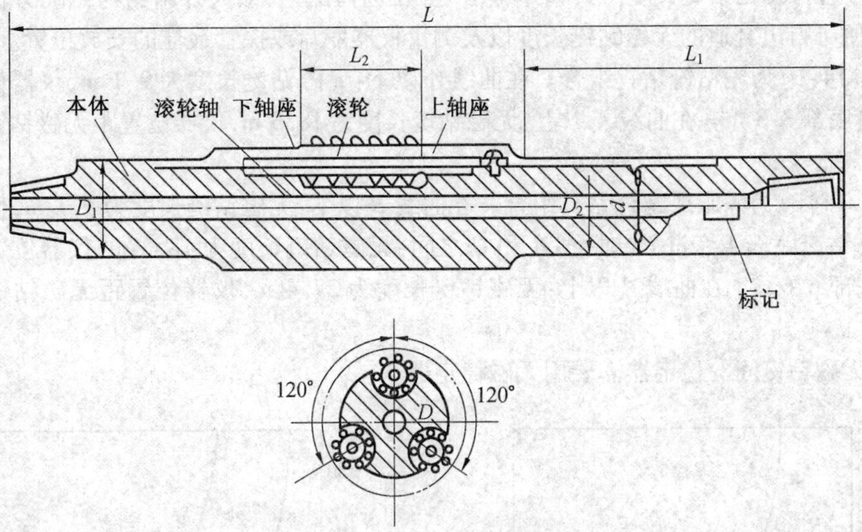

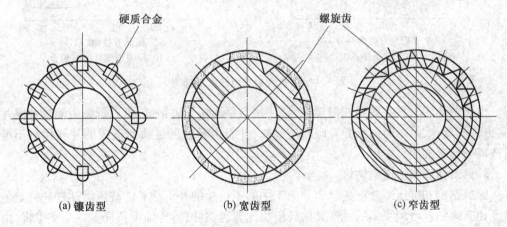

图 1.12　三滚轮稳定器的结构

滚轮稳定器的滚轮分为镶齿型、宽齿型和窄齿型三种,如图 1.13 所示。宽齿型滚轮适用软地层,窄齿轮型滚轮适用于硬地层,镶齿轮型滚轮适用于研磨性地层。

(a) 镶齿型　　　　　　(b) 宽齿型　　　　　　(c) 窄齿型

图 1.13　滚轮稳定器的滚轮

2. 无磁钻铤的安放位置及长度的确定

无磁钻铤在钻具组合中的安放位置。使用降斜钻具组合时,无磁钻铤直接与钻头连接;使用增斜钻具组合时,无磁钻铤安放在近钻头稳定器上方;使用井底动力钻具组合时,无磁钻铤应安放在动力钻具或弯接头之上。足够长的无磁钻铤是不同地区防止上部钻具和下部马达干扰的有力保障,不同地区、不同井斜、不同方位所需的无磁钻铤长度不同。正常情况下,钻水平井应下两根无磁钻铤,或两根无磁钻杆,以避免井下钻具对仪器的干扰。

为了精确测量井眼的磁方位角,在使用磁性测斜仪器时,可以根据无磁钻铤选择图(图1.14)选择无磁钻铤长度。其选择方法是:在选择图上,最大井斜角与磁北方位角所在区间,便可得出合适的无磁钻铤长度以及测量仪器罗盘或探管最佳的安放位置。

图1.14(a)为光钻铤钻具组合。在曲线 A 以下:无磁钻铤长度为 9.1 m,仪器位置距无磁钻铤底部 3.3 m。在曲线 A 以上:无磁钻铤长度为 18.3 m,仪器位置距无磁钻铤底部 13.6 m。

图1.14(b)为满眼或螺杆钻具组合。在曲线 B 以下:无磁钻铤长度为 9.1 m,仪器位置距无磁钻铤底部 4.5 m。在曲线 B 和 C 之间:无磁钻铤长度为 18.3 m,仪器位置距无磁钻铤底部 6.6 m。在曲线 C 以上:无磁钻铤长度为 27.4 m,仪器位置距无磁钻铤底部 13.7 m。

注:无磁钻铤间的稳定器需要用无磁稳定器。

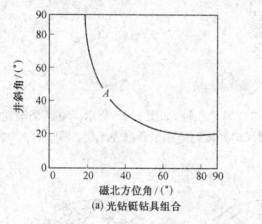
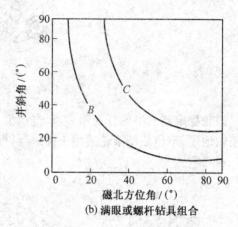

(a)光钻铤钻具组合　　　　　　　　(b)满眼或螺杆钻具组合

图 1.14　1 区无磁钻铤长度选择图

由于薄油层水平井的特殊需要,必须使用水平段短无磁钻铤,可以近钻头测量井眼井斜、方位的变化,第一时间指导井眼轨迹,减少井斜由于盲区过长而造成的井斜预测不准或造成的钻穿油层。

3. 螺旋钻铤和抗压缩钻杆

螺旋钻铤和抗压缩钻杆是定向井施工中必不可少的井下钻具。抗压缩钻杆的特点是壁厚比普通钻杆增加了 2~3 倍,其钻杆接头比普通钻杆长,比加重钻杆多一个支撑辊,增加了抗弯曲性能。螺旋钻铤和抗压缩钻杆除起到加重和稳定钻具之外,还能够有效防止黏附卡钻事故。

抗压缩钻杆除具有普通钻杆、钻铤的通常用途以外,还具有以下用途:

(1)在定向井,水平井中代替大部分钻铤,以减少扭矩和黏附卡钻等事故的发生。

(2)用于高曲率井段,起下钻顺利。

(3)非磁抗压缩钻杆可在定向井、水平井中代替非磁钻铤使用。

(4)用于钻铤和钻杆的过渡区,缓和两者弯曲刚度的变化,以减少钻杆的损坏。

(5)在小井眼中代替钻铤,操作方便。

(6)18°斜坡台肩可减少起下钻阻力和对井壁的破坏。

在水平井、大位移井或其他复杂井中,为了减少钻柱的旋转扭矩、摩擦阻力以及高密度钻井液引起的黏附卡钻,一般采用钻杆(如加重钻杆、普通钻杆、铝合金钻杆等)代替钻铤施加钻压。

4. 弯接头

弯接头与动力钻具配合使用,是定向造斜和纠偏的主要工具之一。动力钻具在弯接头的作用下给钻头一持续的侧向力,使钻头连续侧向切削井壁,钻成曲线井身轨迹。

目前,国内外使用的弯接头大致可分为固定角度弯接头和可调角度弯接头两种。

固定角度弯接头的结构包括接头体、循环套、定向键和定位螺钉等,如图 1.15 所示。这种弯接头在国内使用最为普遍。它具有结构简单、使用方便、成本低等优点。弯曲角度的计算方法如下:

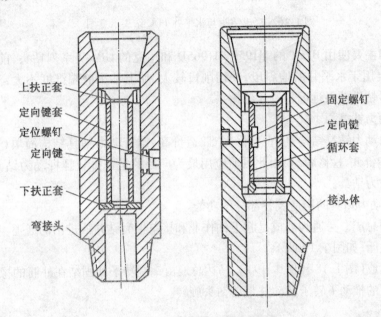

上扶正套
定向键套
定位螺钉
定向键
下扶正套
弯接头

固定螺钉
定向键
循环套
接头体

图 1.15　固定角度弯接头

$$\alpha = 57.3 \frac{a-b}{d} \tag{1.7}$$

式中　　α——弯接头的弯曲角度,(°);

　　　　a——弯接头长边的长度,mm;

　　　　b——弯接头短边的长度,mm;

　　　　d——弯接头的外径,mm。

5. 定向造斜专用 PDC 钻头

定向造斜专用 PDC 钻头的结构和普通全面钻进 PDC 相比(图 1.16)具有以下特点:

(1)保径短,钻头前端锥度小,易于造斜。

(2)使用水眼较大,防止钻头回压太大,钻井液刺坏动力钻具的轴承。

(3)切削齿布置较稀,以防止泥包。

常用定向造斜 PDC 钻头有:川石-克里斯坦森的 R433、R435,江汉-休斯的 B15M ~ B18M、BST1M,胜利石油管理局钻井研究院的 D215 型 PDC 钻头。

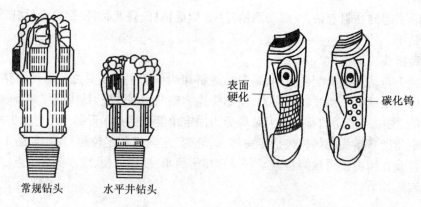

图 1.16 常规钻头与水平井 PDC 钻头示意图

（图中标注：表面硬化、碳化钨；常规钻头、水平井钻头）

西部油田主要使用 BEST 的 M1955、M1965D 和川克的 GP447 系列钻头，前者型号的 PDC 钻头主要用于水平井的增斜段，其切削齿较大，加上钻头前端锥度不大，五片、六片刀翼定向增斜钻进效果远远超过牙轮钻头。

6. 螺杆动力钻具

由于涡轮动力钻具结构复杂、检修困难、造价高，螺杆动力钻具结构简单（总共有 40 多个零件）、造价低、检修容易，因此目前应用最为广泛的是正排量螺杆动力钻具，故在此只介绍螺杆动力钻具。

（1）螺杆动力钻具的构造及各部分的功能。

①旁通阀总成。旁通阀总成是起下钻作业和接单根时钻井液进出的通道。在钻进过程中旁通阀关闭，如图 1.17 所示。

②马达总成（图 1.18 和图 1.19）。马达总成由钢制转子和固结在外筒的橡胶定子组成。在钻井液的推动下转子转动并带动钻头旋转。

图 1.17 旁通阀

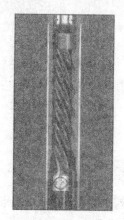

图 1.18 螺纹马达

图 1.19 马达截面图

③万向联轴节总成（图 1.20）。上端连接转子，下端连接驱动轴。其作用是将转子的偏心运动转化为驱动轴的同心运动。

④轴承总成。Navi-Drill 钻具有三套轴承，两套径向轴承，一套推力轴承。上下径向轴承起驱动轴的扶正、稳定作用以及限制钻井液溢流量的作用。推力轴承承受上下的轴

向载荷。

⑤驱动轴总成。上端接万向联轴节,下端接钻头,起驱动钻头转动的作用。螺杆动力钻具构造总成及端面组合如图 1.21 所示。

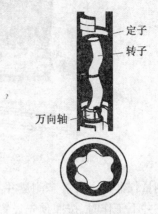

定子
转子
万向轴

图 1.20　万向联轴节　　　　图 1.21　螺杆动力钻具构造总成及端面

(2)螺杆动力钻具的工作原理。

高压钻井液流进螺杆钻具,经定子(橡胶衬套)与转子(螺杆)之间的螺旋通道向下挤压,在定子与转子间形成高压腔室和低压腔室。转子在压差作用下发生位移,即产生偏心扭矩。钻井液继续下行,又产生新的高压腔室和低压腔室,在压差作用下,迫使转子产生新的位移。钻井液不断下行,新的高压腔室和低压腔室便不断形成,转子在压差作用下不断发生位移,从而使转子旋转工作。这个过程可简述为:钻井液流过马达,在马达的进出口形成压力差,推动转子旋转,并将扭矩和转速通过万向轴和传动轴传递给钻头,即将液体的压能转化为机械能。

螺杆动力钻具是多级摩诺泵的逆用。当高压流体从钻柱水眼进入螺杆动力钻具时,液体迫使旁通阀活塞下行并密封旁通阀筛孔。此时,整个钻具形成了一个高压密封系统。当液体通过转子和定子间组成的连续封腔时,就推动转子转动,从而带动钻头旋转。

7. 弯螺杆

弯螺杆是带有弯外壳的螺杆钻具,是目前国内使用最多的一种造斜工具。其主要类型有单弯螺杆和双弯螺杆。双弯螺杆又分为同向双弯螺杆和异向双弯螺杆,而弯角又分为可调弯角和固定弯角。现场根据各地区地层造斜影响的大小和所需曲率半径的大小选择不同类型和结构的弯螺杆钻具。曲率半径小于 30 m 的短半径水平井,要采用铰接式螺杆钻具或柔性钻具,曲率半径大于 30 m 的短半径水平井,既可采用铰接式螺杆钻具,也可采用双弯螺杆钻具。

1.1.3　水平井所用测量仪器

1. 电子单多点测量仪器

电子单多点测量仪器,如 ESS(Electromc Survey System),如图 1.22 所示。它是通过测量地球磁场矢量和重力矢量进而得到测点方位和井斜的仪器。其井下探管安装有三个空间相互垂直的重力加速度计(重力传感器),通过合成计算,得到一个测点的所需数据,在预定时间内,每个测量点参数可以立刻永久地被记录在探管的存储器中,直到下次测量才被清除。但是,每次下井的测量点数量是根据特殊软件来选择的,即选择单点还是多点ESS,而测量点之间的时间控制需要根据 ESS 的预热、延迟时间和测量井段进行设置。

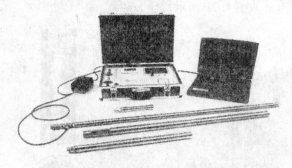

图 1.22　ESS 电子单多点测量仪器

电子单多点测量仪器是一种静态测量井身轨迹参数的磁性电子测量仪,只能用于裸眼井段的测量。在井下工作时,按照预先设置的工作方式将传感器的原始测量数据存储于探管的存储器中,一般可存储 1 000 个点的数据。

当仪器返回地面后,由计算机等地面设备将存储的数据读出,计算出钻井所需的井斜、方位、工具面、温度等参数。井斜测量范围为 0°～180°,方位角和工具面角的范围为0°～360°,常温仪器耐温一般为 125 ℃。测量精度因厂家不同而略有不同,常见的有YSS、ESS 等国产和进口仪器。电子单多点测量仪的结构示意图如图 1.23 所示。

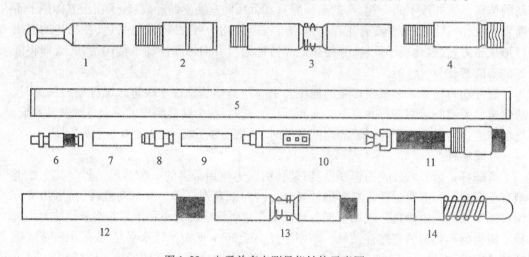

图 1.23　电子单多点测量仪结构示意图

1—绳帽;2—旋转头;3—扶正器;4—配合接头;5—抗压筒;6—塔头;7—电池筒;8—触点接头;
9—电池筒;10—探管;11—内部减震弹簧;12—加长杆;13—扶正短节;14—底部减震弹簧

2.有线随钻测量仪器

有线随钻测量仪是一种能在钻井过程中实时提供井斜、方位、工具面、井温等参数,用于裸眼井段随钻测量的定向井测量仪器。

1)组成

有线随钻测量系统主要由井下仪器和地面设备两大部分组成。井下仪器和地面设备之间用一根电缆相连。电缆中有芯线,其外部用多股钢丝缠绕,两者之间用绝缘材料隔绝。钢丝要承受自身和下井仪器的质量。从电路角度讲,芯线和钢丝构成一个回路,这两根导线完成供电和信号传输的功能。由于信号是通过导线传输到地面的,因此,信号传输速率高。海蓝有线随钻测量仪示意图如图 1.24 所示,其系统构成如图 1.25 所示。

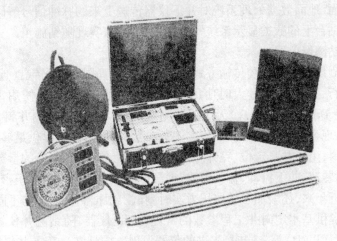

图 1.24　海蓝有线随钻测量仪示意图

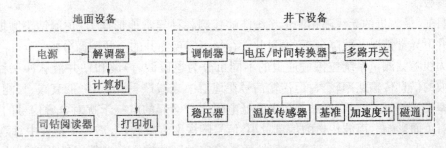

图 1.25　有线随钻测量仪系统构成

　　井下仪器主要是探管,它由测量头和电子柱两部分组成。测量头包括引入工具面基准的 T 形槽头和安装传感器的台体。台体上安装有加速度计和磁通门。加速度计是用来将输入的加速度变成与之对应的电压(或电流)或脉冲频率的传感器。磁通门又称为磁通计,是将输入磁通转换成与之对应的电压传感器。传感器的输入轴分别平行于台体直角坐标系,能测出重力场和地磁场在探管坐标系上的分量。利用传感器的输出可以计算钻井所需的方向参数。由于探管放在无磁钻铤中,其方向参数基本上代表了井眼轨迹方向参数。电子柱部分主要用于安放多路开关、温度传感器、调制器等电子线路。电压/时间转换器发出选通指令并接收多路开关的输出电压,将其转换成正比于输入电压幅度的脉冲间隔。

　　地面部分包括计算机、司钻阅读器(也称司显)、接口箱及井口装置部分。井口装置部分有两种,一种是高压循环头,另一种是电缆侧入接头。地面设备的电源一般采用输出阻抗高,输出电流恒定不变的恒流源。该电源经过解调器、缆绳、调制器后加到稳压器,为探管各环节提供所需的功率。解调器将芯线上的脉冲分离、整形后,得到的一脉冲之间的间隔完全对应多路开关的输入电压的脉冲串。脉冲间隔通过接口电路变换成脉冲数,通过计算机求得所需的方向参数并输送到司钻显示屏、打印机等。

2）工作原理

系统进入工作状态后，地面数据处理系统给井下仪器通过电缆供电，井下仪器完成对数据的实时采集后，按一定格式对数据编码，然后通过电缆将编码后的数据以脉冲信号的形式传送至地面，地面数据处理系统对井下仪器传送上来的脉冲信号解码、处理、计算，并将数据实时向钻台上的数据显示系统司钻阅读器发送，实现随钻施工。

3. 无线随钻测量仪器

有线随钻测量仪因其电缆传输方式造成了使用的局限性，在转盘（或顶驱）钻进时随钻测量无法进行，且井斜角过大时使用困难。在水平井中，必须使用无线随钻测量仪（Measure While Drilling，MWD）。无线随钻测量仪起初主要是监测井斜、方位、工具面角和井温等参数，现今已发展到在提供更多工程参数的同时，能够提供足够详细和准确的地层评价测井资料，用于井眼定位、完井决策和确定下套管深度，测量的参数包括井下钻压、井下扭矩、马达转速、井下振动、伽马射线、地层电阻率、密度、方位中子密度、中子孔隙度、环空温度等。近年来，还增加了地层压力实时测试。根据测量能力的不同，无线随钻测量仪也可以分为提供基本定向井工程参数的常规 MWD 仪器、随钻测井仪器（LWD）以及随钻压力测量仪器（PWD）等。同时，先进的仪器发展方向是在一套下井仪器中集成更多的测量参数。

目前，最先进的无线随钻测量系统能够探测各种异常地形压力、预测钻头磨损状况、探测井下异常情况及故障分析，通过井下存储可实现测井的全井图像分析。

无线随钻测量系统按传输通道的不同可分为电磁波、声波和钻井液脉冲三种形式。电磁波的信息传输速率较大，但传输信号在地层中衰减严重，为了降低衰减，只能以较低的频率发送信号。而且，由钻井设备和低电阻岩石引起的电气干扰对电磁信号的数量和质量有负面影响。声波传送的信息量小，信号随深度衰减较快，需要在钻柱中每隔 400～500 m 安装一个中继站，而且受岩石性质不稳定的影响较大。尽管以钻井液脉冲方式传输信号的速率较低，但该传输方式比较简单、可靠，对正常钻井作业影响很小，故钻井液脉冲的无线随钻测量系统使用最为广泛。

1）钻井液脉冲式无线随钻测量系统（MWD/LWD）的组成及各部分的作用

各生产厂家的 MWD/LWD 总成结构大体相同，与有线随钻测量系统一样，无线随钻测量系统仍由井下仪器系统和地面设备两大部分组成，其中，LWD 与 MWD 比较，井下仪器多了伽马、电阻率等地质参数测量、连接系统，地面设备多了深度、钩载等传感器以及地质参数处理、绘图等设备，如图 1.26 所示。

（1）井下仪器串。

①电源。井下仪器串的电源目前有两类，即电池组和涡轮式交流发电机电源。电池组的优点是结构紧凑、可靠；缺点是寿命有限，且受温度影响，同时更换电池的费用也很高，在传输多参数时能力受限。涡轮式交流发电机电源的优点是可长时间为系统提供电力，工作寿命长，因而可传输更多参数，是测量技术的发展趋势；其缺点是产生的电流不稳，必须用稳压器控制，且一旦涡轮损坏就会导致断电故障，结构复杂，维护有一定难度。

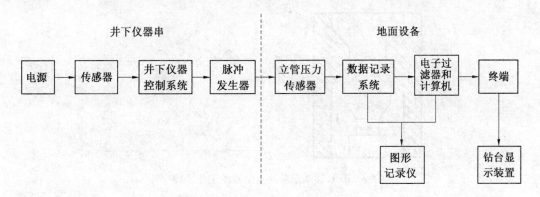

图1.26　无线随钻测量系统构成图

②测量系统。测量系统包括 MWD 的磁通门、加速度计、温度等各种传感器,以及 LWD 仪器中各种地质参数测量系统。

③井下仪器控制系统。井下仪器控制系统的主要功能是协调控制井下仪器的工作,将井下各种仪器测到的参数转变为电信号。它是由单片机构成的井下 CPU。

④脉冲发生器。脉冲发生器的主要作用是产生压力脉冲。脉冲可以通过限制钻柱内钻井液流量或将钻柱中的部分钻井液引入环空中两种方法获得。目前,根据脉冲的形式将脉冲发生器分为三种类型,即负脉冲发生器、正脉冲发生器和连续波脉冲发生器。

负脉冲是通过瞬时降低钻柱内钻井液压力的方法产生的。当旁通阀打开时,钻柱中的部分钻井液流入环空中,钻柱内的压力下降;当旁通阀关闭时,钻柱中的压力恢复到初始状态。负脉冲发生器的工作原理如图1.27所示。

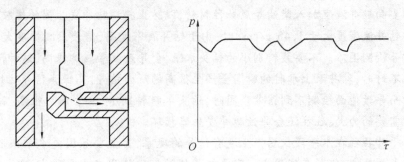

图1.27　负脉冲发生器的工作原理

正脉冲是通过控制"阀门"的开启大小改变钻柱中液流通道的过流面积,进而实现压力变化产生脉冲。当"阀门"开小时,液流在钻柱中的流动阻力增大,压力增大;当"阀门"开大时,压力恢复到初始状态。正脉冲发生器的工作原理如图1.28所示。

连续脉冲其实质是正脉冲,它通过瓣状结构转子的转动来连通或截断流过瓣状结构的液流产生的。在工作过程中,当转子和定子的瓣状槽相连通时,钻井液压力为最小,当流通空间被阻隔时,压力达到最大。

井下仪器串系统的各部件都装在无磁钻铤中。因为要容纳工具的部件,所以无磁钻铤的内径比普通钻铤要大。其主要部件有操作系统的动力源、测量所需信息的传感器、以代码的形式将数据传输到地面的发送器、协调工具各种功能的微处理机或控制系统。

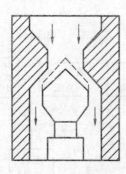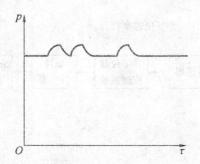

图 1.28　正脉冲发生器的工作原理

（2）地面设备。

①检测压力变化并将其转化为电信号的立管压力传感器以及深度、钩载、扭矩等传感器。

②用来减少或消除来自钻井泵、井下马达可能引起的压力变化干扰的电子滤波器。

③进行信息处理的地面计算机。

④钻台上的司钻阅读器（司显）。

MWD/LWD 仪器不能用在套管内等有磁场干扰的环境中。

使用小知识

①仪器工作温度低于 20 ℃时，脉冲发生器可能很难进入工作状态。特别是新疆的冬天，在很低的温度下，脉冲发生器有可能没有进入工作状态，信号检测不到，并不一定是仪器不工作。

②不要向钻井液里加入柴油等腐蚀性材料，以防止损坏脉冲发生器的橡胶件。

③当钻井液密度大于 1.45 g/cm³ 时，由于钻井液密度高，信号衰减幅度大，在深井中会导致信号检测困难。不要装特别小的钻头水眼，会导致立管压力很高，这种情况下如果泵上水又不好时，钻井泵上水时的瞬间会产生很高的压力信号，高噪声信号往往会覆盖掉有用信号而导致地面检测不到信号。同时，钻头水眼特别小，立管压力很高，脉冲发生器发射脉冲需要的力大，往往还会导致脉冲发生器损坏。

④水平井往往在水平段仪器产生没有信号的现象，其主要原因是水平井眼的延伸对信号有较大的衰减，仪器在使用上一定要把最好的部件使用在水平段上，比如脉冲器，同时尽可能用没有下过井的探管。由于井斜的原因，此时重力加速度计易失稳，最好使用 15 型的探管，关键是要用长测量检测重力加速度计的正确性，在条件（排量）许可的情况下用小一号的限流环，以增加信号的强度。

2）电磁波无线随钻测量系统

电磁波无线随钻测量系统的组成如图 1.29 所示，其井下总成如图 1.30 所示。在此不详细介绍。

3）无线随钻测量仪的工作原理

井下仪器利用自备发电机或电池供电。系统进入工作状态后，井下仪器开始采集数据并按一定格式对数据编码，然后钻井液介质或地层介质将编码后的数据以压力脉冲或电磁波的形式传送至地面，地面检波系统自动检测来自井下的数据并将数据传送到地面数据处理系统,地面数据处理系统对地面检波系统传送来的信号解码、处理、计算后,得到井下仪器的测量数据(井斜角、方位角、工具面角、地质参数及其他信息),测量数据可以存储,也可以实时向钻台上的数据显示系统和其他客户端发送,实现随钻施工。

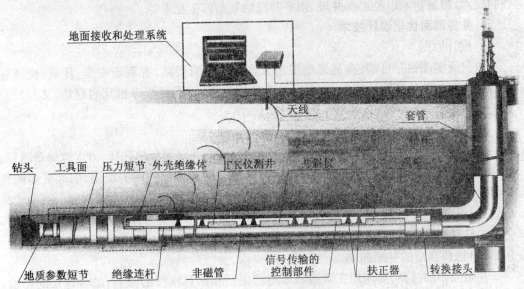

图 1.29　电磁波无线随钻测量系统

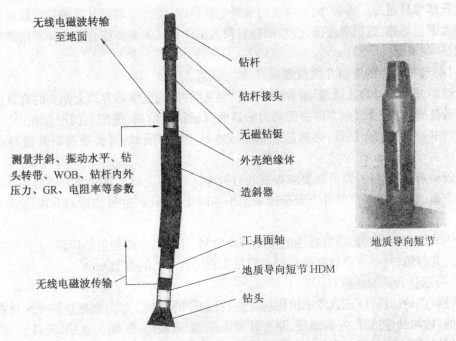

图 1.30　电磁波无线随钻测量仪下井总成

1.1.4 钻井技术

通过分析上述案例,可以看出水平井钻井技术主要包括井身剖面优化设计技术、轨迹控制技术、测量技术以及造斜井段、水平井段的复杂施工技术等。

1. 井身剖面优化设计技术

1)设计原则

能保证实现钻井目的,满足采油工艺及修井作业的要求,有利于安全、优质、快速钻井。在对各个设计参数的选择上,在自身合理的前提下,既要考虑相互的制约,又要综合地进行考虑。

(1)选择合适的井眼形状。

复杂的井眼形状,势必带来施工难度的增加,因此井眼形状的选择,力求越简单越好。

从钻具受力的角度来看,目前普遍认为:降斜井段会增加井眼的摩阻,引起更多的复杂情况。增斜井段的钻具轴向拉力的径向分力,与重力在轴向的分力方向相反,有助于减小钻具与井壁的摩擦阻力。而降斜井段的钻具轴向分力,与重力在轴向的分力方向相同,会增加钻具与井壁的摩擦阻力。因此,应尽可能不采用降斜井段的轨道设计。

(2)选择合适的井眼曲率。

井眼曲率的选择,要考虑工具造斜能力的限制和钻具刚性的限制,结合地层的影响,留出充分的余地,保证设计轨道能够实现。

在满足设计和施工要求的前提下,应尽可能选择比较低的造斜率。这样,钻具、仪器和套管都容易通过。当然,此处所说的选择低造斜率,没有与增斜井段的长度联系在一起进行考虑。另外,造斜率过低,会增加造斜段的工作量。因此要综合考虑。常用的造斜率范围是 $4 \sim 10 (°)/(100 \text{ m})$。

(3)选择合适的造斜井段长度。

造斜井段长度的选择,影响着整个工程的工期进度,也影响着动力钻具的有效使用。

若造斜井段过长,一方面由于动力钻具的机械钻速偏低,使施工周期加长;另一方面由于长井段使用动力钻具,必然造成钻井成本的上升。所以,过长的造斜井段是不可取的。

若造斜井段过短,则可能要求很高的造斜率,一方面造斜工具的能力限制,不易实现;另一方面过高的造斜率给井下安全带来了不利因素。所以,过短的造斜井段也是不可取的。

因此,应结合钻头、动力马达的使用寿命限制,选择出合适的造斜段长,一方面能达到要求的井斜角;另一方面能充分利用单只钻头和动力马达的有效寿命。

(4)选择合适的造斜点。

造斜点的选择,应充分考虑地层稳定性、可钻性的限制。尽可能把造斜点选择在比较稳定的、均匀的、可钻性好的地层,避开软硬夹层、岩石破碎带、漏失地层、流砂层、易膨胀或易坍塌的地段,以免出现井下复杂情况,影响定向施工。

造斜点的深度应根据设计井的垂深、水平位移和选用的轨道类型来决定,并要考虑满足采油工艺的需求。应充分考虑井深结构的要求,以及设计垂深和位移的限制,选择合理的造斜点位置。

2）水平井常用井身剖面及特点

根据长曲率半径、中曲率半径水平井常用井身剖面曲线的特点,剖面类型大致可分为单圆弧增斜剖面、具有稳斜调整段的剖面和多段增斜剖面(或分段造斜剖面)三种类型,不同的剖面类型在轨迹控制上有不同的特点,待钻井眼轨迹的预测和现场设计方法也有所不同。

(1)单圆弧增斜剖面。

单圆弧增斜剖面是最简单的剖面,它从造斜点开始,以不变的造斜率钻达目标。这种剖面要求靶区范围足够宽,以满足钻具造斜率偏差的要求,除非能够准确地控制钻具的造斜性能,否则需要花较大的工作量随时调整和控制造斜率,因而一般很少采用这种剖面。

(2)具有切线调整段的剖面。

具有切线调整段的剖面可分为以下两种。

①单曲率—切线剖面:具有造斜率相等的两个造斜段,中间以稳斜段调整。

②变曲率—切线剖面:由两个(或两个以上)造斜率不相等的造斜段组成,中间用一个(或一个以上)稳斜段来调整(多增稳剖面)。

(3)多造斜率剖面。

多造斜率剖面或分段造斜剖面的造斜曲线由两个以上不同造斜的造斜段组成。因此多造斜率剖面是一种比较复杂的井身剖面。

(4)几种常见剖面类型示意图。

水平井的剖面类型很多,最常见的是单增斜剖面(图1.31)、双增斜剖面(图1.32)及三增斜剖面(图1.33),大多时候开钻前的设计为二维剖面,少数是三维剖面,一般海上三维剖面用得多。

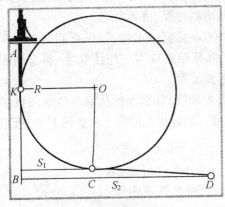

图 1.31　单增斜剖面示意图

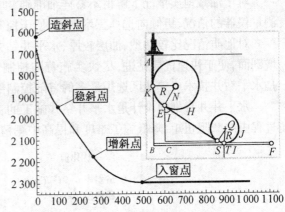

图 1.32　双增斜剖面示意图

3）广义的调整井段的概念

首先,目的层入靶点位置的准确性和目的层的厚度是影响水平井中靶的重要因素之一。如何利用稳斜调整井段来提高中靶精度,对目的层是薄产层的水平井尤为重要。由于在井斜角较大时,增斜率的偏差主要影响水平位移,而对垂深的影响很小,可以在大井斜角度下提高垂深的精度。因此,在入靶前的大井斜角井段增加一稳斜调整段,既可调整垂深精度,又有助于及时辨别地质标准层,以便及时准确地确定目的层入靶点的相对位置。

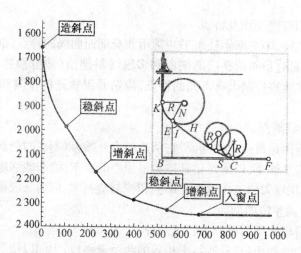

图 1.33 三增斜剖面示意图

其次,由于目前的硬件条件不十分完善,在钻中半径水平井的两趟动力钻具组合井段之间选择一调整井段,采用柔性的转盘增斜钻具组合来钻进,不仅可以钻出较小的造斜率井段以缓解第一段和第三段造斜率,满足对井眼轨迹控制的需要,而且对改变井眼的清洁状况、防止出新眼都具有十分重要的作用。

因此,调整井段的广义概念不仅是调整井眼轨迹,同时还可以调整钻井过程中井眼的清洁净化状况;不仅是调整井眼轨迹的中靶精度,还可以根据地质要求及时调整目的层入靶点的相对位置;不仅是可以稳斜井段,还可以是适当增长造斜率的增斜井段。

4)剖面优化的意义

对于油藏地质情况了解得不够详细准确、油层较薄、水平井钻井经验较少,缺少 MWD 测量仪器的情况,更倾向选择三增剖面,便于控制增斜过程,精确中靶。

对地质情况比较熟悉、油层较厚、水平井钻井有一定经验的情况,则更倾向于选择双增剖面,便于快速优质钻进,尽快实施着陆控制,降低钻进成本。并且双增-斜直剖面也是水平钻井技术成熟地区选用最多的着陆控制剖面类型。

水平井井身剖面设计是水平井钻井施工的首要环节,其剖面优化能有效地降低钻进过程中的摩阻扭矩、降低施工难度和提高中靶精度。剖面优化前后比较如图 1.34 所示。

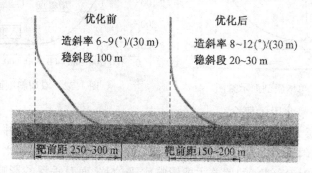

图 1.34 剖面优化前后比较图

2. 轨迹控制技术

水平井轨迹控制技术就是选择合适的工具和适当的测量仪器实现轨迹控制,是钻成一口水平井的重要环节。轨迹控制要求：①到达靶窗时，实际井眼轨迹要在规定的靶窗范围以内，且井斜角、方位角还要在满足现有轨迹控制能力范围内确保轨迹在靶体中延伸的要求；②水平段轨迹应在设计要求的靶区范围内。

1）直井段井身轨迹控制技术

因为各地区地层条件和钻井经验的不同，在具体方法和措施上存在一定的差异，应采用本地区认为最不易发生井斜的钻具组合。

（1）在直井段中应尽量使井眼打直，为后续的定向造斜井段做好准备，因此，应采用防斜钻具组合。

①造斜点深度小于 500 m 直井段时，采用塔式钻具或钟摆钻具，严格控制钻压，保证井斜角不大于 1°。

②造斜点深度为 500~1 000 m 时，采用塔式钻具或钟摆钻具，严格控制钻压，钻到离造斜点 100~150 m，轻压吊打，控制井斜角不大于 1.5°。

③造斜点深度大于 1 000 m 时，采用塔式钻具或刚性满眼钻具，钻到离造斜点 100~150 m，轻压吊打，控制井斜角不大于 2°。

（2）应根据垂直井段长短，地层是否易斜及作业者的施工经验和轨迹控制水平等，制订合理的测斜计划，建议每钻进 50~100 m 用单点测斜仪测一次井斜、方位数据，发现井斜过大，应立即调整钻井参数来控制井斜，必要时甚至使用定向手段进行纠斜。造斜点以上的裸眼井段较长时，要特别注意井壁的稳定性，严禁该井段出现不必要的复杂情况，增加下步造斜井段的作业难度。

（3）对造斜前直井段较长超过 1 000 m 或直井段井斜角较大等情况，必须进行多点测斜并进行数据处理计算出结果后方可定向施工，在直井段施工过程中必然有井斜产生，伴随着在一定的方位上产生一定位移，当直井段较短且井斜角较小时其影响不明显，但当直井段较长或井斜角较大时，这段位移可能有很大影响，如果仍按原设计方位角施工，即使施工与设计相同，仍无法中靶，必须重新设计施工方位，制订新的施工方案。一般此时的设计为三维设计。

2）造斜段的轨迹控制技术

（1）目前钻井现场常用的定向造斜钻具组合。

①定向弯接头造斜钻具组合。

钻具结构：钻头+螺杆动力钻具+定向弯接头+无磁钻铤+钻杆。

$8\frac{1}{2}$ in 井眼常用组合：$8\frac{1}{2}$ in 钻头+$6\frac{1}{2}$ in 或 $6\frac{1}{2}$ in 螺杆动力钻具+$6\frac{1}{2}$ in 1°~3°

定向弯接头+$6\frac{1}{4}$ in 无磁钻铤×（9~18）m（根据实际情况选择）+5 in 钻杆。

钻进参数：钻压 30~50 kN。

排量：根据选用螺杆动力钻具参数确定。

适用范围：造斜率要求不高的定向井（造斜率在 5~10（°）/（100 m））。

优点：钻具结构简单，可以通过更换不同弯曲角度定向弯接头来改变钻具的造斜率，以达到设计要求。

缺点：造斜率较弯壳体螺杆动力钻具低，钻头偏离位移大，下钻困难等。

②单弯螺杆动力钻具定向造斜钻具组合。

钻具结构:钻头+单弯螺杆动力钻具+定向直接头+无磁钻铤(MWD)+钻杆。

$8\frac{1}{2}$ in 井眼常用组合:$8\frac{1}{2}$ in 钻头+$6\frac{1}{2}$ in 或 $6\frac{3}{4}$ in 1°~2°单弯螺杆动力钻具+($6\frac{1}{4}$ in定向弯接头+$6\frac{1}{4}$ in 无磁钻铤×(9~18)m(根据实际情况选择)(MWD)+5 in 钻杆。

(注:定向直接头用于有线随钻或单点定向造斜;MWD 为无线随钻定向造斜。)

钻井参数:钻压 30~50 kN。

排量:根据选用螺杆动力钻具参数确定。

适用范围:造斜率要求高的定向井、水平井的定向造斜或普通定向井的救急(造斜率为 15~25(°)/(100 m))。

优点:造斜率高,钻头偏离小,下钻容易。

缺点:万向轴受力情况复杂,寿命短。

双弯螺杆动力钻具定向造斜钻具组合(同单弯螺杆动力钻具定向造斜钻具组合)。适用造斜率更高的定向井或水平井,通过改变上下弯度的大小,造斜率可在 25~65(°)/(100 m)调整。

(2)目前钻井现场常用的定向造斜方法。

随着定向井钻井技术和测量仪器的发展,定向造斜的方法也不断向着更科学更精确的方向发展变化,从最早使用的转盘钻井定向钻进,发展到目前的井底动力钻具定向钻进;从地面定向法,经过氢氟酸井底定向法、磁力测斜仪井底定向法、有线随钻测斜仪定向法发展到今天的 MWD 随钻测斜仪配合动力钻具的导向钻井系统。

①磁力单点测斜仪配合斜口管鞋(Muleshoe)磁工具面角定向法是井底定向法。这是目前现场开始定向造斜时普遍采用的方法。

这种方法是使用磁性单点测斜仪与斜口管鞋装置配合使用。斜口管鞋分为两部分,上部为仪器悬挂头部分,悬挂头插入测量仪器中罗盘的 T 形槽内,下部为斜口管鞋;使用时必须配合定向接头或定向弯接头一起使用,仪器悬挂头和斜口管鞋的斜口在同一母线上,定向接头内的定向键和定向弯接头的弯曲方向是一致的,罗盘内部有一条刻度线与罗盘 T 形槽在同一母线上,当仪器被测斜钢丝送入无磁钻铤时,斜口管鞋的键槽在斜口的导向作业下骑入定向弯接头中的定向键,这时盘内的刻度线就和定向键在同一母线上了。仪器照相时,坐在转盘上的钻杆接头作一个记号和转盘面上的某一记号重合,这时弯接头弯曲方向就被记录在测斜胶片上了,测斜胶片上共记录了三个数据,分别是井斜角度、井斜方位角和磁性工具面角。这样通过转动钻杆就可以把工具转到要求的方位上去了。这种方法仅使用于井斜角度小于 5°的井。

②磁力单点测斜仪配合斜口管鞋高边工具面角定向法是井底定向法,目前现场井眼需要调整方位普遍采用的方法。

当井斜角大于 5°,测斜胶片上的工具面角度就不能使用磁性工具面角,而要使用高边工具面角进行弯接头的定向。

③SST 有线随钻测斜仪定向法。

通过使用有线随钻测斜仪可以在地面直接读出工具面所在方位。通过转动转盘就会很方便地将弯接头弯曲方向转到所要求的方位上,该方法同样有磁力和高边两种方式。它和磁力单点测斜仪相比具有精度高、准确、不用估算反扭角(可以测量出反扭角的大小)等优点,但存在施工工序较磁力单点测斜仪复杂等缺点。

④MWD 无线随钻测斜仪定向法。MWD 无线随钻测斜仪定向法和 SST 有线随钻测斜仪定向法一样,只是井下信号不通过电缆传送,而是通过钻井液脉冲传送至地面的。它操作使用方便,但设备费用昂贵。

⑤间接定向法。间接定向法又称高边定向法,用测斜仪器测出工具面相对井眼高边的角度,通过调整这个角度,达到调整井眼轨迹的目的。该法适用与井斜角度超过5°的定向井。

3)转盘稳斜井段的轨迹控制技术

(1)钻具组合。

①$8\frac{1}{2}$ in 井眼。

• 钻具结构。

井斜角度小于 30°:$8\frac{1}{2}$ in 钻头 + $\phi215.9$ mm 双母稳定器 + $6\frac{1}{4}$ in 短钻铤 1 根 + $\phi215.9$ mm 稳定器(放入测斜挡板) + $6\frac{1}{4}$ in 无磁钻铤 1~2 根 + $\phi215.9$ mm 稳定器 + $6\frac{1}{4}$ in 钻铤 1 根 + $\phi215.9$ mm 稳定器 + $6\frac{1}{4}$ in 钻铤 6 根 + 5 in 加重钻杆 15 根 + 5 in 钻杆。

井斜角度大于 30°:$8\frac{1}{2}$ in 钻头 + $\phi215.9$ mm 双母稳定器(放入测斜挡板) + $6\frac{1}{4}$ in 无磁钻铤 1 根 + $\phi215.9$ mm 稳定器 + $6\frac{1}{4}$ in 钻铤 1 根 + $\phi215.9$ mm 稳定器 + $6\frac{1}{4}$ in 钻铤 1 根 + $\phi215.9$ mm 稳定器 + $6\frac{1}{4}$ in 钻铤 6 根 + 5 in 加重钻杆 15 根 + 5 in 钻杆。

• 钻进参数。

钻压:120~140 kN。

转速:80~100 r/min。

排量:24~261/L。

稳斜效果:-1~1(°)/(100 m)。

②$12\frac{1}{4}$ in 井眼。

• 钻具结构。

井斜角度小于 30°:$12\frac{1}{4}$ in 钻头 + $\phi311.1$ mm 双母稳定器(放入测斜挡板) + 8 in 短钻铤 1 根 + $\phi311.1$ mm 稳定器(放入测斜挡板) + 8 in 无磁钻铤 12 根 + $\phi311.1$ mm 稳定器 + 8 in 钻铤 1 根 + $\phi311.1$ mm 稳定器 + 8 in 钻铤 6 根 + 5 in 加重钻杆 15 根 + 5 in 钻杆。

井斜角度大于 30°:$12\frac{1}{4}$ in 钻头 + $\phi311.1$ mm 双母稳定器(放入测斜挡板) + 8 in 无磁钻铤 1~1.5 根 + $\phi311.1$ mm 稳定器 1 只 + 8 in 钻铤 1 根 + $\phi214.9$ mm 稳定器 1 只 + 8 in 钻铤 6 根 + 5 in 加重钻杆 15 根 + 5 in 钻杆。

● 钻进参数。

钻压:200 ~ 220 kN。

转速:80 ~ 100 r/min。

排量:33 ~ 381/L。

稳斜效果:-1 ~ 1(°)/(100 m)。

4)靶前增斜段控制技术

靶前增斜段相对开始定向造斜段来说增斜要困难些,主要是钻压不易加到钻头上,钻进速度慢,因此,在此段的钻具组合等与前面的定向造斜段的都有些不同。由于靶前增斜段井斜角都较大,采用有线随钻测量仪测量困难,因此,一般不用有线随钻测量仪测量轨迹参数。采用无线随钻测量仪测量时的钻具组合为:钻头+弯外壳井下马达+回压阀+无磁钻铤+MWD 无磁短节+斜台肩钻杆+加重钻杆(300 ~ 450 m)+钻杆。

5)水平段的轨迹控制技术

水平段井眼轨迹控制的突出问题是钻具的稳定问题。本井采用了带 210 mm 扶正器的 1.25°单弯马达选用 PDC 钻头,转盘 45 r 钻水平段,井斜控制效果好。

在水平段要加强测斜的密度及时准确预测井底,水平段测点要做到一根三测,使井眼不处于失控状态,井眼轨迹的变化要适应地层,跟着气测值的变化,随时调整轨迹,使用马达定向一定要掌握好度,不要扣、调得太多,保持一个合理的井斜角钻进(88° ~ 91°),做好钻头的选型,马达使用一定要小心,一旦发生泵压上升、下降、无进尺,要果断起钻,以避免水平段钻具事故。

总之,在轨迹控制过程中,依据相应的地质条件,优化钻具组合是最关键的。下部钻具原则上用刚性小的钻具组合,采用短无磁钻铤缩短盲区距离,从定向至完钻合理倒装,在保持足够的钻具的刚度基础上,大井斜段、水平段有时不下入无磁钻铤,用无磁抗压缩钻杆替代,对于上述案例这样的深定向、岩性硬地层,下入长稳定块的欠尺寸稳定器或下入小稳定的足尺寸稳定器,保证足够的过流面积,使岩屑能快速通过稳定器,以保证井眼的清洁,进一步加快钻井速度。尽可能避免钻头对岩屑的重复破碎,选用高性能马达,选定合理的马达本体稳定器类型尺寸,保证足够的造斜率。

3. 安全钻进技术

水平井的井下情况要比直井复杂得多,不仅要稳定井斜角和井眼方位,还由重力作用、摩擦力、岩屑沉降等诸多因素而涉及其他一系列问题,从而使水平井的安全钻进与直井相比也有所不同。

在水平井中,由于重力的作用,井斜角超过30°以后的井段内,岩屑就会逐渐沉降到下井壁,形成岩屑床(图 1.35),钻井液携砂性能好、悬浮能力强,则形成岩屑床所需时间长;反之,则形成岩屑床所需时间就短。现场实践发现,岩屑床在井斜角30° ~ 60°的井段内,是不稳定的,也是较危险的,当沉积到一定厚度后,岩屑床会整体下滑从而造成沉砂卡钻。因此,在钻井中发现扭矩增加不正常,就要查明原因,如无其他原因,则说明已经形成岩屑

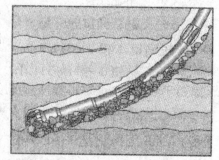

图 1.35 岩屑床形成示意图

床;在每次接单根或每次起下钻时,都要记录钻柱的摩擦阻力,发现摩擦阻力增加,说明井下已经存在岩屑床,就要采取短程起下钻和分段循环的办法清除岩屑床。发生沉砂卡钻后,忌讳硬提解卡,最好的处理方法是接上方钻杆,大排量循环,进行倒划眼。预防和清除岩屑床是水平井安全钻床与直井安全钻井相比显著的不同之处。此外,为了减小水平钻井的作业风险,还要采取以下安全钻井技术措施:

(1)下金刚石钻头前应确保井底干净,必要时应专程打捞。

(2)动力钻具有入井前应检查旁通阀是否灵活可靠,并在井口试运转,工作正常后方可入井。

(3)弯外壳井下马达下井扣必须上紧,不允许用动力钻具划眼。

(4)带井底动力钻具或稳定器钻具下钻,均应控速、匀放。

(5)带弯接头、弯外壳井下马达或稳定器钻具起钻,禁止用转盘卸扣。

(6)搞好井眼的净化工作,钻井液的含砂量低于0.3%,提高动力钻具的使用寿命。

(7)定向钻井过程中,应实测摩阻力,除去摩阻力外,下钻遇阻不能超过 50 kN,起钻遇卡不能超过 100 kN。

(8)每次起钻检查扶正器外径,并按要求更换。更换扶正器后,严格控制下钻速度,遇阻划眼,且划眼要精心操作,不能急于求成,防止卡钻或转盘倒转,预防钻具事故发生。

(9)维护好钻井液性能,滤饼摩阻尽可能小,钻柱在井内静止时间不能超过 3 min,否则必须大范围上下活动钻具,防止卡钻。

(10)严格控制起、下钻速度,防止压力激动压漏地层和抽汲井喷。

(11)进入气层后坚持短程起下钻。

(12)对于含硫化氢地区钻井,应注意防止硫化氢对钻井液的污染和对钻井、测井等工具的腐蚀,应加强对硫化氢的监测;钻井液中加入除硫剂,并注意人身安全,防硫化氢中毒。

(13)按井控相关标准搞好井控工作,严禁井喷失控事故的发生。

1.1.5 固井技术

固井作业是油气井钻井工程中最重要的环节之一,其主要目的是封隔井眼中的油层、气层和水层,保护油气井套管,增加油气井寿命,提高油气产量。而水平井固井与直井有很大的不同,由于受水平井客观条件的影响,水平段的套管扶正问题,水平井的水泥浆体系设计问题,因此都是水平井固井最大的难点,也是影响水平井固井的关键因素。水平井既要求顶替效率高,又要求水泥浆体系稳定,滤失量低,自由水小或无自由水,不形成水槽水带,因此给施工带来诸多技术难题。

1. 水平井套管设计

长曲率半径水平井和某些中曲率半径水平井可以下套管固井。水平井套管设计的主要问题是套管是否安全地穿越弯曲井段。

1)套管强度的设计特点

水平井套管受力情况复杂,在套管下入过程中,承受轴向弯曲载荷和正常的上提和下压载荷。因此,水平井套管设计较常规直井(或定向井)套管设计强度要高一等级,如直井用钢级 J55 壁厚 7.72 mm 套管,水平井则用钢级 N80 壁厚 7.72 mm 套管;抗拉强度设计,除计算正常轴向载荷外,还应计算弯曲附加轴向载荷,上提最大吨位,抗拉强度安全系数不低于1.80,上提最大吨位时的套管抗拉安全系数不低于1.5。

2)套管下入过程中的各种阻力

在套管柱设计中还必须考虑下入过程中的阻力,套管下入过程中的阻力主要由两部分组成:一是通过全角变化率较大地方的局部阻力,由井眼条件决定;二是套管与井壁的摩阻力,由套管在斜井段和水平段对井壁的正压力以及套管与井壁的摩擦系数决定。

3)套管居中

水平段的套管居中,全靠扶正器支撑。图1.36所示是套管加扶正器前后比较示意图。

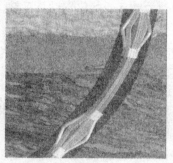

图1.36 套管加扶正器前后比较示意图

因此,套管居中度的设计即扶正器的设计非常关键。从理论上讲,多加扶正器可以达到套管完全居中,但扶正器太多,套管串的刚性增大,套管下入困难,有效的办法是,选择扶正力较大的扶正器,扶正器数量适中,保证套管居中度大于67%,并且套管能顺利下入。

目前,国内使用的套管扶正器主要有刚性扶正器、双弧弹性扶正器和单弧弹性扶正器三种。刚性扶正器,扶正力为最大,有导流功能,可提高顶替效率,但刚性也最大;双弧弹性扶正器,其扶正力为单弧扶正器的两倍;单弧弹性扶正器,其扶正力比双弧弹性扶正器小。

在水平井的水平段多选用刚性扶正器和双弧弹性扶正器间隔加入的方法,每20 m加一只刚性扶正器和一只弹性扶正器,其扶正力足以支撑平趟套管的重力,从理论计算和实际施工结果看,可以保证套管居中度大于水平井固井水泥浆体系的要求。

套管居中的方法如下:

(1)对弹性扶正器的启动力进行测试、检查,达到标准要求后方可入井。

(2)利用套管漂浮法技术,以减少套管下沉力。

(3)使用具有足够扶正力的套管扶正器,安放位置合理。

(4)利用先进的计算机软件,对扶正器安放位置、下入阻力等进行计算。

2. 水平井固井的水泥浆技术

水平井固井的水泥浆体系与直井有很大的不同,对水泥浆体系的要求更加苛刻。水平井的水泥浆体系要有良好的体系稳定性,自由水和滤失量控制极为严格,并且有较高的强度和良好的施工性能。

1) 水平井固井对水泥浆性能的要求

(1) 水泥浆自由水及稳定性要求。

在水平井段，水泥浆注入井内后，由于重力的作用，难以保持原有的稳定性，水泥颗粒易在套管的下侧聚结沉淀，水泥浆性能受到破坏，自由水析出，易在套管上侧形成自由水通道。计算表明，当水泥浆自由水含量为1%时，它将会在水泥环上部形成1 mm左右宽的自由水通道。同时在套管上侧的水泥浆密度下降，凝固后的水泥石强度低，渗透率升高，很容易形成油气水窜槽，影响固井质量。因此全面提高水泥浆性能，特别是降低水泥浆自由水是提高水平井固井质量的关键。水平井固井要求水泥浆自由水小于10.5%，水泥石上、下密度差小于0.06 kg/L。

(2) 水泥浆流变性要求。

在常规注水泥过程中，通常要求降低水泥浆的胶凝强度、屈服值来改善水泥浆流变性能，降低水泥浆紊流顶替排量，以期获得更高的水泥浆顶替效率。在水平井中，为了保证水泥浆具有较好的稳定性和驱替能力，一般要求水泥浆具有一定的屈服值。

(3) 水泥浆失水要求。

水泥浆对油气层的污染主要是由水泥浆向油气层失水引起的。在水平井中，一方面，由于油气层裸眼段长，水泥浆与油层接触面积大，因此更应严格控制水泥浆失水量；另一方面，水泥浆的失水量与水泥浆自由水及稳定性有密切关系，一般来说，水泥浆失水越小，其自由水析出量也越小，水泥浆越稳定。因此，在水平井固井中，一般要求水泥浆API失水小于50 mL(30 min,16.9 MPa)。

(4) 稠化时间的要求。

水泥浆自由水析出是造成水平井固井质量差的主要原因之一，因此，在进行水平井水泥浆设计时，在保证注水泥施工安全的前提下，应减小水泥浆稠化时间，实现"直角"稠化。

2) 注水泥器

在大斜度井和水平井中，无法用常规分级注水泥器进行双级固井，因此，国内一般采用顶替式双级注水泥器和液压式双级注水泥器等固井工具。

3. 提高固井质量的措施

(1) 优化钻井液性能：塑形黏度不能太大，屈服值至少要达到临界值。

(2) 固井前，充分循环钻井液。

(3) 管柱的转动或上下运动，产生一种促使钻井液流动的驱动力，同时也有助于打碎钻井液聚结的团块，破坏岩屑床。

(4) 使用微膨胀、低漏失、低析水，高沉降稳定性水泥浆体系，避免由于水泥浆体积收缩和自由水脱离。

(5) 加强扶正器的合理选择和安放。

(6) 设计合理的冲洗隔离液，运用漂浮等配套技术。

4. 完井方法

水平井常用的完井方法有套管内射孔完井法、套管内射孔单独下筛管完井法、裸眼完井法、裸眼内下筛管(衬管)完井法、裸眼封隔器及筛管完井法共五种完井方法，分别如图1.37～1.41所示。

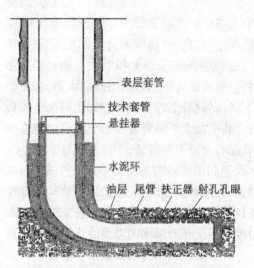

图 1.37　水平井套管内射孔完井

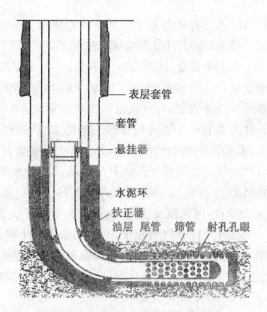

图 1.38　套管内射孔单独下筛管完井

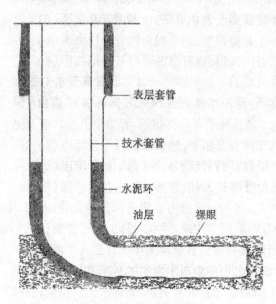

图 1.39　水平井裸眼完井

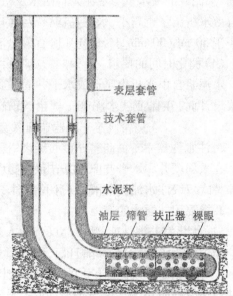

图 1.40　裸眼内下筛管(衬管)完井

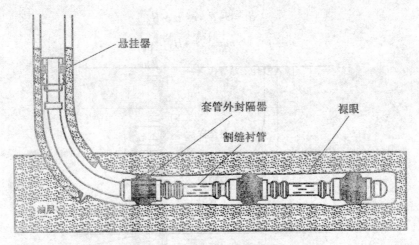

图1.41 水平井裸眼封隔器及筛管完井

1.2 操作技能

1.2.1 二维水平井轨道设计方法

目前,常用的二维定向轨道设计,采用的是恒定造斜率设计,设计轨道由铅垂面内的圆弧和直线组成。对于这种恒定造斜率的设计,通常有查图法、几何作图法和解析计算法三种设计方法。

(1)查图法是事先将每种造斜率钻达不同最大井斜角的数据作在同一张图上。这样在各种不同的造斜率下做出的图形,就可得到一套图表。在进行轨道设计时,根据设计造斜率的不同选择一套适用的图表。在图上,就可查出未知的设计数据。

(2)几何作图法是根据已知的设计条件,应用平面几何作图的原理,用圆规和直尺,按比例画出符合设计要求的设计轨道的图形,然后用比例尺和量角规量出需要的设计数据。

(3)解析计算法是根据已知设计条件,应用解析计算公式求解出设计轨道的各个未知参数的方法。这种方法由于计算复杂、工作量太大,在计算机普及之前,未能得到广泛的应用。目前,已经广泛应用于定向井的设计之中。这种计算方法的最大特点是计算准确,求解对象可灵活改变。

在此主要介绍双增类型水平井轨道设计的解析计算法。

如图1.42所示,已知:H 为设计垂深;S 为入靶点位移;S_n 为水平段长;α_1 为第一增斜终点井斜角。确定:H_0 为造斜点垂深;K_1 为第一增斜率;K_2 为第二增斜率;α_2 为第二增斜终点井斜角;L 为稳斜段长度。则曲率半径为

$$R_1 = 1/K_1$$
$$R_2 = 1/K_2$$
$$R_0 = R_1 - R_2$$
$$H_3 = H - H_0 - R_2 \sin \alpha_2$$

$$S_1 = S + R_2 \cos \alpha_2 - R_1$$

$$m = \sqrt{S_1^2 + H_3^2}$$

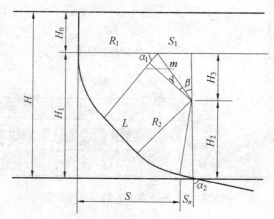

图 1.42　双增类型水平井轨道示意图

第一段增斜终点井斜角为

$$\alpha_1 = \arctan(S_1/H_3) + \arcsin(R_0/m)$$

稳斜段长度为

$$L = \sqrt{m^2 - R_0^2}$$

1.2.2　工具的检查与使用

1. 稳定器下井前的检查

（1）稳定器下井前，应认真检查稳定器的外径、磨损情况和稳定器在钻具组合中的安放位置，稳定器外径磨损应不大于 4 mm。

（2）稳定器表面不允许有裂纹、夹渣、剥落、凹痕等现象。

（3）稳定器工作表面镶嵌的硬质金属不露出本体或稳定套表面。滚轮稳定器的镶齿型滚轮上的硬质合金齿露出不能超过 2 mm。

（4）滚轮稳定器的滚子必须保持转动灵活，滚轮轴完好，固定牢靠。

（5）螺纹表面应光滑，不许有凹痕、裂纹、龟裂及其他破坏其连续性和耐久性的缺陷。

（6）稳定器内螺纹端圆柱部分长度不小于 450 mm，外螺纹端圆柱部分长度不小于 250 mm，否则不能下井使用。

2. 无磁钻铤的检查与使用

（1）无磁钻铤外圆柱面直线度每米不超过 2 mm，全长不超过 5 mm。

（2）无磁钻铤管体表面伤痕不超过规定数值。

（3）螺纹表面应光滑，不允许有凹痕、裂纹、龟裂及其他破坏其连续性和耐久性的缺陷。

（4）无磁钻铤螺纹推荐旋接扭矩应大于或等于规定值。

（5）无磁钻铤应每年进行一次相对磁导率及磁均匀性检查，并符合《钻铤》（SY/T5144—2007）的要求。

3.定向造斜专用 PDC 钻头使用方法

(1)根据钻进时排量的大小选择好水眼尺寸,使钻头回压小于动力钻具要求回压。

(2)下钻时不要接上 PDC 钻头进行动力钻具试运转,以防止在井口将钻头切削齿碰坏。

(3)下钻遇阻不能硬砸。

(4)不能使用 PDC 钻头长井段划眼。

(5)开始钻进时钻压不宜太大,等小钻压造好井底后再加标准钻压钻进。

1.2.3　螺杆动力钻具的使用

1.螺杆动力钻具的现场操作

1)下钻

(1)检查旁通阀活塞是否上下活动灵活。

(2)接方钻杆试运转。

(3)检查轴向间隙是否超过标准。检查方法是首先将动力钻具立在转盘面上(方钻杆接在上面),测量驱动短节和轴承壳体的间隙 D_2,然后提起动力钻具在测量驱动短节和轴承壳体的间隙 D_1,如图 1.43 所示。D_1、D_2 要小于厂家推荐最大轴承间隙值(表1.6)。

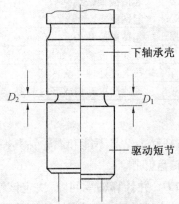

下轴承壳

D_2　　　D_1

驱动短节

马达坐在钻井平台上　　马达悬挂在井架上

图 1.43　螺杆间隙测量示意图

表 1.6　螺杆钻具允许磨损表

工作外径/in		$1\frac{1}{3}$	$2\frac{3}{8}$	$2\frac{3}{4}$	$3\frac{3}{4}$	$4\frac{3}{4}$	$6\frac{1}{4}$	$6\frac{3}{4}$	8	$9\frac{1}{2}$	$11\frac{1}{4}$
最大间隙 D_1、D_2	mm	3	1.7	5	4	4	6	6	8	8	8
	in	0051	0067	0098	0157	0157	0236	0236	0315	0315	0315

(4)下钻过程中严禁猛冲猛砸,再通过防喷器、套管鞋和裸眼井段时,注意下钻速度,防止突然遇阻而损坏钻具。

(5)下钻至井底 1~2 m 时,开泵记录钻具空转泵压。

(6)上下大幅度(7~9 m)活动钻具数次,消除钻具扭矩,确保定向准确。

2)钻进

(1)离井底 1~2 m 时,开泵启动钻具,当排量达到正常排量时,记录里管压力。

(2)慢慢加压钻进,这时立管压力不断升高,立管压力升高值不能大于动力钻具推荐最大压差。如果压力升高太大应提起钻具,待压力恢复后在慢慢加压钻进,钻进过程中注意选择进尺较快的钻压。

(3)螺杆动力钻具在钻进过程中的故障判断及处理方法见表 1.7。

表 1.7　螺杆动力钻具在钻进过程中的故障判断及处理方法

故障类型	发生原因	解决方法
泵压突然升高	马达压死	上提钻具,重新启动并降低钻压
	马达轴承卡死	马达卡死主要由轴承卡死造成,提高井底重新启动,如果启动无效,可以采用转盘启动的方法,加压 30~50 kN,慢慢转动转盘,使卡死轴承活动开。提起钻具重新启动,如无效则起钻更换马达
	马达堵塞	起钻更换马达
泵压慢慢增加	钻头磨损	小心钻进,如果机械钻速太慢,起钻更换钻头
	地质变硬	改变钻进参数钻进
泵压慢慢降低	循环漏失	检查钻井液总量
	钻柱刺坏	起钻检查钻具
	旁通阀损坏	起钻更换
无进尺	钻头严重磨损	起钻更换钻头
	地层变化	改变钻进参数,如果无效,则起钻改变钻头型号,以适宜地层情况
	钻具卡死	按上述处理办法
	无压差	马达严重磨损或万向节短,起钻更换

3)起钻

(1)在决定起钻后,螺杆动力钻具不能和涡轮钻具一样压死循环钻井液。

(2)起钻过程中严禁转盘卸扣。

(3)再一次测量 D_1 和 D_2,并计算轴承间隙,决定该钻具是否能够继续使用。

(4)使用转盘排出钻具内钻井液,旁通阀注入润滑油。

2.故障判断及处理方法

表 1.7 列出了螺杆动力钻具在钻进过程中的故障判断及处理方法。

3.使用注意事项

(1)根据井眼尺寸和地质硬度合理选择螺杆动力钻具,在选择使用动力钻具时,要结合施工井情况,按照各类型钻具的性能规范,选择相适应的钻具,避免动力钻具超负荷工作。地层硬度大时,应选择尺寸较大的动力钻具。

(2)考虑反扭角时,要注意上部钻具的刚性及装置角与高边的关系,使用刚性小的钻杆(如铝合金钻杆)反扭角就大些;使用刚性强的钻具反扭角就会小些,如钻铤数量多或者使用了加重钻杆等。

(3)钻进排量要符合生产厂家推荐的数值范围,以免造成动力钻具的先期损坏。

(4)控制好钻井液的含砂量,钻井液的含砂量高,会大大加速动力钻具的定子、转子、轴承及万向联轴节的磨损,造成钻具的提前大修或报废。

(5)注意钻井液中不要有铁屑。

(6)加钻压时要考虑由井斜产生的摩阻力而影响定向钻进,由于上部钻具不转动,送钻时会产生钻具与井壁之间的摩擦,造成指重表显示钻压不准(指重表显示的是钻压和摩阻力之和)。这时可以通过上下活动钻具求出摩擦阻力的大小,指重表显示钻压减去摩擦阻力就是实际钻压。这时也可以通过控制动力钻具压差(压力降)的形式进行钻进。因为摩擦阻力不会增加动力钻具的压降。

(7)考虑井下温度不要超过动力钻具允许使用的温度极限。

(8)钻头压力降要求在钻具性能规范的范围以内,以免造成钻具的轴承严重磨损或烧毁。

1.2.4 有线随钻测量仪的使用

(1)天滑轮、地滑轮的安装位置与电缆滚筒中心在同一平面内。将天滑轮挂在井架二层平台以上合适位置,固定牢靠,并锁住天滑轮保险销。使用侧入接头时,天滑轮可挂在二层平台的横梁上。

(2)循环头与钻杆替根连接要紧扣。循环头与水龙带连接,拴牢保险绳套。

(3)下井前,安装侧入接头密封盒、内夹板,然后将电缆依次穿过密封盒螺帽和侧入接头,装配电缆头;侧入接头吊上钻台,电缆头与下井仪器相连;将侧入接头接于一单根下端,提离转盘面15 m,操作电缆滚筒,提起下井仪器,使仪器下端位于转盘面,将深度计数器调零。将下井仪器下入钻具内,侧入接头下端与井内钻杆连接好;安装侧入接头的顶紧机构,保证电缆可以上下拉动。

(4)仪器下放到底,司钻充分活动钻具后,使循环头液压缸顶面处在二层平台,并让井架工方便打电缆卡子。

(5)反复提放仪器,连续三次坐键,若磁性工具面读数误差小于2°,表明坐键成功。

(6)接单根时,先卸下液压缸顶部电缆卡子,释放手压泵压力,以不大于1.5 m/s的速度上提电缆,当仪器离井口150 m左右逐步减速。在离井口20 m时,卸开钻杆替根,使仪器全部进入钻杆替根,开始接单根。

1.2.5 (YST-48R)MWD井场操作

1.仪器准备

1)循环短节的准备

(1)了解井队无磁钻铤的尺寸和扣型,准备相应尺寸的循环短节和转换接头。

(2)准备好合适的回压阀。

(3)用钢丝刷仔细清理螺纹。

(4)在以上工作做完后安装循环套,根据井场实际情况选定所用限流环及主阀芯的配合,将选定的限流环装入循环套,再将循环套装入循环短节,注意在安装的过程中一定要将要求的O形圈上齐。

2)仪器的准备

将配套的地面设备和井下设备准备好,对所有要求进行测试的设备进行测试,确保把合格的设备带到井场。

3）仪器工具的准备

将与仪器配套的工装、工具带到井场。

2. 施工准备

（1）在到达井场后，将数据处理仪及计算机放进仪器房，确认仪器房与井台的距离，远程数据处理器与数据处理仪的连线为 90 m，距离太远不能进行安装。

（2）安装压力传感器。要求井队将钻井泵关掉，并将钻井液管线的放空阀打开，将立管中的钻井液放空，井队人员将压力传感器的焊接螺套焊在立管上，要求该位置既可以方便布线，又不会在井队作业时被碰到。在焊接作业时应注意以下几点：

①在焊接螺套时，应将焊接螺套与焊接堵塞连在一起，以防焊接完成后，在热胀冷缩下焊接螺套变形，造成压力传感器安装不上。

②焊接螺套一定要确保焊接牢固。

③在进行该项操作时，一定要有专人与井队的人监控，防止危险的发生。

④将压力传感器连接在焊接螺套上并拧紧，注意在压力传感器上一定要加密封圈。将压力传感器的连线引到远程数据处理器的位置，在布线时要注意防碰、防损。

（3）安装远程数据处理器。将远程数据处理器装入安全防护箱内，固定在司钻易观察到的地方。

（4）布线。将远程数据处理器——数据处理仪连接线安全高架，注意防碰、防损，连接线不允许打直角弯，以防折断。

3. 仪器连接及设置

（1）仪器连接。对准备下井的仪器进行必要的测试及检查并连接好，注意在接头处涂抹硅脂，并将接口处用摩擦管钳拧紧；量好各测点到仪器底部的距离。

（2）工作模式设置。根据施工井的实际情况，设置开泵序列和停泵序列的内容以及各序列的循环次数；设置脉冲的宽度及发送方式；设置开泵等待和关泵等待时间，当启用流量开关时，这两项设置起作用。

（3）工具面阀值设置。根据施工井情况和施工经验设置重力高边和磁性高边的切换角度。

（4）流量开关设置。按照施工要求，确定是否使用流量开关及使用流量开关时使用哪种工作状态。

（5）系统设置。设置仪器的内部误差和钻具的安装误差，这两个误差也可以合在一起、设在一处；设置开关泵的判断门限和稳定时间，注意只有实际开关泵的时间满足所设定的稳定时间后，仪器才能做出开关泵的判断；设置井场电源情况及磁偏角的数值。

（6）脉冲门限设置。仪器正常工作后，要根据脉冲的情况，调整脉冲的检测范围和脉冲门限，否则地面设备不能正确地计算出数据。

（7）压力传感器标定值设置。若想在施工中获得比较准确的立管压力数值，必须在每次压力传感器安装后进行标定，若不需要特别准确的值，则只需根据压力传感器的量程选择一个近似的标定值。

（8）伽马探管设置。做好伽马探管的刻度；根据需要设置好井下记录数据的间隔时间。

（9）主阀阀芯和限流环的选择。根据钻井液和井深的情况，选择合适的主阀阀芯和限流环。将主阀阀芯安装在脉冲发生器上时,应将连接螺纹处清洗干净,涂抹适量"242"螺纹胶后拧紧。

4. 仪器坐键

(1)井下仪器连接完成后,将循环短节与无磁钻铤连接后并打上安全卡瓦坐在井口。

(2)将引鞋护帽戴在引鞋上,并把打捞矛接在打捞头上,然后,把井下仪器抬到钻台坡道前。

(3)把打捞矛的绳套挂在气动绞车的吊钩上,将仪器缓慢吊起;操作人员必须站在仪器杆的一侧,双手扶住引鞋上部,不能让引鞋在地面上滑行,以免损坏。

(4)仪器放入无磁钻铤前,先把引鞋护帽摘下,再将仪器缓慢放入无磁钻铤内;如果使用橡胶式扶正器,在下放过程中,要在扶正器的端面抹上铅油。

(5)当打捞头的扶正器即将入井时,停止下放,把井口座板插在打捞头的卡槽上,下放仪器使之坐在无磁钻铤上。

(6)把打捞矛取下,用气动绞车吊起带有加长杆的释放矛,并接在打捞头上。

(7)将井口座板取下,下放仪器到底。

(8)用力下压释放矛,确认仪器已坐键,并使释放矛从打捞头上脱开,然后将释放矛吊出。

5. 浅层测试

仪器装入套管后,即可开泵进行浅层测试。观察脉冲信号的波形,并可继续测出一组数据,以判断仪器是否正常工作。若出现异常,需要取出仪器进行检查,采取相应措施,必要时也可以更换有关部件。

6. 打捞井下仪器

当井下仪器出现故障时,井队可不必进行起钻作业,仪器操作人员可以用打捞矛将井下仪器打捞出井。在井下发生卡钻、落鱼等故障时,可以及时地打捞出井下仪器,避免仪器由于填井而被埋入井下,使损失减小到最低限度。打捞井下仪器时,必须配有缆绳绞车,在钻台上需要安装天地滑轮。打捞矛上连接两根加重杆,以确保井下仪器的打捞顺利。

7. 需注意的问题

无线随钻对现场条件和操作的要求比较高,在仪器使用过程中,操作人员应注意以下一些问题:

(1)压力传感器应焊接牢固,保证其安全可靠。

(2)要求钻工在钻台上施工时,应防止远程数据处理器、压力传感器、电缆碰撞,并保持清洁,以防钻井液的腐蚀。

(3)起钻前,应将井底和钻井液罐内的固化颗粒物循环干净。

(4)仪器下井后,要求下钻速度平稳,不得时快时慢。

(5)仪器应放在无磁钻铤内。

(6)使用该仪器应在定向接头下装回压阀,并每20柱左右灌钻井液一次,每次起钻前必须检查回压阀的弹簧和循环短节内的循环套是否工作正常。

(7)仪器下井后应在200 m左右处做浅层试验,800 m左右时做中层试验。

(8)在钻进过程中,钻井液滤子应放在方钻杆下的钻杆中,接单根时取出钻井液滤子,将滤子内杂物清洗后,将钻井液滤子放在新接单根内,再接方钻杆。

（9）定向时,钻进速度要均匀平稳,复合钻进时,转盘不能挂高速挡,以免损坏仪器。

（10）测斜时,转盘应静止,不得活动钻具,不能停钻井泵。

（11）使用该仪器,钻井泵应工作平稳,泵压为 8～18 MPa,每个钻井泵的三个回压阀应正常工作,钻井液应符合使用要求。

（12）钻具到井底前留一柱开始循环钻井液,接单根开泵循环到井底。

8. 不适应 MWD 施工的环境

1）在有微珠的钻井液中工作

钻井液中含有微珠,会卡在下轴承套和定子之间,阻碍转子转动。对于带护盖的转子,还会卡在转子护盖和冲管的间隙见,导致转子更难转动。

2）在有堵漏材料的钻井液中施工

堵漏材料包括细核桃壳、各种纤维材料、编织袋、密封材料等。这些材料有可能发生堵死定子、卡死转子、缠死蘑菇头、阻止蘑菇头伸缩等现象,导致仪器不工作。

3）钻进液的固相含量高、塑性黏度高

钻进液固相含量高,会导致大量固体物在转子的磁芯里面堆积,最终容易导致转子受阻。塑性黏度高,信号衰减厉害,在深井中难以工作。打完水泥还没有循环好、钻杆中有固体水泥块,钻井液中有大的橡胶块没滤掉,钻井液中有大的固体等,都有可能发生卡死转子、卡死蘑菇头、阻止蘑菇头伸缩等现象,导致仪器不工作。

4）钻杆铁锈特别多

长时间没有使用的旧钻杆,铁锈特别多,如果这些铁锈进入钻井液中,有可能发生堵死定子、卡死转子等事故。在这种情况下,下井前要通径,并用大铁锤敲击,震落里面的管垢和其他杂质后再下井。

5）钻井液 pH 小于 7

pH 小于 7,钻井液呈酸性,会腐蚀井下仪器。

6）井底钻井液温度低于 20 ℃

仪器工作温度低于 20 ℃,脉冲发生器可能很难进入工作状态。特别是在新疆冬天进行浅程试验,在很低的温度下,脉冲发生器有可能没有进入工作状态,信号检测不到,并不一定是仪器不工作。

7）在柴油油基钻井液中工作

柴油会使脉冲发生器的蘑菇头橡胶鼓软化,最终导致橡胶鼓起来,从而导致井下事故。

8）钻井液密度大于 1.45 g/cm³

钻井液密度高,信号衰减幅度大,在深井中会导致信号检测困难。

9）钻头水眼特别小

钻头水眼特别小,会导致立管压力很高,这种情况下如果泵上水又不好时,钻井泵上水时的瞬间会产生很高的压力信号,高噪声信号往往会覆盖掉有用信号而导致地面检测不到信号。同时,钻头水眼特别小,立管压力很高,脉冲发生器发射脉冲需要的力大,往往还会导致脉冲发生器损坏。

10) 平底 PDC 钻头

由于钻井液必须从钻头底部往外流出,加压时往往容易憋泵,导致地面检测不到信号。

11) 钻井液存在气侵

对于高压油气层,钻井液往往会受到气侵。受到气侵的钻井液,使信号衰减厉害,这时需要在钻井液中加入除泡剂,充分循环钻井液,直到气侵排除。

12) 严重井漏

轻微井漏时,仪器能检测到信号。严重井漏时,仪器检测信号困难,且井下仪器不安全,故严重井漏时仪器不能下井。

13) 井下温度高于 125 ℃

井下温度高于 125 ℃,脉冲发生器有可能不工作或工作寿命将大大缩短。

14) 赤铁矿

赤铁矿作为钻井液加重剂,钻井液密度很高,会增加信号的衰减量,在深井、超深井中施工会影响信号的传输,导致信号检测困难。此外,使用赤铁矿会加大对仪器的冲蚀,同时其本身的磁性会影响仪器的测量精度。

以上条件下施工,要么对仪器不利,要么对井下仪器不工作,应尽量避免。

9. 维护

(1) 所有仪器部件及工具在拆卸及回收过程中,及时进行清洗和擦拭。

(2) 仪器要防尘、防潮、防高温。

(3) 打印纸在 10 ℃ 以下保存,不能靠近热源。

(4) 所有 O 形密封圈,扶正器固定螺钉,每次组装前应全部更换。

1.2.6 转盘造斜段和稳斜段的施工步骤

1. 转盘造斜段的具体施工步骤

(1) 由于钻具刚度变大,下钻时注意遇阻情况,地层较软时防止出新眼。

(2) 钻进一单根后,测量定向完成时井底的数据(井斜角和井斜方位角),为分析增斜组合的性能提供数据。

(3) 钻进 2~3 单根后,使用磁性单点测斜仪进行井斜角和井斜方位角的测量,及时分析该钻具组合造斜率和方位漂移率是否符合设计要求,如果符合则继续钻进;如果不符合,则调整钻进参数或更换钻具组合。

(4) 根据测量数据及时作图分析井深轨迹情况。

(5) 钻至最大井斜角度后起钻,更换稳斜钻具组合。

(6) 提高造斜率和降低造斜率的方法,一般来说,在一定钻压范围内,提高钻压可以增大造斜率;反之,降低钻压可以降低造斜率。钻完一单根后,提起方钻杆对刚钻完单根的上部进行划眼可以提高造斜率;如果对刚钻完单根的下部进行划眼,则降低造斜率。

(7) 测斜间距一般不大于 50 m。(吉利杠钻具组合的造斜率和方位漂移率较普通钻具组合都大,测斜间距一般不大于 30 m。)

2. 转盘稳斜段的具体施工步骤

(1) 由于钻具结构较增斜钻具组合刚度更大,下钻时同样注意遇阻情况,地层较软时防止出新眼。

（2）钻进一单根后,测量造斜完成时井底的数据(井斜角和井斜方位角),为分析稳斜组合的性能提供数据。

（3）钻进2~3单根后,使用磁性单点测斜仪进行井斜角和井斜方位角的测量,及时分析该钻具组合井斜角变化率和方位漂移率是否符合设计要求,如果符合则继续钻进;如果不符合,则调整钻进参数或更换钻具组合。

（4）根据测量数据及时作图分析井身轨迹情况。

（5）钻完稳斜段后根据设计更换钻具组合或钻至完钻。

（6）测斜间距一般不大于50 m。

（7）注意搞好中靶预测,发现井斜角,井斜方位角不符合设计时,应及时下入调方位组合进行调整。

1.3 考 核

1.3.1 理论考核

1.选择题

（1）水平井钻井技术的迅速发展是从20世纪(   )年代开始的。

(A)60　　　　　(B)70　　　　　(C)80　　　　　(D)90

（2）(   )技术可以改造老井和废井,用来开采天然气和煤气层。

(A)超深井　　　(B)水平井　　　(C)基准井　　　(D)勘探井

（3）水平井能提高(   ),增加可采储量。

(A)机械钻(速)　(B)采收率　　　(C)钻井成本　　(D)劳动生产率

（4）水平井能减缓(   )锥进和增加产量。

(A)水　　　　　(B)气　　　　　(C)水,气　　　　(D)都不对

（5）影响井眼净化的因素主要有(   ),钻井液环空返速,性能及偏心度和钻具转动情况。

(A)井斜角　　　(B)方位角　　　(C)井深　　　　(D)井径

（6）水平井的摩擦阻力随井斜角的增大而(   )。

(A)不变　　　　(B)增大　　　　(C)减小　　　　(D)影响不大

（7）随着(   )的增大,压漏地层的危险就越大。

(A)井斜角　　　(B)方位角　　　(C)井深　　　　(D)井径

（8）从水平井的特征分析,引起井漏的条件和机会比直井(   )。

(A)更多　　　　(B)更少　　　　(C)相差无几　　(D)有时多有时少

（9）(   )是确定水平井各项技术方案的依据。

(A)地面设备　　(B)工艺要求　　(C)曲率半径　　(D)储层特征

（10）水平井完井方法主要有(   )大类。

(A)二　　　　　(B)三　　　　　(C)四　　　　　(D)五

（11）井眼轴线上某一点到(   )之间的距离,为该点的水平位移。

(A)井口铅垂线　(B)井口坐标　　(C)井口　　　　(D)井口直线

(12)根据井眼曲率的大小,水平井可以分为(　　)类。

(A)2　　　　　　(B)3　　　　　　(C)4　　　　　　(D)5

(13)常规定向井的最大井斜角在(　　)以内。

(A)60°　　　　　(B)70°　　　　　(C)80°　　　　　(D)90°

(14)水平井的最大井斜角保持在(　　)左右。

(A)0°　　　　　(B)70°　　　　　(C)80°　　　　　(D)90°

(15)定向井中通常所说的"井深"是指(　　)。

(A)斜深　　　　　　　　　　　　(B)垂深

(C)设计井深　　　　　　　　　　(D)井眼某点到井口直线长度

(16)非磁性钻铤是一种不易磁化的钻铤,其用途是为(　　)测斜仪器提供一个不受钻柱磁场影响的测量环境。

(A)虹吸　　　　　(B)陀螺　　　　　(C)非磁性　　　　(D)磁性

(17)井下动力钻具带弯接头造斜的钻头组合是:钻头+(　　)+钻铤+钻杆。

(A)弯接头+井下动力钻具+无磁钻铤

(B)井下动力钻具+弯接头+无磁钻铤

(C)弯接头+无磁钻铤+井下动力钻具

(D)井下动力钻具+无磁钻铤+弯接头

(18)弯接头(　　)与本体轴线的夹角称为弯曲角。

(A)内螺纹部分的轴线　　　　　　(B)外螺纹部分的轴线

(C)外螺纹台肩所在平面　　　　　(D)最长边所在平面

(19)在215.9 mm井眼定向井中,(　　)钻具组合为:钻头+稳定器+非磁性钻铤1根+钻铤×1根+稳定器+钻铤×1根+稳定器+钻铤+钻杆。

(A)降斜　　　　　(B)稳斜　　　　　(C)增斜　　　　　(D)扭方位

(20)钻具稳定器一般分为(　　)、不转动套(橡胶套)型和滚轮型。

(A)斜叶片型　　　　　　　　　　(B)直叶片型

(C)旋转叶片型　　　　　　　　　(D)不旋转叶片型

(21)不转动橡胶套稳定器通常要求井温不超过(　　)。

(A)80 ℃　　　　　(B)100 ℃　　　　(C)120 ℃　　　　(D)180 ℃

2. 判断题(对的画"√",错的画"×")

(　　)(1)水平井的类型除普通水平井外,还有丛式水平井、多底水平井和双层水平井。

(　　)(2)随着水平井钻井、完井、增产措施等方面技术难点的不断完善,水平井的成本已低于直井。

(　　)(3)水平井是开发薄油气层的最佳选择。

(　　)(4)水平井不是提高低渗透油气藏产量的有效方法。

(　　)(5)水平井井眼的稳定性主要受力学作用的影响。

(　　)(6)井眼不稳定将导致井漏、井壁剥落掉块及缩径卡钻。

(　　)(7)针对储层特征,采用相应的水平井方法及施工工序,可以保护油气层。

(　　)(8)水平井钻井较适合于有水平裂缝的油气储集层。

（　　）（9）水平井段的钻井液就是完井液。它是根据储层特点再确定完井方法的基础。

（　　）（10）螺杆钻具的液压马达总成主要由定子和转子组成。

（　　）（11）螺杆钻具旁通阀的作用是起下钻中通过旁通孔平衡钻具内外压差。

（　　）（12）螺杆钻具下钻时钻柱内的钻井液经旁通孔流到环形空间。

（　　）（13）螺杆钻具入井时要控制下钻速度，遇阻不得硬压、硬砸。

（　　）（14）动力钻具起出后，要认真检查旁通阀，并把钻具内的钻井液排净。

（　　）（15）螺杆钻具钻进时，钻压过大，螺杆钻具转不动可导致泵压突然升高。

（　　）（16）螺杆钻具钻进时，钻头严重磨损对泵压无影响。

（　　）（17）井眼轴线上某点切线的水平投影与正北方向的夹角，称为该点的井斜角。

（　　）（18）井底水平位移是井口与井底两点在水平投影面上的直线距离。

（　　）（19）井眼曲率是井斜变化率。

3.叙述题

(1)简述长曲率、中曲率、短曲率半径水平井的工艺特点。

(2)简述螺杆钻具的结构和工作原理。

(3)简述有线随钻测量仪和无线随钻测量仪的结构及简单的工作原理。

(4)简述图解法求井眼曲率的方法。

(5)简述水平井剖面的类型及设计原理。

(6)总结出定向井、水平井中的有关概念和常用术语。

(7)总结水平井中所用的钻具和工具，通过自己查阅资料找出书中没提到的新型工具。

(8)写一篇关于水平井钻井技术的论文。

1.3.2　技能考核

1.考核项目

(1)工具的检测。

(2)无线随钻测量仪器的安装、拆卸和简单的故障排除。

(3)二维井身剖面设计。

(4)各井段的施工操作要求。

2.考核要求

(1)考场准备。

①考场设在室内或实验井场。

②考场清洁卫生。

(2)考场要求。

①过程。

②考试时间及形式：每个项目考试时间20 min，采用笔试或模拟操作，到时停止答卷。

第2章

大位移井钻井技术

2.1　知识要点

大位移井比水平井钻井要更复杂、难度更大。大位移井的知识要点除了基本概念以外,还有轨迹控制技术、减摩阻降扭矩技术及井眼清洁技术等。

2.1.1　知识要点1——大位移井基本知识

1. 大位移井的概念

(1)国际上普遍采用的定义:井的水平位移与垂深之比大于或等于2的井称为大位移井(Extended Reach Well),如图2.1所示。

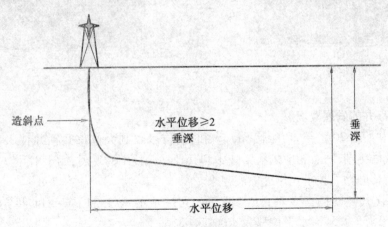

图2.1　大位移井示意图

(2)另外的定义:水平位移大于或等于3 000 m的井。

2. 大位移井的主要特点

(1)水平位移大,能较大范围地控制含油面积,开发相同面积的油田可以大量减少陆地及海上钻井的平台数量。

(2)钻穿油层的井段长,可以是油藏的泄油面积增大,大幅度提高单井产量,如图2.2(a)所示。

3. 大位移井的用途

（1）用大位移井开发海上油气田。从钻井平台上钻大位移井，可减少布井数量和井的投资。

（2）用大位移井开发近海油气田。以前开发近海油气田要求建人工岛或固定式钻井平台，现在凡距海岸 10 km 左右，油气田均可从陆地钻大位移井进行开发，如图 2.2（b）所示。

（3）开发不同类型的油气田。几个互不连通的小断块油气田，如图 2.2（c）所示；几个油气田不在同一深度，方位也不一样，可采用多目标三维大位移井开发。

（4）用大位移井可实现海油陆采，如图 2.2（d）所示。

（5）保护环境。可在环境保护要求低的地区用大位移井开发，环境保护要求高的地区采用的油气田。

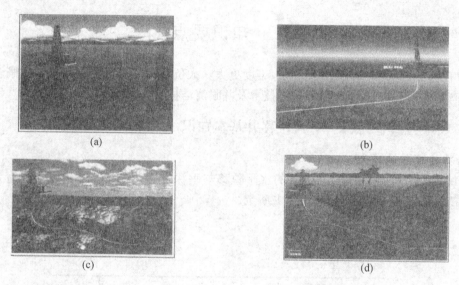

图 2.2　大位移井

4. 大位移井的发展概况

大位移井始于 20 世纪 20 年代，由于当时的技术限制大位移井钻井技术发展缓慢。进入 80 年代后半期，随着相应的科学技术和其他钻井技术的发展，如水平井、超深井钻井技术等，大位移井钻井技术才迅速发展起来。

1997 年在我国的南海东部，飞利浦斯公司完成的西江 24 - 3 - A14 井完钻井深达 9 238 m，垂深为 2 985 m，水平位移为 8 062.7 m，平垂比为 2.7。

由我国自己的全套技术进行大位移井钻井较晚，目前可以打出了水平位移超过 3 000 m 的大位移井，但平垂比小于 2。

2.1.2　知识要点 2——专用工具

由上述实例可以看到，大位移井所用工具仪器除了水平井用到的以外，还有其他常用钻具等，比如采用抗扭矩的接头、降摩减扭接头、钻杆护箍、轴承短接等，满足轨迹控制要用变径稳定器、可变弯接头、导向钻具等。

1. 导向钻具

导向钻具的主要类型有滑动式导向钻具和旋转式导向钻具。

滑动式导向钻具的特征是导向作业时钻柱不旋转,钻柱随钻头向前推进,沿井壁滑动。带来的问题有:钻柱的扭矩、摩阻问题;井眼清晰问题;机械钻速慢问题;钻头选型受限问题。滑动式导向钻具虽存在诸多缺点,但目前仍占主导地位,其原因是导向钻井大多使用井下动力钻具。主要的滑动式导向钻包含了弯外壳马达、可调弯接头、可变径稳定器等。

钻具组合方式:钻柱+MWD/LWD+动力钻具+导向工具+钻头。

旋转式导向钻具避免了钻柱躺在井壁上滑动,使井眼得到很好的清洗,同时允许根据地层选择合适的钻头。这样可显著地减轻或清除滑动式导向工具的不足。完全抛开滑动导向钻井,而是以旋转方式连续自动控制轨迹,从而解决常规导向钻井的缺点。

1)导向螺杆钻具

常用的导向螺杆钻具主要有单弯螺杆钻具(图2.3)、同向双弯螺杆钻具(图2.4)和反向双弯螺杆钻具(图2.5)。

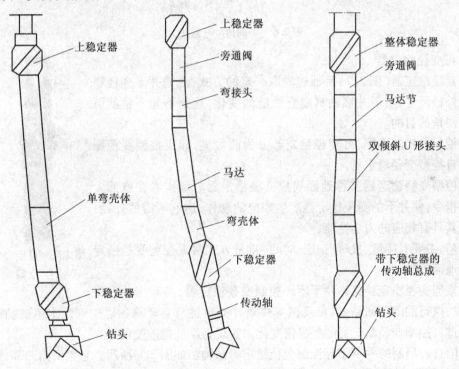

图2.3 单弯螺杆钻具　　图2.4 同向双弯螺杆钻　　图2.5 反向双弯螺杆钻具

2)可调角度弯接头与井下动力钻具组合

可调角度弯接头是一种较为先进的井眼迹控制工具,如图2.6所示。其弯曲角度可以根据需要进行调节。这样不仅有利于工具的下入和起出,而且施工中可以根据需要随时调节弯曲角度的大小。根据调节方式和工作原理的不同可分为电动式、机械式和液压式等类型。它们的共同特点是在实际造斜与设计不符时不需起钻,通过地面控制把弯接头调到需要的角度(包括0°)。

可调角度弯接头与井下动力钻具组合是通过调节可调角度弯接头的弯曲角度来完成各井段钻井作业的。

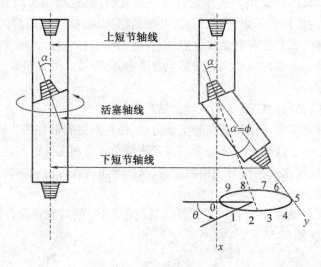

图2.6　可调角度弯接头

3)可变径稳定器

可变径稳定器(图2.7)是通过采取一定的方式,改变井下变径稳定器的外径尺寸,实现井底钻具组合性能的变化,达到不起下钻就可调整井斜角的目的。

按控制方式的不同,可变径稳定器分为两大类,即遥控型变径稳定器和自控型变径稳定器。

遥控型变径稳定器又称地面遥控变径稳定器。操作者在地面发出控制指令,使井下的变径稳定器产生相应的动作,达到所需的外径,以此使其具有相应的力学性能。

目前,主要有排量、投球、钻压、时间-排量方式对遥控型变径稳定器进行地面控制。

图2.7　可变径稳定器

自控型变径稳定器又称井下闭环控制变径稳定器,具有在井下测量、反馈、执行的闭环回路,以负反馈方式对井斜角进行自动修正以达到预定值的功能。它是通过自控型变径稳定器的外径值变化来实现力学性能改变的。

我国自行研制的井下闭环控制变径稳定器结构图如图2.8所示。它主要由三部分组成,即变径部分、液压系统及测量控制部分。

其工作原理:在钻进过程中,井底压差作用于主动活塞上,当电磁阀打开时,主动活塞向上推动主动杆使翼肋向外推出,改变稳定器的直径。电磁阀关闭时,翼肋停止向外推出,其推出量受测控系统的控制。当需要起钻时,钻井液停止循环,环空内外钻井液压力平衡,电磁阀打开,复位弹簧推动液缸下行,翼肋收回。需要人工干预时,可通过下行通道向井下控制器发送所需要的控制指令。

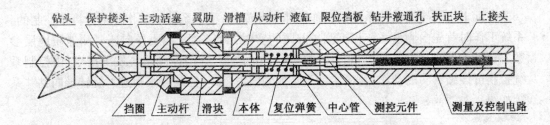

钻头　保护接头　主动活塞　翼肋　滑槽　从动杆　液缸　限位挡板　钻井液通孔　扶正块　上接头

挡圈　主动杆　滑块　本体　复位弹簧　中心管　测控元件　测量及控制电路

图 2.8　井下闭环控制变径稳定器结构图

4）旋转导向钻井系统

旋转导向钻井系统（图 2.9）的核心部件是液压驱动可径向伸出的叶片（翼肋）。这种叶片在井壁上产生一种由井下电子仪器系统控制其大小和方向的径向接触力，而由接触力的作用来实现按需要的井眼方向钻进。

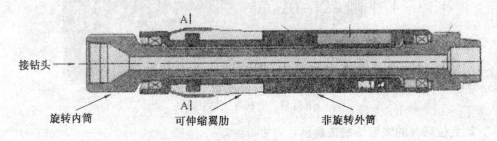

接钻头 →

旋转内筒　　　可伸缩翼肋　　　非旋转外筒

图 2.9　旋转导向钻井系统结构示意图

这种旋转导向钻井系统主要有三个特征：在钻柱旋转时，能够控制井斜和方位；能够按预先设计（井下闭环控制）的井眼轨道钻进，并能通过上传信号让地面跟踪实钻井眼轨道；能够直接下传指令调整井眼轨道（地面干预）。

旋转导向钻井系统的导向力主要是通过偏置钻头来获得的。下面以贝克休斯的 AutoTrack RCLS 系统为例简要说明旋转导向钻井系统的工作原理。

旋转导向系统主要由可旋转内筒（接钻头）、非旋转外筒和可伸缩翼肋组成。系统工作时，钻头所需要的导向力（侧向力）通过可伸缩翼肋的活动来提供。如图 2.10 所示，当 1 号翼肋伸出支撑在井壁上时，钻头就获得与 1 号翼肋伸出方向相反的侧向力 F，这样钻头在这个侧向力的作用下就可以改变自己原来的切削轨迹，沿 F 方向偏置。

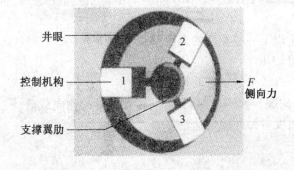

井眼

控制机构

支撑翼肋

F
侧向力

图 2.10　旋转导向钻井系统原理示意图

实际上旋转导向钻井系统的工作并非如此简单,整个系统的工作是由计算机控制的。系统工作时首先由测量系统根据测量井眼的实时几何参数(地质导向还要测地质地层参数),这些参数进入井下计算机,计算机进行评价决策,并向控制系统发出指令,由控制系统控制可伸缩翼肋的动作,从而给钻头施加侧向力,自动控制井眼轨迹。旋转导向钻井系统如图2.11所示。

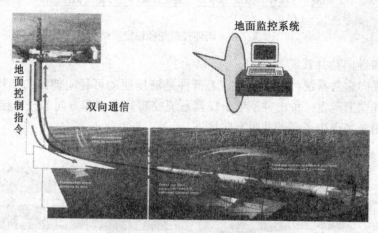

图2.11　旋转导向钻井系统

2. 大位移井的减摩降扭工具

1)非旋转钻杆护箍

非旋转钻杆护箍(Non-Rotating Drill Pipe/Casing Protector, NDPP)允许钻柱在护箍内自由旋转而护箍本身不转。NDPP(图2.12)由三部分组成:中心活页式橡胶(或塑料)套筒,与其相连的金属加强插件和两个铝制的活页式止推轴承环,两个轴承环的形状相同,但方向相反。套筒有内表面带槽和不带槽两种。套筒位于两个轴承环之间,其间有足够的间隙允许套筒自由旋转。工作时,安装在钻杆上NDPP的作用类似于液体动压轴承。钻井液为润滑介质,由于钻杆与套筒间的相对运动产生水力举升力,把钻杆外表面和套筒内表面有效地分开,将钻杆"浮托"在护箍中使钻杆与套筒间的摩擦力显著降低,其摩擦系数仅是钢材之间摩擦系数的1/10。同时,由于钻杆可在套筒内自由旋转,相对旋转点从工具接头外径处变化到套筒内径处。因为扭矩与钻柱有效半径成正比,所以使用ND-PP可减少接触点处的旋转阻力矩。NDPP的扭矩降低范围在30%,并可有效地防止套管磨损。

NDPP主要用于以下一些类型的大位移井中:

(1)造斜段位置较浅。

(2)造斜段以下有较重的钻柱质量。

(3)井眼偏斜(狗腿)导致钻柱与套管间存在很高的侧向载荷。

(4)套管磨损过度的钻井或低速钻井中。

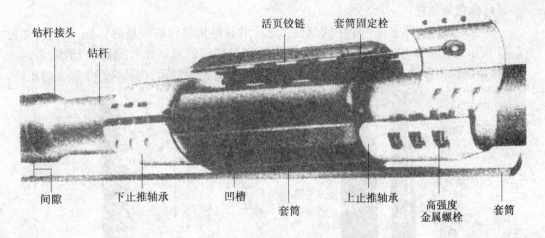

图 2.12　非旋转钻杆护箍结构示意图

2）DSTR（Drill String Torque Reduction）短节

DSTR 短节的工作原理与 NDPP 基本相同,差异之处在于后者是一个滑动轴承,而短节采用了滚动轴承,结构也相对复杂,如图 2.13 所示。通过下井模拟程序分析,侧向载荷大多产生于增斜井段,因此,每隔 2～3 个钻具接头安放一个 DSTR 短节,并使该结构始终处于增斜井段,钻井作业时可使钻具接头悬离套管壁,可极大地减小扭矩。

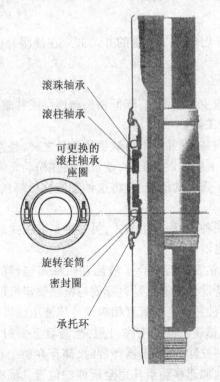

图 2.13　DSTR 短节

3）钻杆轴承短节（Drill Pipe Bearing Sub,DPBS）

钻杆轴承短节的结构示意图如图 2.14 所示。

4)低扭矩钻杆

低扭矩钻杆实际上是一个中间部位带三个叶片结构整体稳定器的钻杆,其结构如图2.15 所示。在工作时,由于旋转作用,紧靠造斜段底部的岩屑床被搅动,当消除岩屑床后,扭矩将保持常数。但是,由于工具上存在3个叶片的接触面,仍然会产生很大的扭矩。

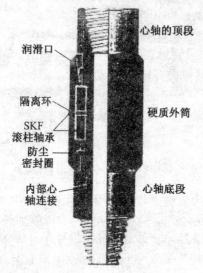

图 2.14　钻杆轴承短节(DPBS)的结构示意图

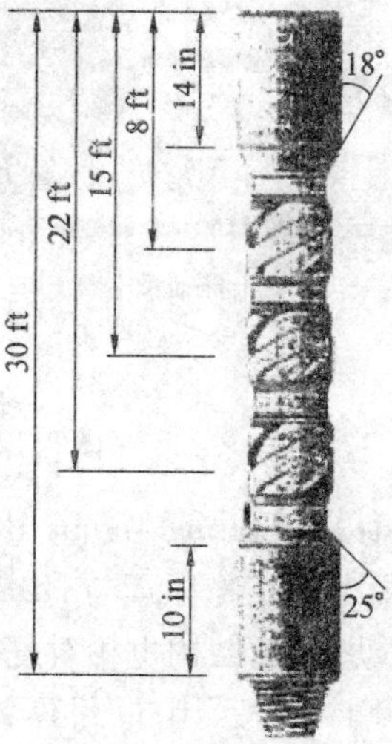

图 2.15　地扭矩钻杆的结构示意图
（1 ft=0.304 8 m）

低扭矩钻杆主要用于已经下了套管的井。如果在裸眼井中使用,则有可能带来键槽问题。

5)加长马达

使用加长马达可以减少钻头泥包,降低钻头与地层或井眼之间的扭矩。

3. 随钻震击器(解卡工具)

随钻震击器是打定向井、深井等不可缺少的工具之一,是连接钻柱一起钻井作业的井下工具,主要用于钻柱被卡后提供撞击力,使被卡钻住松动而解卡。与上提下放活动钻具的区别在于震击器提供了强大的动能,并将这种动能在极短的时间内转换成撞击力施加给卡点。

随钻震击器一般分两种:一种是机械式;另一种是液压式。根据提供作用力的方向不同又可分为上击器与下击器。

Griffith 液压/机械随钻震击器结合了液压和机械震击器的特点,克服了这两种震击器的固有缺点。它的独特设计把液压延迟释放与机械锁定机理混合在一个相对较短的双作用随钻震击器上,使这种井下工具具有相对于传统液压或机械震击器的独特的优势。

Griffith 液压/机械随钻震击器的工作过程:当需要上击时,震击器将受张力作用,此时整个井下钻柱同时受到拉伸;当震击器释放时,储存在整个被拉伸钻柱内的能量释放,从而使震击器心轴迅速地加速移动至其完全延伸的位置。而在这时,震击器心轴加速移动的瞬间终止,将运动中的钻铤产生的动能转化为一种强烈的冲击力或震击力。这种冲击力将随着实际的操作条件的变化而变化,但能够达到初始拉力的 8 倍。

当需要下击时,震击器上部钻柱的重量被放松,直到作用在震击器上的力超过下击机械锁定设置值。此时锁定释放,从而允许钻柱自由下放。当震击器安全关闭时,将产生一种强烈的冲击力作用在钻柱的卡钻部分。

2.1.3　知识要点 3——大位移井的测量系统

目前在大位移井的钻井过程中,所用测量系统工具主要有随钻测量系统(MWD)、随钻测井系统(LWD)和陀螺仪等。

1. 随钻测量系统

MWD 能在钻进过程中自动连续测量井底附近的有关参数(主要是井斜角、方位角、工具面角、井底钻压、扭矩、每分钟转数等)并传输至地面,进行计算机实时显示、存储、处理和打印,为下一步施工设计提供依据。MWD 包括有线随钻测量系统和无线随钻测量系统。对在套管附近的造斜工具的测量或定向,必须使用陀螺测斜仪。MWD 仪器只能用在作业者确信没有磁干扰的地方。

2. 随钻测井系统

LWD 是在 MWD 的基础上,增加若干用于地层评价的参数传感器,如补偿双侧向电阻率、自然伽马、方位中子密度、声波、补偿中子密度等。随钻测井技术的发展与完善,使其成为电缆测井的一个重要补充手段,并因其“随钻”功能,使它具备以下技术优势:

(1)可以利用伽马射线确定页岩层来选择套管下入深度。

(2)可以选定储层顶部开始取心作业。

(3)便于钻井过程中与邻井对比。

(4)能够识别易发生复杂情况的地层。

(5)如果在电缆测井就业前报废井眼的话,至少有一些地层数据可以利用。

(6)对电缆测井不适合的大斜度井能够进行测井作业。

(7)利用电阻率测井可以发现薄的气层的存在。

(8)在钻进时利用伽马射线和电阻率井可以评价地层压力。

(9)在地层尚未有钻井液渗入污染前能获得真实的地层特性和最新资料。

3. 陀螺仪

由于 MWD 在上一单元中已经介绍过,在此不重复,仅简要介绍陀螺仪的结构原理。陀螺仪是一种不受磁干扰的高精度的测量工具。在已经下入套管的井眼中或丛式井平台等有磁干扰的井眼中测量、定向,不能使用随钻测量系统,必须使用陀螺类测斜仪器。

陀螺仪被称作惯性仪器,是因为这种仪器是采用天体坐标系,就是说它自身的转动不以地球上任意一点作为参考,用作测量仪器是靠人为地为陀螺自传轴标定方向,如地理北极。

陀螺测斜仪测量井眼的方位角和钻具的工具面角是应用了陀螺自传轴的方位稳定性或定轴性,而井斜角与钻具的高边工具面角是采用测角装置和重力加速度计测量,所以陀螺测量仪的测量由陀螺仪和测角仪两部分组成。

照相陀螺测斜仪通常由随仪器下井的电池组供电,由陀螺仪的逆变电源转换为交流电使陀螺转动,同时另一电池组为照相机提供光源。井斜角和高边工具面角采用机械角测量装置测量,其测量的角度投影到陀螺仪的刻度盘上,由照相机拍摄胶片或交卷记录下来。

电子陀螺测斜仪通常由地面计算机通过测井电缆线为井下仪器供电,井斜角和工具面角均采用重力加速度计测量,所有测量数据通过测井电缆传输到地面,由地面计算处理和显示。

陀螺测斜仪的分类如下:

1)按照斜数据的记录方式分类

(1)照相陀螺测斜仪。如 EASTMAN CHRISTENSEN 公司的 A53-01 型 $2\frac{1}{2}$ in 水平转子陀螺测斜仪;SPERRY-SUN 公司的 LRG 3 in 水平转子陀螺测斜仪和 MK V $1\frac{3}{4}$ in 水平转子陀螺测斜仪等。这类测斜仪又分为单点照相陀螺测斜仪和多点照相陀螺测斜仪两种。

(2)地面记录电子陀螺仪。如 SPERRY-SUN 公司的 SRO 地面记录定向陀螺测斜仪;BOSS Ⅱ 电子陀螺测斜仪及 G2 电子陀螺测斜仪等。

2)按陀螺仪的结构分类

(1)框架式陀螺测斜仪。EASTMAN CHRISTENSEN 公司的 A53-01 型水平转子陀螺测斜仪,SPERRY-SUN 公司的 LRG 3 in 水平转子陀螺测斜仪和 MK V $1\frac{3}{4}$ in 水平转子陀螺测斜仪,SRO 地面记录定向陀螺测斜仪和 BOSS Ⅱ 电子陀螺测斜仪均为框架式陀螺测斜仪。

(2)速率积分陀螺测斜仪。SPERRY-SUN 公司的 G2 电子陀螺测斜仪是速率积分式陀螺测斜仪。

目前,常用的有速率陀螺测斜仪、BOSS 测斜仪、SRO 地面记录定向陀螺仪等。BOSS 陀螺仪可提供快速陀螺测斜,通过快速的地面记录,可以显著地增加测量效率,得到最后的结果所用时间要比一般的陀螺测斜快几个小时,BOSS 陀螺仪安装迅速,测斜快,是因为在每个测点只需停留 3～4 s。由于 BOSS 陀螺仪系统能连续不断地监视最高温度,因此可以避免探管过热。探管下井时,地面记录装置可准确而连续地记录测井的全部过程。整个系统只用一个导线就可将数据传至地面计算机。

SRO 地面记录定向陀螺测斜仪适合在套管开窗井中为开窗工具定向,在丛式井中为有磁干扰井眼中的动力钻具组合定向。采用高温绝热套,SRO 地面记录定向陀螺测斜仪可以用于井温超过 125 ℃ 的井眼中。

BOSS Ⅱ 陀螺仪是一种半平台式捷连式电子测斜仪,它的陀螺和加速度计互相作用组成和井斜方位传感器,通过电缆将井下信息输送到地面计算机,地面计算机通过处理计算出井斜、方位等参数。它主要用于下套管井的多点测斜。另外,BOSS Ⅱ 电子陀螺测斜仪现场组装、操作较其他仪器简单。如果使用普通陀螺仪测量,每个测点需要静止 45～60 s,以保证井下仪器测量时处于稳定状态,而使用 BOSS Ⅱ 电子陀螺测斜仪测量,在计算机的数据显示屏上可以直接观察井下仪器是否处于稳定状态所以每个测点的测量只需要静止 2～4 s 便可完成,而且避免了读胶片和手工计算、修正数据的麻烦。在测量过程中,操作人员可以通过计算机上的数据显示解仪器的工作情况,从而保证测量的精度和数据的可靠性。

2.1.4　知识要点 4——钻井技术

通过上述案例可以看出,大位移井的关键钻井技术主要包括管柱的摩阻和扭矩、钻柱设计、轨道设计、井壁稳定、井眼清洗、轨道控制等。

1. 井深剖面设计

合理的井身剖面是大位移井取得成功的关键因素之一。大位移井的井身剖面在保证不超过钻柱扭矩极限的情形下,必须还满足以下要求:

(1)能尽量增大延伸距离。

(2)能降低扭矩、摩阻和套管磨损。

(3)能提高管材、钻具组合和测量工具的通过能力。

从所钻的大多数位移井来看,大位移井所采用剖面形式主要有两大类:一类称为变速率剖面,另一类称为定曲率剖面。在变曲率剖面中,主要有悬链线剖面形式(图 2.16)和拟悬链线剖面形式(图 2.17)。定速率剖面主要要有"直-增-稳"三段制剖面形式。

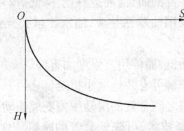
图 2.16　悬链线剥面形式

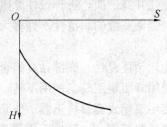
图 2.17　拟悬链线剥面形式

悬链线剖面的特征是井眼轨道中的曲线段呈悬链线状,在理想状态下,钻柱在井眼中处于近似悬空状态,钻柱与井壁之间的摩阻降至最低。悬链线剖面可以提高套管下的入能力,是套管下入质量增大 20% ~25%。在实际钻井过程中,这种理想状态并不存在拟悬链剖面(又称横变曲率剖面、准悬线剖面)。该剖面的特征是其造斜率变化值是一常数,使用准悬链线剖面,可以降低钻井过程中的扭矩,极大地提高管材及钻具的通过能力。

无论是悬链线剖面,还是拟悬链线剖面,由于造斜率是变化的,以我国现有的控制工具和工艺难于打出这类剖面形式的井眼,即使按照变曲率剖面的形式进行施工,也会增大起下钻的次数,所以在我国所施工的大位移井,大多采用定速率剖面形式。定曲率的井身剖面,可以减少钻井工序,使井眼轨迹较短,有利于钻井安全,减少施工难度与钻井事故。钻大位移井常用的三段制剖面,如图 2.18 所示。

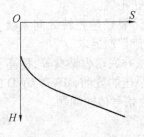
图 2.18　三段制剖面

在选择井身剖面时,还需要选用适当的摩阻模型,对各种井身剖面进行分析,以确定合理的井身剖面。

2. 管住的减摩降扭技术

1)管住的摩阻扭矩问题

管住的摩阻扭矩是大位移井技术的头号困难,给钻井带来下列问题:

(1)钻柱起钻负荷很大,下钻阻力很大。

(2)滑动钻进时加不上钻压,钻速很低。

(3)旋转钻进时扭矩很大,导致钻柱强度破坏。

(4)钻柱与套管摩擦,套管磨损严重,甚至磨穿。

(5)套管下入困难,甚至下不到底。

2)采取的技术措施

钻大位移井时,由于井斜角和水平位移的增加而摩阻和扭矩增大是非常突出的问题,它是限制位移增加的主要因素。采取的主要技术措施有:

(1)优化井身剖面。选择管住摩阻最小的井身剖面,提高造斜点,降低造斜率。

(2)增强钻井液的润滑性。许多大位移井采用油基钻井液,油水比越大,钻井液的润滑性越好。

(3)优化钻柱设计。底部钻具组合可少用钻铤,而使用高强度加重杆。

(4)使用降扭矩工具。使用不转动的钻杆护箍可有效地减小扭矩。

(5)使用滚轮式套管扶正器。使套管与井壁之间常规的滑动摩擦变成滚动摩擦。

(6)漂浮法下管套。国外应用漂浮法下管套技术,可降低套管的摩阻。这种技术的原理是在套管内部或部分地充满空气,通过降低套管在井内的重量来降低套管的摩阻。用得较多的是部分充气,这种方法可使套管的法向力大大降低,漂浮接箍的位置需要仔细计算;要考虑套管的抗极强度问题。

(7)提高地面设备的功率。

(8)使用顶部驱动系统。

3. 测量与轨迹控制系统技术

(1)随钻测斜,是准确控制井眼轨迹的前提条件。大位移井更不能用电缆测量。在大位移井中,MWD已经成为常规方法。

(2)随钻测井是准确控制井眼进入预定目标层的前提条件。在大位移井中,LWD(FEWD)也应该成为常规方法。

(3)由于井很深,不宜采用起钻更换钻具组合;还要有可能在井下及时变更组合性能的手段,初期用遥控手段可变径扶正器。

(4)必须使用导向钻井系统(最好是旋转导向系统),一套钻具组合下去,可完成增斜、稳斜、降斜、扭方位等各种轨迹控制要求。

(5)必须使用高效能的钻头、井底动力钻具等,提高一趟的工作时间和进尺。

(6)由于井眼特别长,加上泵压的波动,MWD/LWD的信号由井底传到地面后大大衰减,甚至接收不到,因此还要解决信号传输问题。

4. 井眼清洁技术

1)造成井眼清洁问题的原因

井斜角很大,岩屑在自重作用下下沉,很容易形成岩屑床。岩屑在上返过程中,路程很长,岩屑被磨得很细,很难从钻井液中清除。井眼清洁是大位移井井下安全的最重要的条件之一。

2)提高井眼清洗效率的措施

大位移井同其他类型的井一样,好的井眼清洗和净化,有利于提高钻速、降低摩阻和扭矩、缩短作业时间、节省钻井费用等。

(1)高泵排量和环空返速都有利于井眼的净化。

通常要用井眼净化模型来计算井眼净化的最小排量和最优钻井液流变性。大排量可以提高钻井液的流速,增加携岩能力。然而,大排量需要高的泵压,在大位移井中,泵压可能会受到限制。为使钻井液以紊流循环,可以增大钻杆尺寸来增加给定泵压下的环空返速。

(2)钻井液的流变性。

良好的钻井液流变性对任何类型的井都非常重要,对大位移井更是如此。因为过度流的携岩能力差,所以要保证钻井液的流层或紊流,避免过渡流。在砂岩油层,井段可能会发生漏失,钻井液流变性应保持较低值,以降低当量循环密度。

(3)钻具转动。

由于大位移井的位移不断增加,井眼的最优排量难以达到,这就需要其他的井眼净化技术,如提高转盘旋转速度和倒划眼。

钻井液密度的选择范围很小。当井眼方位与最大地应力方向一致时,地层被压裂的可能性最大,井眼稳定问题最严重。

(4)固相控制。

在大位移井中,钻屑将在环空钻井液中长期滞留,使钻屑变得更细,更难以携带,如果要使钻井液保持良好的状态,则必须有良好的固相控制设备。

5.井眼稳定技术

井眼稳定问题包括井塌和井漏。在大位移中,垂直方向变化很小,所以地层的破裂压力和井壁的坍塌压力,数值变化不大。但随着井眼的加长,起下钻和开泵时引起的压力波动将随着增大,从而引起井塌和井漏的可能性也增大。最大压力波动点在井底。钻井液密度的选择范围很小。当井眼方位与最大地应力方向一致时,地层被压裂的可能性最大,井眼稳定问题最严重。

1)影响井壁稳定的主要因素

(1)狭窄的钻井密度范围。

一般来讲,当井眼倾角增加时,钻井液要提供足够的压力来防止井壁坍塌。与此同时,井壁出现裂缝的可能性也增加了。简言之,防止井壁坍塌的钻井液密度范围较小。

(2)当量循环密度增高。

大位移井眼长,钻井液循环时环空压降大,而钻井液密度工作范围窄,高的当量循环密度容易达到井壁的压迫力,从而井壁破裂。

(3)抽吸压力和激动压力。

在大位移井中,由于狭窄的钻井密度范围,井壁对抽吸压力和激动压力相当敏感,可能导致井壁坍塌或破裂。

（4）浸泡时间。

井壁在低密度钻井液中长期浸泡，特别是在水基钻井液的情况下，非稳定性尤为明显，常会造成许多井下事故。

（5）化学反应。

钻井液和地层间的化学作用也影响井壁稳定性，水基钻井液和油层上部的泥页岩经常发生强化学反应，泥页岩膨胀，造成缩径或井壁坍塌。

2）主要措施

（1）注意选好钻井液可能性能。

（2）倒划眼起钻。

（3）减慢起下钻速度，缓慢开泵，尽可能减小压力波动。

6. 钻柱设计与选择

1）钻柱设计

钻柱设计包括底部钻具组合设计和钻杆设计。在大位移井中一般使用高强度薄壁钻杆，以减少扭矩和摩阻。对底部钻具组合（BHA）尺寸越大，钻柱的扭矩和摩阻越大，这并不利于大位移井的钻进，所以在保证钻压需要的前提下应使底部钻具组合的尺寸尽量减小。

在钻柱设计时，主要考虑如下几个因素：

（1）尽量减小压差卡钻的可能性。

（2）使用陀螺选钻铤和螺旋扶正器，以增大环空间空隙和减小钻柱与井壁之间的接触面积。

（3）尽量减小丝扣连接的数量。

（4）采用井下可变稳定器。

（5）尽量减少在大斜度井段使用加重钻杆的数量。

（6）选用高强度钻杆，使之具有足够的抗扭转力和抗磨能力。

（7）给钻头施压时尽量不使钻杆发生弯曲。

2）钻柱的选择

大位移井由于井斜角大，稳斜段长，在钻井过程中，钻柱所受的扭矩较大，要求使用高强度的钻杆，在选择钻柱时，可以从以下几方面进行考虑：

（1）选用高强度材料的钻杆，如钢级超过 S-135 的钻杆。

（2）采用钻具接头应力平衡提高钻柱的抗扭能力。

一般而言，高强度钻杆的抗扭性能受钻具接头的制约，通过提高紧扣扭矩可以提高接头的抗扭性能。应力平衡是指当操作拉力低于公称上扣扭矩时，通过减小最大拉力以增加紧扣扭矩。

（3）采用高扭矩丝扣油。

相同材料的钻杆接头，对于给定的紧扣扭矩，钻杆接头的轴向应力由扭矩台肩的摩擦系数控制，而摩擦系数的基本决定因素是所用丝扣油的类型，高摩擦的丝扣油可提高紧扣扭矩。目前，我国已研制出一种用于水平井、定向井的耐高温、承高压的高扭矩钻具螺纹脂。这种新型钻具螺纹脂与传统产品比，可提高钻具扭矩 4% ~ 50%，减少维修费用 40% 以上。

(4)采用高扭矩接头。

采用双肩或多肩,楔型螺纹的钻杆接头可以显著提高扭矩(图 2.19 和图 2.20),如双肩钻杆接头的抗扭能力比传统钻杆接头高 40% ~ 60% 。

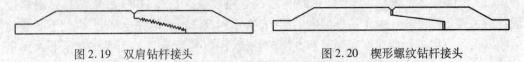

图 2.19　双肩钻杆接头　　　　　　　　图 2.20　楔形螺纹钻杆接头

在选择钻柱尺寸时,还必须考虑井眼的清洁问题,应尽可能使钻井液排量和环空的上返速度达到最大。例如,在合适的地方,使用 ϕ168.27 ~ 127 mm 的复合钻柱,可以减少环空面积,增加环空返速,有利于井眼的清洁。

2.1.5　知识要点 5——大位移井的固井作业技术

在大位移的固井、完井中,套管的磨阻和磨损是个严重的问题。套管磨损除了使套管的强度降低外,还会产生套管难以下入到设计井深、造成卡套管或井壁坍塌等问题。特别是在井眼曲率较小的造斜段,套管的连接部分需要有较高的抗弯能力,而且在下套管作业中,连接部分要求有足够的抗拉强度。

1. 下套管程序

大位移井套管层次重点是从工程要求上进行考虑,国内外大位移井所使用的套管程序,如图 2.21 所示。表层套管的尺寸一般为 20 in,其作用是为安装封井器做准备,并封隔上部稀疏地层。

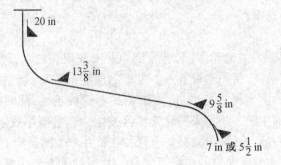

图 2.21　下套管程序图

第一层技术套管尺寸一般是 $13\frac{3}{8}$ in,下入深度要封过造斜段。封过造斜段的长度,有以下两种考虑:一种要多封一些,这样可以减少下一层套管的裸眼长度;另一种封过造斜段几百米就可以,以免在造斜段形成键槽、井塌等复杂情况。从国内外大位移井的实践看,采用后一种较为有利,因为造斜段本身井段较长,井眼大,机械钻速低,钻井时间长,而且环空返速低,易发生井下复杂情况。第二层技术套管的尺寸一般是 $9\frac{5}{8}$ in,从井口下到油层顶部,其作用是封掉已受磨损的 $13\frac{3}{8}$ in 的套管及全部稳斜井段,为钻开油层做准备。这层套管下入深度很大,需要采用分级注水泥工艺,并保证套管下入预定深度。油层套管一般是尾管,尺寸是 7 in 或 $5\frac{1}{2}$ in。

2. 大位移井固井难点

(1)套管的安全下入。套管能否顺利通过弯曲段进入长稳斜井段,是钻井井眼轨迹设计的关键依据之一。由于各种因素的影响,实钻和设计不可能完全符合,因此下套管前必须以实际资料进行弯曲度和摩阻两方面的校核,用以判断套管是否能够安全下入预定位置。

(2)套管居中。在大位移井中,由于井斜角的存在,套管在自重作用下易靠近井壁下侧,而套管偏心影响着岩屑携带及注水泥替净效果。

(3)替净问题。在环形空间低部,由于岩屑和重晶石的沉淀堆积或固相颗粒浓度提高导致黏度增加,水泥浆很难驱替干净而填充。在大斜度段和水平井段,替净问题更加突出。

(4)自由水问题。在大斜度井段或水平井段,由于斜向或横向运移的路程短,自由水极易聚集在井壁上侧,形成连续的水槽或水带,不能有效胶凝或形成足够的强度,最终形成油气窜流的通道。只有最大限度地减少水泥浆自由水以及阻止自由水运移,才能提高封固质量。

(5)钻井液混油问题。为了保障井壁稳定和减小井壁对钻具、管柱的摩阻,一般在钻井液中混入了原油,井壁滤饼和管壁油质的存在严重影响替净效果和水泥浆的胶结强度。

(6)井眼条件。斜井段钻具受力状况导致井眼呈椭圆形状;浅层岩性疏松,上返的钻井液造成井径扩大严重且不规则,使井眼椭圆度更加严重,孔隙度大、渗透率高,储层裸露段长也使井眼更加不稳定。

3. 套管的下入

大位移井由于套管下入的动力(套管自重)很小,摩阻又较大,造成套管下入困难,所以要在地面采取有效措施,帮助套管下入。采取的主要措施有:接钻铤,靠钻铤的重量将管柱推进;或靠顶驱的重量将管柱推进;用滚轮式套管扶正器;调整钻井液性能,减小摩阻。目前,套管下入的主要方法是采用套管漂浮技术。套管漂浮技术就是利用密封装置在套管内密封一定的轻质液体,以减轻整个管柱在钻井液中的质量。实践证明,这一技术能有效地克服套管在大斜度井中的高摩阻问题。常用的下套管主要装备包括浮式套管、选择性漂浮装置、套管漂浮接箍、下套管专用工具等。

1)浮式套管

Mobil 公司的浮式套管有两种:一种是将气体、水或水泥浆充入套管各段中,用密封装置将各段不同性质的液体分隔开,填充的轻质液体产生的浮力沿套管均匀分布,保证套管在井眼内居中,如图 2.22 所示。如果充填的是气体,则气体必须能溶于钻井液或与钻井液相互作用。当撤除密封装置时,气体能与钻井液充分混合,不会把钻井液替出或发生井涌。二氧化碳、二氧化硫、硫化氢等都可作为填充气体。如果密封失效,钻井液会沉降到密封段的下部,产生一个向下的力,而气体上升到密封段的上部,产生一个向上的力。在这些力的作用下,套管会在井下扭曲或与井壁接触,产生摩擦力并可能造成压差卡套管现象。另一种则是轻质衬套浮式套管,如图 2.23 所示,即利用在套管内放置轻质衬套来降低密度。衬套材料有聚苯乙烯泡沫、聚氨酯泡沫、木材或软木等。Dismukes 公司建议采用塑料、铝或其他轻金属作为套管材料。在套管壁上增加一些浮力材料或是一段密封圆柱体(图 2.24),使套管在钻井液中产生浮力。

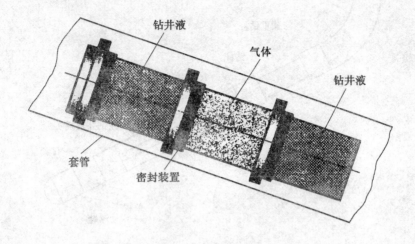

图 2.22　浮式套管

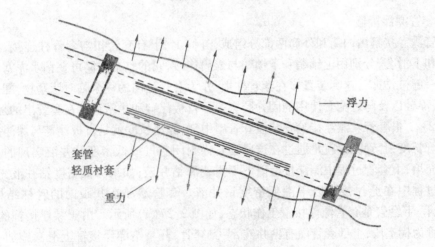

图 2.23　轻质衬套浮式套管

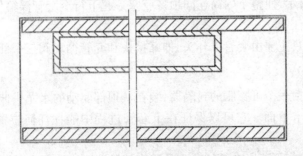

图 2.24　带密封体的浮式套管

2)选择性漂浮装置

可借助减小套管的法向力来降低摩阻力,借助这种有选择性的漂浮套管方法可把套管的法向力减小20%。选择性漂浮装置的安放位置如图2.25所示。

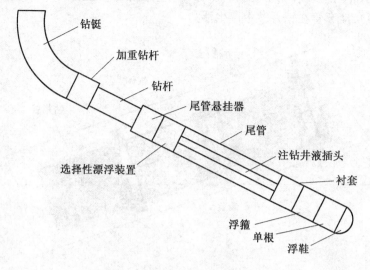

图2.25　选择性漂浮装置的安放位置

3）套管漂浮接箍

套管漂浮接箍由内筒和外筒两部分组成,外筒上、下有套管扣与套管柱连接,内筒分上滑套和下滑套,分别用上锁鞘和下锁鞘与外筒连接,它的整个内筒可在钻水泥塞和浮箍浮鞋时一起被钻掉。这套装置接在套管柱上,作为套管柱内的一个临时堵塞物,配合止塞箍、盲板浮鞋以及与之配套使用的固井胶塞等。盲板浮鞋和止塞箍接在套管串的最下端,中间隔2~3根套管。漂浮接箍安装在套管串中部,漂浮长度就是盲板浮鞋与漂浮接箍之间的套管长度,套管漂浮就是通过在这段套管内封闭空气或低密度钻井液实现的。如果为空气充填,下套管过程中漂浮接箍以下不需要灌钻井液;如果为低密度钻井液充填,则下套管过程中在漂浮接箍以下灌低密度钻井液。套管漂浮在井眼内的管柱结构如图2.26所示。下套管是套管漂浮接箍工作状态,如图2.27(a)所示。由于漂浮接箍的阻隔,下部套管为掏空段,上部套管灌有钻井液,下完套管,开泵给漂浮接箍上滑套施加一个适当的压力以剪断滑套的上锁销,上滑套下行露出循环孔即可向下部掏空段套管灌注钻井液,如图2.27(b)所示,使整个内筒连同顶替胶塞一起下行至套管浮箍位置碰压。

4）下套管专用工具

下套管专用工具主要由套管循环头、伸缩接头和套管循环阀三个部件组成,如图2.28所示。

套管循环头包括一个可膨胀的封隔器,装在从顶部驱动的水龙头伸出的钻杆短节上,套管循环头位于吊卡下面。它可以保证在下套管过程中能在任何位置通过套管进行循环。

伸缩接头连接上、下两段套管柱。它位于套管鞋以上一定距离,其长度取决于井眼轨迹和套管质量等因素。伸缩接头的冲程长度为12 m,相当于一根套管的长度。位于伸缩接头端部的扶正器可使该工具居中。行程部件的密封是由两个密封件提供的,另外包括一个金属与金属之间的密封圈,只有接上套管而不启动伸缩接头时此密封件才起作用。

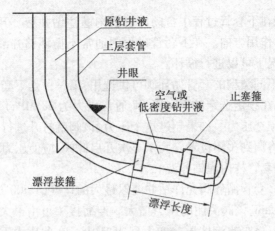

图 2.26　套管漂浮在井眼内的管柱结构

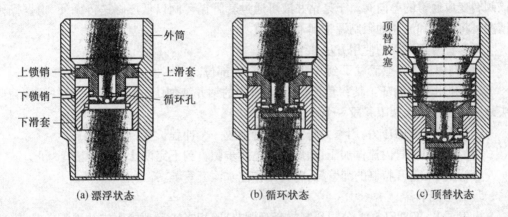

图 2.27　套管漂浮接箍

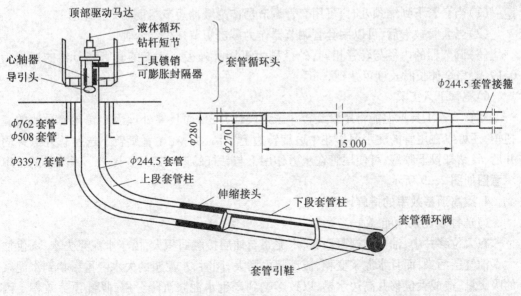

图 2.28　下套管专用工具

套管循环阀则能在下套管过程中自动向套管内灌注钻井液。开始注水泥之前,必须把该阀的功能转到单作用方向。在下套管过程中通常不循环钻井液。但是,为了润滑和清洗井眼,在特殊情况下可以进行循环。

目前,已有两种不同类型的套管循环阀可供选用:第一种是下套管过程中不允许套管内灌钻井液。这种阀在预定选定的不同压力(通常压力为 28 MPa)下打开。当使用伸缩接头时,压力应低于预选压力。如果超过这个压力,该阀就打开进行全循环。当减小流速或停止循环时,该阀将调到关闭位置。为了再次开启此阀,应使压力增加到选定值。第二种套管循环阀允许下套管柱内灌钻井液。

在下套管过程中,套管循环阀允许钻井液以最大的速度(1 500 L/min)进行循环。如果流速超过 1 500 L/min,该阀关闭的压力增大。伸缩接头可由最大为 25 MPa 的操作压力启动。在注水泥前,该阀的流体压差增大到 35 MPa。在此压力下,可剪断销钉装置使该阀转变成通常的单向阀。于是钻井液可通过套管循环阀以低压降进行循环,根据操作情况可将压力和流速的限制调整到不同数值。

下套管专用工具的使用方法如下:

(1)利用重力将套管柱下到井眼尽可能深的部位。

(2)利用套管循环工具和套管鞋,对套管内的钻井液加压,迫使下部套管柱从伸缩接头延伸将套管推入裸眼井段一个冲程长度。

(3)释放套管内压力,用重力将上段套管下放一个冲程长度。

(4)再次对套管内流体加压,然后重复上述步骤直到下完设计的全部套管为止。

(5)用高压打开特制的套管鞋,将其用作注水泥套管鞋。

5)套管调节器

由美国 K. W. NELSON 公司研制的套管调节器,相当于滑动接头或钻进震击器,安装在套管内的几个位置,帮助将套管下到井底。套管调节器用于下列情况:

(1)当套管下到缩颈处时,可用套管调节器作为缓冲短节帮助向下推动套管。

(2)当套管被卡后,可以用套管调节器作为震击短节来松动套管。

(3)调节器的内径与套管相同,外径稍大于接箍外径。标准的套管调节器的冲程为 0.19 m,完全伸长时长度可达到 3 m。

6)尾管下入工具

尾管下入工具不但能将尾管旋转并送到设计井深,而且能处理因旋转尾管导致的高扭矩,还可以在尾管的注水泥作业中边旋转边上下活动。在尾管旋转下送至总井深并固井后,经钻杆投下胶塞,可使尾管在水力作用下与钻杆的连接卸开。尾管下入工具的管串示意图如图 2.29 所示。

4. 提高顶替效率的措施

1)选择水泥浆性能

在大位移井中,油气层裸眼段长,水泥浆与油层接触面积大,由于水泥浆失水,不仅加大了油气层污染,而且水泥浆变稠,流动阻力增大,同时,水泥浆的失水严重影响到水泥浆的吸水量,造成大位移井高边水槽,以致影响到产生水泥浆沉降分层,降低顶替效率。因此,应严格控制水泥浆失水。另外,大位移井水泥浆的稠化时间要考虑水泥浆在井底和水泥返高处的温度差的要求。稠化时间要满足整个固井注替时间的要求。若稠化时间短,

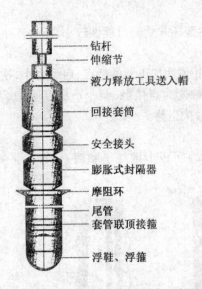

图 2.29　尾管下入工具的贯串示意图

钻杆
伸缩节
液力释放工具送入帽
回接套筒
安全接头
膨胀式封隔器
摩阻环
尾管
套管联顶接箍
浮鞋、浮箍

可能发生憋高压;若稠化时间长,则影响水泥石早期强度,加剧高压油气上窜。

2)调整钻井液性能,提高钻井液与水泥浆两者的胶凝强度差值

钻井液性能直接影响水泥浆顶替效率。在顶替钻井液过程中,前置液或水泥浆只有破坏钻井液的胶凝强度,克服其屈服应力,才能顶替钻井液,提高钻井液与水泥浆两者的胶凝强度差值,可明显提高顶替效率。其方法有提高水泥浆的剪切应力或降低钻井液的胶凝强度和屈服应力。现场提高水泥浆的剪切应力由于受机泵排量和压力、紊流顶替及井下的状况等条件限制,一般在保持水泥浆一定的屈服值,满足钻井液携砂要求的情况下,降低钻井液的屈服应力,从而改善井眼窄边的钻井液流动性,以提高顶替效率。

3)优化前置配置

在大位移井钻井过程中,为了降低摩阻和扭矩,在钻井液中往往加入润滑油和塑料微珠等润滑剂,这会影响水泥的胶结质量。因此,选用合适的前置液既可以清除井壁和套管壁上的油膜、虚泥饼,又可以提高顶替效率和水泥环的胶结质量。研究表明,前置液应具有以下性能:

(1)隔离、缓冲、冲洗和稀释钻井液。

(2)与钻井液、水泥浆要具有良好的配伍性。

(3)应具有良好的流变性,并且要保证在紊流状态下,接触时间大于 7 min。

4)选用合适的套管扶正器,确保套管柱居中

大位移井对扶正器的要求:较高的复位力和较低的启动力;低的摩擦系数和较高的耐冲击强度。

目前,大位移井中使用的套管扶正器主要有以下几种:

(1)螺旋滚轮扶正器。

常见的螺旋滚轮扶正器如图 2.30 所示,它的扶正条与轴线有夹角,螺旋的扶正条比直条更为优越。一是在不规则井壁下套管过程中,对螺旋扶正器产生一定横向扭矩分力,使扶正器产生转动,从而减轻下套管的阻力;二是在管外环空中,当水泥浆穿过扶正器螺旋片是产生旋流,冲刷井壁的虚泥饼,从而可以大大提高水泥浆顶替效率,这对提高固井

质量十分有利;三是扶正器破坏井壁的可能性较小,不会产生"雪犁"现象,堵塞井眼。

(2)双弓扶正器。

双弓扶正器具有刚性和弹性扶正器的特点,启动力小,扶正力大。裸眼段使用双弓扶正器可以将扶正器的面接触变为点接触,减小下放摩阻力,并能有效保证固井质量。图2.31 所示为 DCT-C 型双弓扶正器。

(3)滚柱扶正器。

滚柱柱扶正器(图2.32)可极大地减小摩擦系数,在钻井液中的旋转摩擦系数低至0.04。

图2.30　螺旋滚轮扶正器　　图2.31　DCT-C 型双弓扶正器　　图2.32　滚柱扶正器

在选用了该扶正器后,还需要合理设定该扶正器的安放位置。扶正器的安放间距是由套管的质量、井斜角的大小和扶正器的启动力来决定的。间距不合适有可能压平弹簧片。现场一般在狗腿、井斜角大及稳斜段长的井段多加扶正器,一根套管装一只,大肚子井段的上方和下方的几节套管安放扶正器。

5)活动套管

国内外大量试验及实践证明,上下往复活动和旋转管柱对清除井内的钻井液有很大的帮助。活动套管所产生的机械搅拌作用有助于破坏钻井液的胶凝强度,松动聚集在井壁上的岩屑。

6)选择适当的替浆排量,尽量达到紊流顶替

大量实践与研究资料表明,紊流顶替可以提高水泥浆的顶替效率。

2.2　操作技能

2.2.1　项目1——随钻震击器的使用

1.起下钻作业

(1)将震击器用提升短节吊上钻台,严禁碰击。

(2)涂好密封脂,按规定扭矩将工具连接在钻柱上,起提钻柱取下心轴卡箍(注意保存,震击器起出后要戴好)。

(3)在起下钻过程中绝不允许将任何夹具夹在震击器心轴拉开部位,以防止损坏心轴。

(4)震击器在井内起下钻过程中始终处于拉开状态。

(5)下钻时严格控制下钻速度,防止下钻遇阻,下击器产生下击动作损坏提升系统。

（6）若下击动作已发生,向上轻提钻具将卡瓦回位,暂停作业几分钟。严禁猛提。

（7）若起下钻过程中遇卡,可启动震击器解卡。

（8）震击器起出后必须表面清洗干净,露出的心轴部位涂抹黄油,卡好卡箍。

2. 正常钻进

（1）震击器在稍受拉状态下工作。在受拉状态下的整个钻进过程中,震击器呈启开状态,上下击心轴均是拉伸状态,这样有助于工具的开启。

（2）震击器也可以在受压状态下钻进,但给工具施加的压力不能超过下击器下井前预先调校的下击吨位。

（3）在震击器加压钻进时,上击器有可能关闭,上提钻具时在下部钻具重量的作用下,有可能产生轻微的上击。

（4）无论震击器在受拉还是受压状态下钻进,都必须送钻均匀,严防溜钻或顿钻。

3. 解卡作业

1）向上震击

（1）下放钻柱,使上击复位。

（2）上提钻柱,使震击器释放,释放强度由提升吨位控制,开始应较低震击力,以后逐渐增加。在一个调整吨位上多次震击后再调整,效果较好,最大震击力绝不允许超过震击器以上钻柱重量与上击器最大释放吨位之和。

2）向下震击

（1）需要下击时,只须下放钻柱上部质量超过下击预调吨位,震击器将产生下击。

（2）震击后提升钻柱超过震击器上部钻柱质量 3 ~ 5 t,使下击器回位。

（3）当下击器下击时,上击器自动回位,因此上提负荷不能超过回位负荷或延续时间过长,以免引起上击器释放,对解卡不利。

4. 排除故障

1）上击器不释放

（1）震击器未能完全回位,在弯曲井眼中作业可加大向下负荷或停止循环钻井液,使上击器易于回位。

（2）弯曲井眼中井壁摩擦阻力较大,上提拉力被消耗,可延长释放时间,或适当加大提拉力。

（3）限油槽或锥体被堵塞,此时应打开上击器,并在短时间迅速地关闭几次。

（4）到位不震击,有可能是震击器液缸内的油漏失或污染变质等,应加液压油或全部换掉。

2）下击器不释放

（1）负荷大于加重负荷,此时应加大下压负荷。

（2）井眼弯曲,钻柱紧贴井壁,钻柱重量没有传递到震击器上,须追加压力负荷。

（3）震击器没有完全回位,应重新上提使其回位,或开泵使其易回位。

（4）环钻井液时震击。泵压作用于心轴刮子体上使下击器启开,可停泵震击或加大下放质量。

2.2.2 项目2——BOSS Ⅱ陀螺仪的使用

1. 上井前的仪器配备标准与检查

（1）根据仪器配备标注清单及准备仪器设备。

（2）检查 BOSS 探管的定位销、外壳及螺纹，无外伤、无变形。

（3）记录 BOSS 探管号、地面计算机号和打印机号。

（4）连接 BOSS 地面仪器，并将 BOSS 探管放在 45°校验架上，并与地面计算机连接，检查无误后接通电源（注意：BOSS 的电源电压为 110 V，千万不要接错），预热探管 15 ~ 20 min，仪器应能执行打印机的键盘指令。将 BOSS 探管分别放在 6°、45°和 90°小检架上进行漂移检查，在三种状态下陀螺仪的漂移率均不应大于 10(°)/h。

（5）BOSS 探管连接线头密封圈完好，清洁所有触点，绝缘电阻应为无穷大。触点连接牢固，外筒无弯曲变形和损伤，两端螺纹完好无损，内壁清洁，各螺纹连接牢固。

（6）扶正器的尺寸与测量井的套管内径相匹配，弹性良好，无变形，挡环齐全，固定螺钉完好。

（7）电缆头的标准符合随钻测斜仪的要求，螺纹完好，本体无裂纹，电缆根部无断丝。清洁触点，密封圈完好，有保护套，内部连接牢固，绝缘可靠。

（8）天、地滑轮应转动灵活，本体和提环无变形、无损伤，销轴止推销完好。

2. 现场操作步骤

（1）到井后，再对仪器、设备、工具仔细检查。

（2）电缆车放在距离井架大门前 25 cm 外场地平整、安全，不影响其他施工的地方，后轮放好碾木，并接地线。

（3）装天、地滑轮。天、地滑轮的安装位置与电缆滚筒车中心线应在同一平面内。

（4）记录该地区的磁偏角、地理纬度值、测量井段、套管尺寸与下深、造斜点位置、人工井底位置、井斜方位角、井温和补心高度。

（5）选择参照物并记录其参照方位，其方法和照相陀螺仪及地面记录陀螺仪相同。

（6）将 BOSS Ⅱ探管与探管连线接头连接，并装进外筒，BOOS Ⅱ探管下端插进外筒陀螺座，并使定位销插进销孔，上紧定位螺钉，再连接两端接头螺纹，用管钳上紧。

（7）在外筒的上部和下部各安装一个扶正器，扶正器的固定端向上，自由端向下，在自由端内侧安放一个挡环，调整扶正器外径与套环内径相同，将扶正器两端固定，将电缆头与外筒连接并用管钳上紧。

（8）缓慢提起下井仪器，注意防止碰撞，将仪器放入井口，座在三脚架上，挂保险弹簧，放松电缆。

（9）接通计算机和打印机电源，预热探管 20 min。

（10）操作打印机键盘，回答计算机的提问，根据计算机提供的数据，转动下井仪器，并使转动的角度误差符合要求。当打印机打印出"SURVEY UNDER ORERATOR CONTROL"（测量开始）时，操作仪器开始测量。在下井仪上外筒上安装 C 型卡子和望远镜，并使望远镜位于下井仪器外筒的右侧，调整望远镜处于水平状态，并对准参照物。

（11）在打印机上按 A 键打印出陀螺初始对正的 G1 值。

（12）保持下井仪器静止 3 min，按 D 键进行第一次漂移检查，漂移率不应大于 5(°)/h。

否则,同时按下 CTRL 键和 D 键重新进行漂移检查。漂移检查的数据符合要求后,仪器方可下井,然后卸下望远镜、C 型卡子、三脚架及深度计调零。

(13)按 I 键输入测段长度值(如 25 m 等)。

(14)下测。缓慢下放仪器,最大下放速度不大于 1 m/s,下放仪器接近测点深度时,缓慢减速至测点位置,刹车静止,等计算机显示的 G1、G2 和井斜角数据稳定后,按 S 键打印出测量数据。每隔 10 min 进行一个漂移检查,每次漂移值不大于 6(°)/h,否则,同时按下 CTRL 键和 D 键重新进行漂移的检查。计算机上显示的井斜角读数大于 70°或井温读数接近 125 ℃时,停止下侧;下放仪器接近井底时,缓慢减速,距井底 20 m 时,停止下侧。

(15)上测。按 I 键输入负的测段长度值(一般为 300 m)。上电缆刮泥器后上提仪器,仪器上提速度不大于 1 m/s,每隔 10 min 进行一次漂移检查,每次漂移值不大于 6(°)/h,否则同时按下 CTRL 键和 D 键重新进行漂移检查。

(16)仪器接近井口时,卸下刮泥器,仪器起出井口后,冲洗仪器外筒和扶正器,并座入三脚架,挂保险弹簧,放松电缆,然后在仪器外筒上安装 C 型卡子和望远镜,调整望远镜处于水平状态,并对准参照物。

(17)按 V 键进行最后一点垂直测量。

(18)按 L 键进行终点测量。

(19)计算机自动完成最后一点漂移检查后,打印出闭合漂移率不应大于 2(°)/h,否则需查明原因,重新测量。按 P 键打印出下测数据,同时按下 CTRL 键和 P 键打印出全部测量数据。在整个测量和数据处理过程中不能断电。

(20)断开计算机和打印机电源,缓慢仪器卸下三脚架,将仪器慢慢拉到场地上,注意防止碰撞。

(21)依次卸下扶正器和电缆头。取出 BOSS 探管擦净装入防震箱。卸下计算机和打印机,装入防震箱。卸下天、地滑轮,同时收缆线。填写使用记录表,测量数据交付用户并复印后存档。

3. 仪器的维护与保养

(1)仪器要防尘、防潮、防高温。

(2)仪器在运输过程中要防震。

(3)打印机和打印纸在 10 ℃以下保存,不能靠近热源。

(4)C 型卡子和望远镜要保持清洁,望远镜要用软包装。

2.2.3　项目 3 ——SRO 地面记录定向陀螺测斜仪

1. SRO 使用前的准备工作

1)测量井(施工井)的资料准备

在使用 SRO 地面记录定向陀螺测斜仪(以下简称 SRO)定向以前,应该掌握施工井的某些地质工程数据,这些数据包括:

(1)井斜角。

(2)井斜方位角。

(3)井深及造斜点的深度。

(4)使用定向接头、弯接头的尺寸。

（5）钻具的内径与弯接头的度数。

（6）设计的井斜角和井斜方位角。

（7）井内液体类型和井温。

2）仪器及工具的准备与检查

按仪器及工具设备的配置清单逐项清点，达到齐全完好。根据使用水平转子陀螺仪的准备与检查步骤，检查地面记录陀螺及所有零部件，确保每一部分都能正常工作。

（1）陀螺的检查。

①陀螺预热箱直流电压为 26~32 V。

②陀螺置于预热箱上进行工作，其交流电压为 85~105 V。

③预热 20 min 后，在垂直状态下，漂移率不大于 6(°)/h；在倾斜 45°状态下，漂移率不大于 12(°)/h。

④D 形电池，每节工作电流大于 5.5 A。

（2）根据 SST 随钻测斜仪的操作与检查规程，检查随钻测斜仪及所用地面设备。

①SRO 探管无外伤无变形。

②记录探管、计算机和打印机号。

③连接地面仪器（A-1 计算机），用试验电缆将其与计算机相连接，检查无误后接通电源，预热探管 10 min。

④仪器能按键盘指令工作。

检查仪器外筒无弯曲变形和损伤，两端螺纹无磨损，内壁清洁，用万用表 $R\times1\,000$ 挡测陀螺座的电阻为无穷大，陀螺座密封圈完好。扶正器的外径应与钻具或套管的内径相匹配，具有良好的弹性，无变形。挡环齐全，固定螺钉完好。电缆头螺纹完好，本体无裂纹，电缆根部无断丝，有保护套。触点清洁，密封完好，内部连接牢固，绝缘良好。天、地滑轮转动灵活，本体提环无变形、无损伤。

2. SRO 的现场操作步骤

（1）到现场后对仪器、设备、工具按 2.1 节的方法再次进行清点和检查。

（2）距离井口 25~30 m，在平整场地摆放电缆绞车，后轮放碾木，安装地线。

（3）安装天、地滑轮。天、地滑轮的安装位置与电缆绞车中心线在同一铅垂平面内。

（4）选择参照物，使用地面罗盘测取相对于测量井井口的参照物方位角。为保证其测量精度，通常要在井口和参照物之间或者参照物以远测取三个方位角数值，算出平均值，并修正磁偏角。在使用地面罗盘时，要注意附近金属磁干扰存在。

注意：按以下原则选择参照物：

①在距井口 50 m 以外的位置选择固定的参照物，井口和参照物之间没有视线障碍。

②井口和参照物之间或在其延长线上必须有可放置罗盘支撑架的位置，且周围 15 m 以内无磁干扰。

③夜间测量时参照物必须能被观察到。

④海洋钻井平台作业，以船艏作为参照物。

（5）在场地准备下井仪器和各种工具，检查外筒各部分螺纹、密封圈的完好情况。连接各部分以前，清洁螺纹和内壁，并涂上密封脂。

（6）测试每一节陀螺电源电池，其电流应在 5.5 A 以上；将 18 节电池擦干净，正极朝下,装入电池筒。

(7)上紧电池筒以下所有接头,使用 C 型卡子和可调节定向接头,调整斜口管鞋上的键槽和外筒上的定向基准线对齐。

(8)将 SRO 探管装入探管外筒,并与电缆头连接。下端带好丝堵。

(9)连接 A-1 计算机和打印机;在钻台上连接并固定司钻阅读器。检查电源电压(注意电源电压必须为 110 V),接通电源开机检查地面仪器到探管各部分的工作情况。

(10)用预热箱预热陀螺至少 20 min,观察其漂移情况。

(11)在井口上放置仪器三脚架,将电池筒座总成座在三脚架上,并挂上保险弹簧。

(12)在电池筒座总成上安放负荷电阻,使用万用表测量其直流电压,并记录在作业纸上,其电压为 26 ~ 32 V。

(13)安装 C 型卡子,并使陀螺座上的刻度线面向参照物方向;安装望远镜,并对正参照物。

(14)将已预热的陀螺插入陀螺座,将瞄准仪套在陀螺外壳上,并对正参照物;测量陀螺交流电压值(应为 80 ~ 95 V)范围内,并记录。

(15)设置陀螺初始方位角。

①当井斜角小于 10°时,陀螺初始方位角与参照物方位角相同。

②当井斜角大于 10°时,陀螺初始方位角设置可分两种情况:

• 井眼闭合方位在 1、4 象限(指方位为 0° ~ 90°或 270° ~ 360°)时,初始方位角等于参照物方位角与井眼闭合方位角之差。

• 井眼闭合方位在 2、3 象限(指方位为 90° ~ 270°)时,初始方位角等于参照物方位角与井眼闭合方位角之差再加上 180°。

(16)将陀螺方位角调整至上述确定的初始方位值。

(17)将望远镜与瞄准仪同时对准参照物,观察陀螺初始方位并记录。

(18)用内六方扳手将陀螺座上的固定螺栓上紧,并用铅笔在陀螺与陀螺座之间画一道竖线。

(19)卸下瞄准仪和望远镜,将 SRO 探管插入陀螺外壳,套上外筒旋紧螺纹。

(20)再次安装望远镜并使其对准参照物。

(21)接通 A-1 计算机电源,回答计算机的提问,将望远镜对准参考物后,按 A 键进行初始对正。

(22)卸下望远镜、C 型卡子及定向三脚架。深度计数器调零。

(23)扶正仪器,启动电缆滚筒,缓慢下放电缆,将仪器下入井内。

(24)一起下过井口之后,以不超过 60 m/min 的速度平稳下放。

(25)仪器在下测过程中,随时观察探管温度,超过 125 ℃时,停止使用。(注:一般这种情况很少)。

(26)当仪器下至离定向接头 50 m 时,减缓下放速度,平稳座键。重复座键三次,工具面角误差小于 2°,证明座键成功。

(27)调整工具面至所需要的角度,按 S 键输入测点深度,记录测量数据。

(28)在井口电缆上安装刮泥器。

(29)上起电缆,速度小于 60 m/min,仪器离井口 30 m 时逐渐放慢速度,缓慢将仪器起出井口,清洗干净,座入定向三脚架。

(30)安装 C 型卡子及望远镜,将望远镜对准参考物,记录此时的陀螺方位,此时的陀螺方位与参考方位相对于 1 000 m 以内的井来说之差不应该超过±5°,如果相差太大,则需要重测。

(31)断开计算机和打印机电源。

(32)卸开仪器外筒,探管与陀螺分离并将其推入筒内,旋上丝堵,下放电缆将外筒及探管一并放下钻台;取出探管擦净并放入箱内。

(33)检查陀螺交流电压并记录;检查铅笔记号是否错动。

(34)取下陀螺套上塑料袋,插入预热台,使其自行停止。

(35)测量电池筒直流电压并记录。

(36)卸下望远镜、C 型卡子,擦净并放入箱内。

(37)旋上提环,提起电池筒,回收定向架,将电池筒放下钻台,并取出电池。

(38)卸下天、地滑轮,同时收好电缆。

(39)填写使用记录表,测量数据交付用户并整理存档。

(40)仪器要防震、防尘、防潮、防高温。

2.2.4 项目4——定向井斜井段的施工

斜井段包括增斜井段、稳斜井段和降斜井段。目前,上述三种井段的施工多采用转盘钻常规钻井方法。在大位移井钻进作业中,如果钻柱不旋转,井眼清洁差,导致扭矩模组增加,钻压加不上,使滑动钻进无法进行,并造成局部狗腿,而狗腿又会使扭矩摩阻增加。因此要求在大位移井中滑动钻进的层段和次数降到最少,多采用旋转钻进,这种方法钻速快,施工简便,成本低,能有效防止岩屑床形成,充分发挥转盘钻(钻柱旋转)的诸多优点。

1.转盘钻增斜井段的施工

1)施工要求

(1)按照设计钻井参数钻进,送钻均匀,使井眼曲率变化平缓,轨迹圆滑。

(2)及时测斜,随钻作图。掌握井斜、方位的变化趋势,若增斜率达不到设计要求,通常应及时采取如下措施进行调整:

①通过调整钻井参数改变增斜率,增大钻压可使增斜率增大;减小钻压则增斜率降低。

②更换钻具,改变近钻头稳定器与上面相邻稳定器之间的距离,距离越短,刚性越强,增斜率越低。

③改变近钻头稳定器与上面相邻稳定器之间钻挺的刚性,刚性越强,增斜率越低;刚性越弱,增斜率越高。

(3)控制好井斜方位的变化。

因地层等因素造成方位严重漂移,影响中靶或侵入邻井安全限定区域时,应使用造斜钻具及时调整井眼方位。

2)技术措施及注意事项

(1)下井的增斜钻具结构要符合设计要求或定向施工技术人员的技术要求。

(2)增斜钻具下入的稳定器尺寸必须进行测量,严格执行近钻头稳定器直径,磨损量超过 3 mm 不得入井使用的技术要求。

(3)当发现下井的增斜钻具不合理时,要及时进行调整变换,当调整增斜钻具结构时,要根据钻具结构特点缩短测斜间距,掌握其实际结果。

(4)定向结束下入增斜钻具时,钻头台肩和第一个稳定器的扶正块下端之间的距离应为 1~1.2 m,以保证有一定向的增斜力矩,否则不得使用。

(5)必须严格执行设计或定向技术人员制订的钻井参数。

(6)增斜钻进时,泵压适中并满足增斜的要求。

(7)定向或扭方位后增斜井段不超过 50 m 应测斜检查。

(8)在掌握地区、地层的增斜率的前提下,测斜间距不超过 100 m,特殊要求的井或复杂井(如侧钻井、绕障井等)应缩短测斜间距。

(9)预计最大井斜角的井段长度不超过 50 m,即增斜井段测斜结束口必须在 50 m 增斜井段之内达到要求的最大井斜角。

2. 稳斜段的施工

1)施工要求

(1)在方位漂移严重的地层钻进,为了稳定井斜方位,可在钻头上方接 2~3 个足尺寸稳定器,加强下部钻具组合的刚性。

(2)因地层因素影响,采用稳斜钻具出现降斜趋势时,可用微增斜钻具组合实现稳斜效果。

①将近钻头稳定器与其相邻的稳定器之间的距离增加到 5~10 m。

②减小钻头上面第二个稳定器的外径(欠尺寸稳定器)。

2)技术要求及注意事项

(1)下井的稳斜钻具结构要符合定向施工技术人员的要求。

(2)在稳斜井段,由于地层倾角及走向,完成常规钻具结构起增斜或降斜效果时,钻具结构应根据具体情况变换为微降或微增钻具结构以保证稳斜效果。

(3)稳斜井段的单点测斜间距最大不超过 150 m,特殊地层或有特殊要求时,测斜间距应缩短。

(4)当稳斜井段下入特殊的钻具结构时,必须制订相应的技术措施,并测斜间距不超过 50 m。

(5)稳斜井段的钻井参数可根据测斜情况做合理调整。

(6)稳斜井段扭方位后,要下入单稳定器增斜钻具通井并钻进 10~20 m,使井眼轨迹圆滑,并充分洗井后方可起钻下入稳斜钻具。

3. 降斜井段的施工

(1)降斜井段要求选择合理的降斜结构。钻头和稳定器之间的距离应根据井斜角的大小和要求的降斜率来确定。

(2)降斜井段的测斜间距不超过 50 m。

(3)降斜井段的钻压选择原则是以满足降斜井段井眼轨迹为前提,同时兼顾提高机械钻速。

(4)大斜度井段降斜时,要选择合理的钻具结构,严防井眼产生较大的全角变化率而不利于以后的钻进及完井工作。

(5)降斜段井斜角在3°以下井段可视为直井段,钻压可适当加大,可按直井管理,但要定期测斜检查井眼轨迹变化情况。

(6)降斜井段要控制好降斜率,确保全角变化率不超标。

(7)降斜后直井段每300 m要测斜检查,特殊要求的井,测斜间距要缩短。

(8)降斜段由于地层操作等原因出现降斜钻具不降斜或增斜等异常情况时要及时采取措施。

4. 其他要求

(1)钻具组合和钻井参数要以设计为准。如需变动,必须以定向技术人员的书面技术错失为准,并严格执行。

(2)钻井液的含砂量要求全井控制在0.5%以下。

(3)要严格控制钻井液的失水量和泥饼厚度。一般要求垂深浅于2 000 m的井钻井液失水量不大于5 mL,泥饼厚度不超过1 mm;垂深深于2 000 m的井,钻井液失水量小于5 mL,泥饼厚度不大于0.5 mm。

(4)进行单点测斜时,注意活动钻具防卡,钻具静止时间间隔不超过3 min。

(5)如果非磁钻铤不直接接钻头,非磁钻铤下部必须装测斜承托环以保证测斜资料的精度与准确。

(6)进行单点测斜时,要控制测斜仪的起下速度,同时要注意钢丝的记号。

(7)斜井段进行设备检修,保修时不要长时间将钻具停在一处循环,以免井眼出现台阶。

(8)如技术套管在斜井井段,且井斜角大于30°,技术套管内每一立柱钻杆至少装一胶皮护箍,以防钻杆与技套相互摩擦。

(9)当井斜超过45°的大斜度井段测斜时,仪器在钻具内下行困难,可利用短起下或起钻时投测,并用小排量泵送,然后起钻至技术套管内打捞仪器的方式测斜。

(10)在井斜、方位变化大的井段易产生键槽,定向技术人员在施工过程中要严格控制井眼的全角变化率在要求范围内。

(11)产生键槽后要及时采取措施破坏键槽。

(12)应及时测量井斜角和方位角。定向井技术人员和井队工程技术员要根据数据处理及时做出水平投影图和垂直剖面图,以掌握井身轨迹制订下一步措施。

(13)如增斜井段,稳斜井段井下情况复杂,必须使用钻该井段时的原钻具组合进行通井或划眼。

(14)井下扭矩及摩阻较大,在满足钻井条件的前提下尽量简化下部钻具组合,减少钻铤和稳定器的数量。

(15)出现下列情况时要及时采取措施:

①定向前直井段打斜。

②增斜钻具增斜率太低或不增斜。

③稳斜钻具降斜或增斜。

④降斜钻具增斜稳斜及降斜率太低。

(16)现场技术人员发现以下不符合钻井施工要求时,尽快与井队干部或现场钻井监

督取得联系,整改完后符合要求方可施工:

①钻井液的性能不符合要求。

②不执行技术措施。

③不符合要求的钻具组合入井。

2.2.5 项目 5——复杂情况的预防和处理

1.卡钻事故的预防和处理

(1)严格控制钻具在斜井内的静止时间,防止黏卡的发生,过去规定静止时间不超过 3 min,随着钻井液体系的进步和净化工作的加强,静止时间允许延长,为了养成及时活动的好习惯,一般仍规定静止时间限制。

(2)为防止沉砂和黏卡事故的发生,常规定三不接单根:

①泵压不正常不接单根。

②悬重压不正常不接单根。

③井口准备工作不好不接单根。

在井口动作较慢的情况下,中途应强调司钻活动一下钻具(或转动转盘)。

(3)要求在斜井段起钻一律采用低速,避免快速起车遇阻拔死。一旦遇卡后,严禁硬拔,而采用上提下砸加循环的办法消除阻卡,必要时倒划眼通过。

(4)由于斜井钻具走上井壁,常遇阻和碰到台阶(有时是扶正器受阻),在划眼方法上要讲究,应采用"点拨法",即放一点,拨动几圈转盘,待悬重恢复后,再压一点,再拨一下转盘,避免加压划眼,造成出新眼。轻微的遇阻时,可用"点刹下放"的办法,克服井壁摩擦避免划眼。

(5)保护井眼的做法。

①循环钻井液或停钻时,活动钻具应以上提下放为主,每次活动幅度大于 3 m,避免原地刹车转动,防止划出台阶、大肚子。

②起钻正确判断"拔活塞"及时循环消除,防拔垮井眼。

③在保证轨迹控制的前提下,尽量提高机械钻速,缩短钻井周期,减少钻井液浸泡时间。稳斜井段可采用高压喷射和新型喷嘴技术。

④减少一切不必要的划眼。

⑤保持井眼液柱压力的平衡,防止因液柱压力大幅度变化,井壁压力平衡被破坏而带来的塌垮和黏卡。

(6)通过转盘扭矩仪(或判断转盘、钻机负荷)判断井下扭矩大小,及时循环,划眼处理防止扭断钻具。

(7)深井和硬地层井段经常要有计划地倒换钻柱位置,一般取上倒到最下,防止对钻具的"偏磨";定期对下部组合的钻铤、扶正器、震级器、加重钻杆进行探伤,以防断裂。

(8)关于防止键槽卡钻的要求。

①造斜点高的井,下技套管前应对短起下钻的间隔时间做明确规定,防止时间过长;形成键槽卡钻,用短起下办法,拉掉槽子。

②短起下的行程规定有两点,即定向后第一趟转盘钻具起下时必须起到表层套管内;其他情况则必须经常起过造斜点以上 100 m。

③下部硬地层的短起下,也根据实际情况决定其时间间隔或进尺间隔,其行程一般超过新打井段100 m以上,发现有易造成下井壁台阶的井段尽量起到技套鞋内。

④各次电测前裸眼井段必须短起下一次。

⑤已知键槽发生位置,每次起钻下部组合起到此位置,应十分小心操作,防止拔死。

⑥在起钻过程中因键槽造成阻卡,可采用以下三种处理方法:

a.超过正常拉力情况下,采用每次少增加几吨拉力(条件是下放能砸开)用上下大幅度活动的方法拉掉键槽,正常后继续上起。

b.用上述办法消除不了,必须接方钻杆用卡瓦倒划眼,每次上提少一点,逐渐划掉,避免提得过多、划不动或卡死。

c.若倒划无效则用键槽破坏器处理,其直径大于最大钻铤外径,井口接上能下到键槽位置的,可破槽到起出;若搅拌位置过深,则需倒扣后下钻破槽。

⑦主动破槽的办法。已知键槽位置,在钻具中接一破槽器(外径选择同上),使钻头下到井底附近时,它处于键槽位置以上30 m左右,利用钻进条件,造斜钻具被拉向上井壁,破槽器才能有效地工作,对于破稳斜段由于地层原因形成台阶类键槽,则需要计算好位置,在破槽器两端加一定质量的加重钻杆,帮助破槽,直至正常为止。

⑧用旧扶正器两端斜台肩上铺焊硬质合金颗粒做破槽器比专用破槽器更安全可靠。

2. 钻具事故的预防措施

(1)钻具组合要简化。

入井钻具要登记丈量清楚;采用倒装钻具,加重钻杆一般可放在45°以上的井段,必要时加重钻杆在15°以上的井段;使用斜坡钻杆;少用或不用钻铤;加重钻杆和普通钻杆要倒换;接头越多,危险越大;钻具变换遵循由刚性强变弱的原则;使用欠尺寸扶正器;记录悬重和摩阻的变化,及时分析和消除。

(2)泵压表、指重表、扭矩仪要可靠。

(3)井眼轨迹要平滑,减少调整井段。

(4)入井钻具质量要保证。

3. 应对造斜不成功的相应措施

造斜不成功,可能的原因及相应措施如下:

(1)弯接头读数不够大。解决办法是考虑换较大度数的弯接头。

(2)地层太软,而钻头水眼则相对太小,使钻头来不及侧向切削,水力射流就已冲掉地层。合理的做法是尽量装较大的水眼,并适当减少排量。

(3)钻具刚性太强,不能产生足够的侧向力,如钻井马达上钻铤根数太多。合理的做法是尽量少加钻铤。

(4)工具面没有掌握好,工具面反复调整不容易获得稳定的造斜率,所以工具面应相对稳定。

(5)马达性能不好。一种情况是马达不工作,应更换掉;另一种可能的情况是,马达工作,且有较快的进尺,但造斜率远不如其他马达或达不到设计要求。其原因可能是马达本体太长,或者轴承处横向间隙太大,使钻头抬不起头来。因此,当遇到造斜不成功时,可具体分析为什么,合理采取补救措施。

4. 方位偏差太大的处理办法

1）方位偏差太大的原因

（1）井眼轨迹发生始料不及的漂移，如上部井段严重左漂或右漂。

（2）由于一些特殊原因，提前结束造斜，起钻时没有获得预计的井斜方位，如马达或测量仪器不能保证正常造斜，不得已只好提前结束造斜。

（3）由于测量仪器故障或测量工程师的失误，使真实定向方向不是测量仪显示的方向，致使方位偏差太大。

2）处理办法

解决方位偏差太大的办法是进行纠方位作业。纠方位作业时应主要考虑可能带来的狗腿和安全问题，特别是在裸眼段较长的井段。如果偏差值大得无法以扭方位来弥补，只能填井重钻。

5. 避免出新井眼的操作要求

（1）新井眼常常在以下情况中出现：

①较浅、较疏松的地层。

②狗腿较大的井段，如造斜段、扭方位井段。

③钻具刚性改变以后。

（2）为避免出新井眼，定向钻井时应注意以下几方面：

①如造斜是在较浅、较疏松的地层，造斜过程应尽量使井斜、方位平缓变化，避免急剧狗腿，特别是方位的变化。如增斜结束后，要下入刚性较强的稳斜组合，下钻要小心，不可轻易划眼；如遇阻严重，开泵冲下，如仍遇阻，应考虑起钻用刚性较小的增斜组合通井。有时也可采取划眼的方式，但应在井斜较大的井段进行，必须注意划眼时钻压、扭矩等的变化。

②在轨迹过渡井段、扭方位井段以及地层交接面，都要反复划眼，修正井壁，光滑井眼。

6. 避免与邻井相碰的措施

与邻井相碰的事故主要出现在丛式井作业中。如何避免这一事故的发生，可以从以下两个方面考虑：

（1）设计时，尽量把防碰问题的可能性减小到最小。

（2）实际作业时，严格控制井眼轨迹，按照防碰作业的有关程序采取相应措施，避免与邻井相交。

2.3 考　核

2.3.1 理论考核

1. 选择题

（1）测斜仪入井后，为防止卡钻，活动钻具（　　）。

（A）时间越长越好　　　　　　　（B）不能连续长时间活动

（C）尽可能转动　　　　　　　　（D）范围越小越好

(2)卡钻是钻具陷在井内不能有( )的现象。

(A)活动　　　　　(B)自由活动　　　　(C)转动　　　　　(D)起下

(3)卡钻发生后,钻具的转动、上提、下放中至少有( )项运动受到限制。

(A)一　　　　　　(B)二　　　　　　(C)三　　　　　　(D)零

(4)根据造成卡钻的原因不同,卡钻可分为( )种不同类型。

(A)四　　　　　　(B)五　　　　　　(C)六　　　　　　(D)九

(5)在大斜度的井眼内,正常情况下,起钻载荷要比直井增加( )。

(A)10% ~20%　　(B)20% ~30%　　(C)30% ~50%　　(D)80% ~100%

(6)随钻震击器主要由( )两个独立的部分组成。

(A)随钻上击器和随钻下击器　　　　(B)减震器和震击器

(C)加速器和上击器　　　　　　　　(D)减震器和加速器

(7)国产闭式下击器有( )长的自由伸缩行程。

(A)150 ~200 mm　　　　　　　　　(B)200 ~300 mm

(C)300 ~400 mm　　　　　　　　　(D)400 ~470 mm

(8)国产闭式下击器的密封空腔里充满( )。

(A)氮气　　　　　　　　　　　　　(B)水

(C)硅油　　　　　　　　　　　　　(D)30 号机械油或润滑油

(9)钻井现场习惯把( )称下井下三器。

(A)减震器、稳定器、加速器　　　　(B)减震器、稳定器、震击器

(C)震击器、稳定器、放喷器　　　　(D)震击器、减震器、加速器

(10)橡胶减震器一般用于井温低于( )的井内。

(A)75 ℃　　　　　(B)100 ℃　　　　(C)120 ℃　　　　(D)150 ℃

(11)定向井井眼轨迹的控制技术按照井眼形状和施工过程,可分为直井段、造斜段、增斜段、( )等控制技术。

(A)稳斜段、降斜段和扭方位段　　　(B)稳斜段和扭方位段

(C)扭方位段和降斜段　　　　　　　(D)将斜段和增斜段

(12)"直—增—稳—降—直"的定向井剖面类型属于( )剖面。

(A)二次抛物线　　(B)三段制　　　　(C)五段制　　　　(D)四段制

(13)管柱的摩阻扭矩给大位移井技术等头号困难是( )。

(A)钻柱起钻负荷很大,下钻阻力很大

(B)需要选井液的密度大,流动阻力大

(C)钻压大

(D)泵压大,循环阻力大

(14)钻柱与井壁之间的摩阻降至最低的剖面有( )。

(A)悬链线剖面　　　　　　　　　　(B)准悬链线剖面

(C)三段制剖面　　　　　　　　　　(D)五段制剖面

(15)大位移井由于井斜角大,稳斜段长,在钻井过程中,钻柱所受的扭矩较大,在选择钻柱时,要求选择( )。

(A)高强度钻杆　　　　　　　　　　(B)高强度钻铤

（C）无磁钻铤　　　　　　　　　　　　（D）无磁稳定器

2. 判断题（对的画"√"，错的画"×"）

（　　）（1）地质因素与下部钻柱结构是影响井斜的基本的、起主要作用的因素。

（　　）（2）影响井斜的地质因素中，地质倾角起主要作用。

（　　）（3）井斜使钻具易于发生磨损及折断。

（　　）（4）井斜影响固井质量，但不影响采油工作。

（　　）（5）直井井身质量标准因不同地区的地质条件、钻井技术水平、井的类型、井深等不同而有所变化。

（　　）（6）随着环空岩屑浓度的增加，钻井液浓度升高，压漏地层的可能性减小。

（　　）（7）陀螺仪是一种不受磁干扰的高精度的测量工具。

（　　）（8）目前堵漏的方法主要有化学堵漏、机械堵漏、水力射流堵漏、水力涡流堵漏等。

（　　）（9）进行单点测斜时，注意活动钻具防卡，钻具静止时间间隔不超过 3 min。

（　　）（10）MWD 仪器只能用在作业者确信没有磁干扰的地方。

（　　）（11）低扭矩钻杆主要用于已经下了套管的井。如果在裸眼井中使用，则有可能带来键槽问题。

（　　）（12）滚珠扶正器可极大地减小摩擦系数，在钻井液中的旋转摩擦系数低达 0.04。

（　　）（13）大位移井中优化钻柱设计的有效方法是底部钻具组合少用钻铤，而是用高强度加重杆。

（　　）（14）可变弯接头与井下动力钻具组合是通过调节可变弯接头的弯曲角度来完成各井段钻井作业的。

（　　）（15）套管漂浮技术就是利用密封装置在套管内密封一定的轻质液体，以减轻整个管柱在钻井液中的质量。

3. 论述题

（1）简述大位移井的概念和特点。

（2）总结导向钻井工具。

（3）大位移井中用到哪些减摩降扭工具？

（4）简述陀螺测斜仪的工作原理。

（5）简述大位移井的剖面类型。

（6）简述大位移井钻井过程中存在的主要问题及其相应措施。

（7）简述大位移井固井中存在的主要难题。

（8）简述管居中的主要技术。

（9）写一遍关于大位移井钻井技术的论文。

2.3.2　技能考核

1. 考核项目

（1）随钻震击器的使用。

（2）BOSS Ⅱ 陀螺仪和 SRO 地面记录定向陀螺仪的使用。

（3）降斜井段的施工要求。

（4）处理键槽卡钻的施工计划。

（5）避免出新井眼的操作要求。

（6）造斜不成功的原因及相应措施。

2. 考核要求

（1）考场准备。

①考场设在室内或试验井场。

②考场清洁卫生。

（2）考试要求。

①过程。

②考试时间及形式：每个项目的考试时间为 20 min,采用笔试或模拟操作,到时停止答卷。

第3章

管套开窗侧钻井技术

3.1 侧钻水平井案例——草 20-12-侧平 13 水平井

3.1.1 概述

草 20-12-侧平 13 水平井,是在草原 20-12-斜 13 定向井的基础上,进行套管开窗侧钻段铣的一口水平井。原草 20-12-斜 13 定向井油层套管直径为 ϕ177.8 mm,管套在 791.00 mm 处变形,经过多次处理无效,造成该定向井报废。

草 20-12-侧平 13 水平井位于济阳凹陷乐安——纯化断裂鼻状构造带草 20 断块。草 20 断块的主要油层是馆陶组底部的砂砾岩层,为稠油层。井区内受地面条件的限制,无法再布井位,而直井或普通定向井对油层的动用程度也较差,只有钻水平井才能充分地动用其储量,故在地质论证的基础上,决定在报废的草 20-12-斜 13 定向井油层套管内,打一口定向井套管开窗侧钻水井,开发地下油层。

馆陶组的砂岩体厚度大,含油性好,是本井的钻探目的层。本区块 1991～1995 年先后投产的十几口稠油热采水平井,均见到良好的开采效果。开采动态表明:水平井具有可有效地扩大泄油面积、扩大注汽后的热辐射、热采温度高、回采收率高、气油比高等特点。油田现有几百口因种种原因而报废的直井、定向井,还具有较好的开采价值,为使这些井复活,使用套管开窗侧钻水平井技术,可改善油田的开采效果,提高经济效益。

3.1.2 设计技术及基础数据

1. 地质设计基本数据

(1)靶点相对位置。

靶点相对位置见表 3.1

表 3.1 靶点相对位置

靶点	靶点垂深/m	位于井口方位/(°)	距井口水平距离/m
入靶点 A	914.40	104.15	258.86
终靶点 B	913.20	102.31	343.92

（2）中靶要求。

A 点至 B 点：方位 96.78°，距离 85.60 m，稳斜角 90.8°。

水平段精度范围：上下摆动 3 m，左右摆动 10 m。

2. 剖面设计技术

原定向井的轨迹情况：造斜点井深 260 m；260～550 m 为增斜段，稳斜角为 22.6°～23°，水平位移为 176.67 m。

为了满足采油的需要，充分利用原井眼的油层套管，应尽量压低侧钻点的位置。由于原井眼的造斜点较高，在原井眼 700 m 以下的井段，水平位移已超过 130 m，而且在此井段的井斜角已达 23°。用增斜侧钻的方法，若地质的设计不变，剖面不存在，把入靶点 A 点向终靶点 B 点方向后移 30～50 m，又满足不了开采的需要，应考虑现有工具的造斜能力和完井技术，入靶段的增斜率控制在 60(°)/(100 m) 左右为好。由于该侧钻水平井的轨迹设计和施工增加较大的难度，这样，经过反复地计算和论证，只有在 700 m 以上，首先采用降斜增方位的侧钻方案，然后再稳斜钻进一段，入靶段先降方位增斜，调整好方位后再全力增斜入靶，以此来缩短靶前位移，按地质的设计完成三维轨迹的设计，准确入靶，这样设计的轨迹剖面为最佳。

在该侧钻水平井的剖面设计上，原有的水平井剖面设计程序已远远不能满足定向井开窗侧钻水平井的剖面设计要求。为此做了这样的处理：先根据地质设计，利用现有的水平井剖面设计程序，进行理想的假设剖面设计。然后，对原定向井的轨迹，从选择的侧钻点处，对待钻井眼进行理想的中靶预测，优选出一个与地质设计相吻合并且现有的工具和完井技术能够完成的理想数据，利用预测的结果，再计算出侧钻水平井的轨迹剖面。

最后设计出的草 20-12-侧 13 水平井的剖面类型为七段制剖面，即直段—增斜段—稳斜段—稳斜段（原井眼的）—降斜增方位段（侧钻）—稳斜段—增斜段—水平段。

3. 剖面设计基本数据

该井方位修正角为 6.74°，磁偏角为 54.65°，磁场强度为 52.47 T。

（1）侧钻点的基本数据。

侧钻点井深：680.00 m；井斜角：22.62°；方位角：102.60°；垂深：658.41 m；闭合距：125.22 m；闭合方位：95.38°；投影位移：123.51 m。

（2）侧钻点以下的剖面基本数据。

侧钻点以下的剖面类型：降斜增方位段（侧钻段）—稳斜段—增斜降方位段—水平段。

靶前位移：258.38 m。

从侧钻点计靶前位移：134.87 m。

造斜点：680.00 m。

井底垂深：913.20 m。

井底位移：344.80 m。

入靶方位：97.79°。

第一段：降斜增方位段。

降斜率：-20.00/(100 m)；井斜变化：22.62°～10.00°。

方位变化率：22.00(°)/(100 m)；方位变化：101.20°～132.00°。

井段:680.00~760.00 m;段长:80.00 m;垂深:734.74 m。

第二段:稳斜段。

井段:760~849.00 m;段长:89.00 m;垂深:822.39 m。

第三段Ⅰ:增斜降方位段。

增斜率:20.00(°)/(100 m);井斜变化:10.00°~14.00°。

方位变化率:-135.00(°)/(100 m);方位变化:105.00°~132.00°。

井段:849.00~869.00 m;段长:20.00 m;垂深:841.94 m。

第三段Ⅱ:增斜降方位段。

增斜率:59.92(°)/(100 m);井斜变化:14.00°~90.82°。

方位变化率:-72.10(°)/(100 m);方位变化:97.79°~105.00°。

井段:869.00~1006.99 m;段长:137.99 m;垂深:914.29 m。

第一靶:垂深=914.42 m;位移=257.61 m;靶半宽=10 m;靶半高=3 m。

第二靶:垂深=913.20 m;位移=342.88 m;靶半宽=10 m;靶半高=3 m。

3.1.3　轨迹控制技术

1. 定向侧钻井段

侧钻井段:679.50~713.10 m;段长:33.6 m。

井斜变化:10.6°~23.4°;平均井斜变化率:-38.09(°)/(100 m)。

方位变化:105.2°~136.76°;平均方位变化率:93.93(°)/(100 m)。

定向侧钻时,严禁转动转盘,首先让钻头在同一位置空转 20~30 min,使钻头能在井壁造出台阶。再加压 19.6 kN 均匀下放钻具,并随时调整工具面方向,使其一直在预定方位钻进。并随时捞取砂样,分析砂样中地层岩屑含量,判断侧钻情况,当砂样全为地层岩屑时钻头已全部进入地层,侧钻基本成功。从轨迹控制来看,首先大力降斜微增方位,穿过下窗口后再调整工具面方向,使所钻井眼方向与预定方位相吻合,井斜角方位角达到设计要求,为以后的轨迹控制和提前入靶奠定良好的基础。

2. 转盘稳斜井段

钻进井段:713.10~864.51 m;段长:151.41 m。

井斜变化:10.6°~13.0°;平均井斜变化率:1.59(°)/(100 m)。

方位变化:136.76°~140.66°;平均方位变化率:2.58(°)/(100 m)。

转盘钻稳斜段,一趟钻完成 151.41 m 的进尺,效果比较理想。

3. 入靶增斜段

钻进井段:864.51~986.56 m;段长:122.05 m。

井斜变化:13.0°~90.5°;平均井斜变化率:63.79(°)/(100 m)。

方位变化:98.26°~140.66°;平均方位变化率:-33.75(°)/(100 m)。

最大井斜变化率:103.97(°)/(100 m);井段:935.41~955.32 m。

最大全角变化率:K=111.0(°)/(100 m)。(井段:935.41~955.32 m)。

本段井段 122.05 m,用一套动力钻具一趟钻完成。井斜、方位控制得比较理想,提前按地质要求准确中靶,入靶纵距仅 0.07 m,靶心距 1.03 m。但对于该井段的施工应该特别注意以下两个方面:一是根据随钻数据随时预测轨迹情况,发现问题及时采取措施进行处理,始终控制实钻轨迹与设计轨迹基本相吻合;二是随时观察井下安全情况,钻井液性能满足井下安全的要求,净化设备处于良好的运转状态,对于高造斜率的井段,采取必要的化验措施是完全必要的。

4.水平段钻进

井段:986.56~1113.57 m;段长:127.01 m。

井斜变化:86.6°~89.5°;井斜变化率:2.28(°)/(100 m)。

方位变化:97.56°~98.26°;方位变化率:-0.55(°)/(100 m)。

由于水平段地层胶结比较疏松,属于抽油胶结砾石层,转盘钻控制井斜比较困难。特别是对于动力钻具增斜入靶进入油层这一段,井底的井斜与预测的井斜往往相差较大,所以造成该井水平段下入动力钻具进行增斜。整个水平段共用了三趟钻完成:一趟动力钻具,两趟转盘钻。

3.1.4　测量技术

采用 BOSS 测量技术,在原井眼套管内复测、校核原井眼轨迹数据,保证设计剖面和实钻轨迹的准确性。采用高边工具面和 SRO 陀螺定相结合的方法,保证侧钻的成功率和测钻轨迹的准确性。全井采用 SST 有线随钻和 ESS 电子多点相结合的办法,保证全井测量数据精度和轨迹控制的准确性。

测斜杆件做了技术改进,满足了小钻具内定向杆件的使用要求。并根据不同井段和不同的钻具组合,采用不同的测量技术不同的测斜杆件组配方法,满足了轨迹控制的要求。

3.1.5　钻井液及固井技术

使用正电胶混油钻井液,并配以安全有效的技术措施和净化设备,保证全井的顺利施工,取得良好的效果。由于目的层为稠油胶结砾石,破碎的砾石岩屑较大,有的岩屑直径达 10~20 mm,为了提高钻井液的携带能力,保证井下安全,同时又能有效地保护油层,适当地提高钻井液黏度,调整钻井液的塑性黏度和动切力,以提高钻井液的悬浮能力和携带能力,同时又能保证钻井液具有较好的流动性。

入靶电测和完井电测采用引进的哈里布顿,效果比较好。利用旁通接头对接钻杆送的方法,均一次电测成功。

强化套管柱设计,尤其校核抗弯曲强度,根据井眼轨迹和油层位置来确定套管扶整器的位置与数量,采用特制的钢制引鞋,双球弹簧式自动回位全钢回压阀;使用无游离水、低失水、低密度水泥浆配方,大排量紊流固井技术。研究了在 ϕ152.4 mm 井眼内下 ϕ127 mm 油层尾管和尾管固井的技术措施,保证了尾管的顺利下入和固井质量的合格。

3.1.6　全井的基本数据

1996 年 2 月 10 日 13:30 开始段铣,21 日 20:30 开始侧钻,于 3 月 5 日 14:30 完钻,3 月 18 日 20:00 交井。钻井周期:27 d 6 h 30 min,建井周期:37 d 12 h。纯钻时间:69.5 h(从侧钻点计算),平均机械钻速:6.25 m/(100 m)(从侧钻点计算)。

完钻井深:1 113.57 m;完钻井斜角 89.5°;完钻方位角:97.56°;完钻垂深:911.65 m;

完结水平位移:367.75 m;闭合方位角:102.09°。

中靶情况:

A 点——

斜深:981.65 m;垂深:914.33 m;井斜角:86°;方位角 99°。

水平位移:236.24 m(从侧钻点计 112.92 m)闭合方位 104.21°。

纵距:0.07 m;横距:1.02 m;靶心距:1.03 m。

B 点——

斜深:1 089.68 m;垂深:911.79 m;井斜角:91.2°;方位角:98.06°。

水平位移:343.89 m(从侧钻点计 218.28 m);闭合方位:102.38°。

纵距:1.41 m;横距:0.30 m;靶心距:1.45 m。

最大井斜角:95°(1 038.93 m)。

最大井斜角变化率:103.97(°)/(100 m)(935.41~955.32 m)。

最大全角变化率:111.00(°)/(100 m)(935.41~955.32 m)。

水平段长:131.92 m(自 A 点计算);穿过油层厚度:148.57 m。

尾管下深:1 113.57 m;尾管头位置:624.11 m。

尾管井段:624.11~1 113.57 m;重合井段:624.11~679 m。

3.1.7　体会和认识

1. 定向井开窗侧钻水平井的设计问题

(1)剖面的优选,应根据现有的工具、仪器能力尽量压低侧钻点的位置,充分利用原井眼的套管,尽量压缩新钻斜井段的长度和靶前的位移。这样可以降低摩阻,减少工作量和缩短钻井周期,从而提高经济效益。

(2)应编写一套适合定向井开窗侧钻水平井的剖面设计程序。但也可以利用现有的水平井设计程序及预测程序,进行反复试算的方法,很烦琐地设计出剖面,再利用假象的水平井剖面进行预测。

(3)采用正电胶钻井液,提高钻井液的悬浮能力和携带岩屑的能力,并配以良好的净化设备、除砂器、离心机的使用,保证井眼的净化和安全。

(4)对于中软地层,由于井径易于扩大,配合正确的技术措施,在 ϕ155.4 mm 井眼下入 ϕ127 mm 油层套管还是能够实现的。

2. 开窗段铣的施工

(1)斜井段的段铣和直井段铣有很大的区别,在定向井斜井段段铣,用于直井的段铣工具必须加以改进,保证段铣工具的居中效果和便于段铣工具起出后再下入到原位置操作。

(2)定向井斜井段的段铣,刀片的使用效果和使用寿命都要比直井低。

(3)段铣位置的选择,应尽量避开套管扶正器位置。

3. 轨迹控制方面

(1)窗口内,侧钻点的选择,应尽量靠近上窗口。在条件允许的情况下,应以降斜侧钻出去为好,这样既可以减少挂碰套管的可能性,又便于侧钻成功。

(2)如属于三维侧钻水平井,应把调整方位的工作尽量放在上部来完成。

（3）对于高造斜率的井段，每 5～10 m 的井斜、方位的变化情况，都要及时处理，认真预测，如和提前预计的误差较大，应及时采取措施；如造斜率偏低，应及时更换与设计相吻合的高造斜率的工具；如造斜率偏高，也应及时采取措施，以降低造斜率。

（4）认真检查、量取动力钻具、定向接头、定向杆件及仪器的工具面的方向，确保测取工具面的准确性，减少各部件之间的误差。

（5）严格管好钻具，确保井深无误，卡住每趟钻的起钻井深，做到 1 m 不多打，1 m 不少打，否则对下部的施工影响非常大。特别是对于下入用弯动力钻具增斜中靶前的一趟钻，一定要卡好下钻井深。因为它决定着下一步弯动力钻具增斜率的大小和是否能够完成。

（6）对于刚钻过的高造斜的井段，应先用柔性好的钻具组合、通井，然后再逐步增强钻具组合的刚度。

4. 工具仪器方面

（1）现用的小尺寸单弯动力钻具，在不同的条件下，使用的效果相差较大。其原因：一是小尺寸单弯动力钻具刚性较小，容易变形；二是地层软硬的不同和井径的变化对造斜率有一定的影响。因此，在现场的使用中，可根据不同的情况调整弯动力钻具的度数或对弯动力钻具加以改进或对下部组合进行调整。

（2）要有合理结构的定向接头和定向引鞋，保证定向杆坐键准确好用。在高造斜率的情况下，应尽量缩短仪器杆件的长度，以便于坐键。

（3）对于上井的仪器，要精确好用，确保误差在允许的范围内。测斜系统应配备完好的深度计数器和拉力器，以便于校核井深和判断定向杆坐键是否正确。

5. 完井作业方面

从本井下套管的情况看，$\phi125.4$ mm 井眼下入 $\phi127$ mm 套管并不困难。这是因为在高造斜率井段，由于中地层、软地层的井径更容易扩大，特别是多次通井，划眼更容易造成井径扩大。由于本井电测仪器不能测井径（因为井眼尺寸太小），使得固井灰量不好确定，即使能够测井径，可能测出的误差也较大，因为纵向上要比横向上测出的井径扩大得多。这是今后急需要研究的问题。

3.1.8　技术成果

（1）定向井斜井段中段铣与直井中的段铣有非常大的差别。通过该井的探索和研究，完善和配套了斜井中段铣开窗侧钻的各种工具，总结出了施工中的技术措施和最优化的各种技术参数。

（2）掌握了定向井开窗侧钻水平井剖面设计和整体设计的优选技术，本井为了满足开采的需要，采用了多段制的井身剖面，本井的设计剖面为（原井眼）直—增—稳—（新井眼）降—稳—增—平七段制剖面。

（3）能熟练地掌握多段制剖面侧钻水平的轨迹控制技术。该井的入靶增斜段采用一套动力钻具，使井斜角由 13°增至 90.5°一次完成，并能够使实钻轨迹与设计吻合。

（4）全井的最大造斜率达到了 111(°)/(100 m)，并且按设计提前 39.24 m 中靶，共钻穿油层 148.57 m，取得了理想的开发效果。

（5）采用 BOSS 技术复制、校核原井眼轨迹数据，采用高边工具和 SRO 陀螺定向相结合的办法,保证了侧钻的成功率和侧钻轨迹的准确性,全井采用 SST 有线随钻和 ESS 电子多点测量仪相结合的办法,保证了全井测量和轨迹控制的准确率。

(6)使用了正点胶混油钻井液,并配以安全有效的技术措施,保证了全井的顺利施工。

(7)掌握了在 $\phi152.4$ mm 井眼内顺利下入 $\phi127$ mm 油层尾管技术和尾管固井技术。

草 20-12-侧平 13 水平井的轨迹数据如下:

垂深 $=913.20$ m;位移 $=342.88$ m;靶半宽 $=10$ m;靶半高 $=3$ m。

3.2　知识要点

3.2.1　知识要点 1——套管开窗侧钻井的基本知识

1. 侧钻井的基本概念及类型

套管开窗侧钻井是指在原套管内某一特定深度处开窗或段铣后侧钻新井眼,如图 3.1 所示。它包括侧钻直井、定向井和水平井。侧钻井是一种投资少、见效快、经济效益显著的老油田开发技术,世界各国都非常重视,许多油田都把它作为重新认识老油田、使老油田增储升产和提高最终采收率的重要手段。

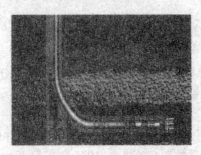

图 3.1　侧钻水平井

2. 侧钻井的应用范围

侧钻井一般是从 5 in、$5\frac{1}{2}$ in 或 7 in 生产套管侧钻 $4\frac{1}{2}$ in、$3\frac{1}{2}$ in 的小井眼,是目前应用广泛的钻井技术。它是指在老井的 5 in($\phi139.7$ mm)套管内采用斜向器或段铣方式进行开窗后侧钻水平井;能使套损井、停产井、报废井、低产井等复活,使老油田恢复产能,有效地开发各类油藏;充分利用原有的井场、地面采输设备,减少钻井作业费,节约套管使用费、地面建设费,降低施工成本,缩短施工周期,提高综合经济效益。

侧钻井的主要应用范围包括:

(1)套管损坏严重,无法修复的井。

(2)井下发生复杂事故,无法处理的井或出现水锥的井,如图 3.2 所示。

(3)油层出砂严重,套管又有损坏,无法采取防砂工艺的井。

(4)需要钻开井底附近新的含油层系。

(5)在海上、湖泊、陆地有钻多底井等特殊要求。

图 3.2　侧钻水平井解决水锥问题示意图

如果侧钻井仅仅为了处理套管损坏或井下事故，无方位要求，一般在套管损坏处或事故段以上 20~30 m 的地方确定窗口，采用非定向侧钻即可。如果侧钻井要避开地层结构的破坏区，或者要钻达某特定位置，这就有一定的方位、水平位移要求。为此，要根据侧钻井的目的，选择导斜器，确定侧钻井位置，采用定向侧钻井。

3. 侧钻井开窗部位的确定原则

(1)侧钻井开窗部位以上套管必须完好，应无变形、漏失、穿孔与破裂等现象。

(2)侧钻井开窗部位必须在损坏部位 30 m 以上，以利于侧钻中有一定的水平位移，从而避开原井眼。

(3)尽量选择固井质量好、井斜小、地层硬的井段，同时也应避开套管接箍，以使其有一个稳固的窗口。

(4)对处砂井和严重窜漏井，侧钻长度与倾角均应加大。在开窗位置选定后，为保证侧钻井效果，水平位移必须大于出砂与窜漏的径向范围。

(5)在上述原则确定的基础上，进行严格的通井、试压，分析井史与电测，发现不合适的地方，应随时研究修改侧钻方案。

4. 侧钻井的发展状况

早在 20 世纪 20 年代，国外就提出了用侧钻井提高油井的产量。1929 年，美国钻了一口深 900 m 的侧钻井，水平井眼仅有 8 m，1936 年苏联开始应用。20 世纪 50 年代开始大面积实验和推广，60 年代末至 70 年代初处于低潮，90 年代侧钻井技术已经完善，侧钻井的数量迅速增加。目前最深的开窗侧钻井在美国怀俄明州，开窗深度为 7 751 m。

我国侧钻井技术始于 20 世纪 50 年代，90 年代初以来有较大的发展，在老井的改造、老油田提高产量方面见到一定成效。目前我国侧钻井技术发展较快。

3.2.2　知识要点 2——侧钻井作业工具

侧钻井的主要作业工具有导斜器、送斜器、开窗铣锥、丢手接头、固井胶塞等。

1. 导斜工具

导斜器也称斜向器，是引导磨铣工具从一侧磨铣套管形成窗口的专用工具。就其结构而言，导斜器可分为注水泥式(图 3.3)、液压式和机械式等。

1)普通注水泥式导斜器

(1)导斜器。导斜器是一带斜面(2°~4°)的半圆柱体钢棒，在开窗作业时起引导铣削工具磨铣套管的作用。

(2)送斜器。送斜器是一个斜度与导斜器斜度相同的圆柱体。其作用是将导斜器送至预计深度,然后利用钻具质量顿断与导斜器连接的两个铜销钉,实现二者分离。有的送斜器无循环通道,因此只有先注水泥塞,在水泥初凝前把导斜器送到底部。如果送斜器、导斜器均有循环通道,则下好导斜器后再注水泥塞,顿断销钉,这样施工安全,并可减少专门注水泥工序。

(3)尾管。导斜器尾管主要用于固定导斜器。尾管一般用 8 ~ 10 m 废旧钻杆加焊扶正块和割齿的引鞋制成,如图 3.3 所示。导斜器与送斜器用螺栓固定,尾管接在导斜器以下。在下导斜器总成之前,事先打底水泥塞,待底塞凝固后下导斜器总成和注水泥,剪销,起出送斜器,候凝。

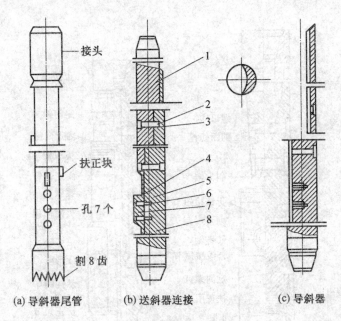

(a) 导斜器尾管　(b) 送斜器连接　(c) 导斜器

图 3.3　普通注水泥式导斜器

1—送斜器;2—螺栓;3—螺母;4—螺钉;5—承顿块;6—螺钉;7—铅块;8—导斜器

2)一体式地锚斜向器

(1)结构。

一体式地锚斜向器的结构如图 3.4 所示,主要由护送器、导向器和地锚总成组成,地锚总成由悬挂系统、液压系统等部分组成,护送器和导向器时间之间用销钉连接,并有安全销,从而保证在地锚遇阻时,销钉不被剪断,导向器与地锚之间用液压管连接。

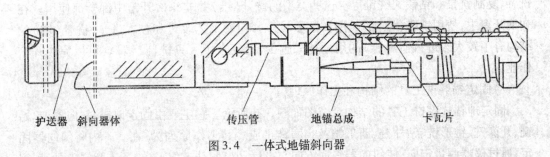

护送器　斜向器体　　　传压管　　地锚总成　　卡瓦片

图 3.4　一体式地锚斜向器

（2）工作原理。

一体式地锚斜向器下到设计井深后，通过护送器内定向键与斜向器斜面在同一方向的特定结构，下入测量仪器定向，把斜向器斜面对开窗方位，然后缓缓开泵，液体通过斜向器背面的传压管传递压力推动液压系统中的活塞下行，活塞推到传压杆，使剪切套剪切销钉小球落入井内，激活悬挂系统，在压缩弹簧的作用下，推动卡瓦片上行，接触套管并产生一定的外挤力，而后下放钻柱加压，剪切护送螺栓，完成地锚斜向器的锚定工作。另外，还有常用的 XQSR—XQDM 型地锚斜向器、双卡瓦封隔器锚定型导斜器。XQSR—XQDM 型地锚式斜向器是有 XQRS 型导斜器送入总成和 XQDM 型注水泥地锚总成组成，如图 3.5 所示。

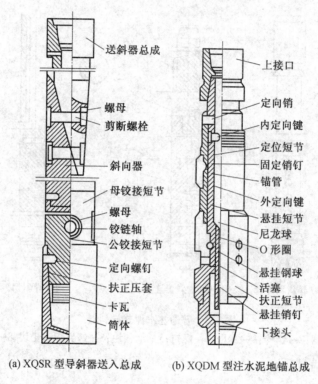

(a) XQSR 型导斜器送入总成　　(b) XQDM 型注水泥地锚总成

图 3.5　XQSR—XQDM 型斜向器送人总成和 XQDM 型注水泥地锚总成

2. 磨铣工具

套管开窗的磨铣工具主要有起（初）始铣鞋、开窗铣鞋、铣锥、西瓜皮式铣鞋、钻柱式铣鞋、复制铣锥和钻铰式铣锥等。这些类型的铣鞋（锥）并非每次开窗中都全部使用。在初期开窗中，使用铣鞋（锥）的类型和数量较多。随着工艺改进和技术进步，铣鞋（锥）的结构有了较大改进，铣鞋（锥）的用量越来越少，近年来用一只铣鞋（锥）就可以完成开窗作业。

1）固定锚磨铣工具的结构和工作原理

固定地锚式磨铣工具的结构示意图如图 3.6 所示。它主要由固定地锚、斜向器、起始铣、开窗铣、锥形铣、钻柱铣、西瓜铣及小磨鞋组成。其工作原理为：在套管内将斜向器固定，通过仪器测量定向，使斜向器斜面方向与设计开窗侧钻方位一致，下入磨铣工具，利用斜向面施加给磨铣工具的侧向力,将套管磨铣出一椭圆形窗口,用扩眼工具将窗口扩大,使钻具能顺利通过,侧钻成新井眼重新完钻。

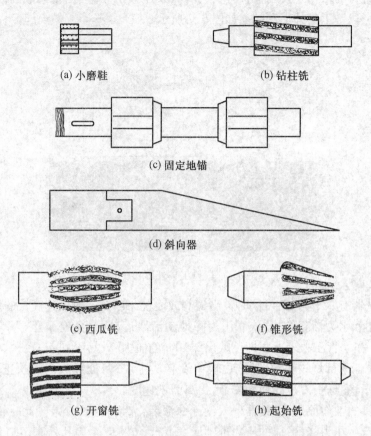

(a) 小磨鞋　　　　　　　　　　(b) 钻柱铣

(c) 固定地锚

(d) 斜向器

(e) 西瓜铣　　　　　　　　　　(f) 锥形铣

(g) 开窗铣　　　　　　　　　　(h) 起始铣

图 3.6　固定锚磨铣工具的结构示意图

2)固定锚磨铣工艺的几个重要名词

(1)"死点"位置。磨铣工具在磨铣套管过程中,某一点的线速度为零,对套管失去切削力,该点位置称为"死点"位置。所有圆周动力的切削工具在加工过程中都存在"死点",有的是在工具设计制造中克服,有的是在切削过程中克服。

(2)开窗铣"上死点"位置。在开窗过程中,开窗磨铣至套管内壁到斜向器斜面的距离等于开窗铣半径时,开窗铣轴心线与套管内壁上某一点的线速度零,形成"死点",该点的位置称为开窗铣"上死点"位置。

(3)开窗铣"下死点"位置。当套管外壁到斜向器斜面的距离等于开窗铣半径时,开窗铣轴心线与套管外壁任一点的线速度为零的点位置,称为开窗铣"下死点"位置。

(4)开窗铣"死点"段。"上死点"与"下死点"之间的一段,称为开窗铣"死点"段。在开窗过程中,开窗铣在斜向器斜面的作用下,做垂直方向到水平方向的复合动力,在套管端面上形成无数个"死点",所以在开窗过程中不是只存在"上死点"和"下死点",还存在一"死点"段。

(5)窗顶位置。套管开窗工具所开窗口的顶部位置,即起始铣开始工作位置。

(6)窗底位置。套管开窗完成后,窗口的底部位置。

3. 段铣工具

套管段铣器的结构主要由保护接头、壳体、泵压显示装置、活塞总成、弹簧、刀片和下扶正器组成。段铣工具外形和端面如图 3.7 所示。

图 3.7　段铣工具外形和端面

（1）段铣器有六个刀片，可同时伸出切割或段铣，具有寿命长、速度快的优点。

（2）采用和水力活塞结构，依靠压力降推动活塞运动，设计有泵压显示装置，当刀片切割套管后，在立管压力表上立即反映出 2 MPa 的压力降，易于判断。

（3）段铣器下部增设稳定器，限位块中设有扶正块，两处形成两点扶正系统，以保证扶正器工作平稳，延长刀片的使用寿命，提高磨铣速度。

段铣工具的工作原理：段铣器下入设计井深后，启动转盘、开泵。此时钻井液流经活塞上的喷嘴产生压力降，形成的压力推动活塞下行，支撑六个刀片外张切割套管。当套管切断后，刀片达到最大外张位置，泵压将明显下降，这时可加压进行套管磨铣作业。作业完毕后，停泵，压力降消失，活塞在弹簧的反力作用下复位，刀片凭自重或外力收回刀槽内。

衡量切削元件的主要技术指标是磨铣套管长度和速度，而这两项指标主要取决于切削元件的材料和形状。井下磨铣工况要求切削元件有足够的韧性，同时又要求有足够的耐磨性，两者必须统一才能保证较长的工作寿命和转速。设计中常采用抗弯强度大于 180 kg/mm^2，硬度大于 90HRA 的高强度硬质合金作为切削元件。

3.2.3　知识要点 3——开窗技术

套管开窗测井钻井的主要过程如图 3.8 所示。套管侧钻井的主要技术包括常规定向井钻井技术，如剖面设计、轨迹控制技术、钻进技术等，在这不再重复介绍，而主要介绍套管开窗技术——采用套管开窗侧钻和套管段铣测钻两种工艺。上述实例中是开窗操作而不是段铣操作，在这对开窗操作程序和段铣操作程序进行介绍。

1. 套管开窗工艺过程

1）确定开窗位置

套管开窗侧钻位置应按下述原则选择：

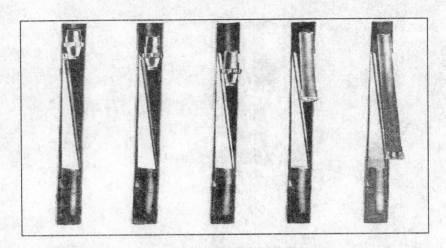

图 3.8　套管开窗侧钻井的主要过程

(1)根据测钻井井型确定开窗位置。

(2)管外水泥封固良好。

(3)窗口以上套管密封良好。

(4)窗口应避开套管接箍和扶正器。

(5)窗口应避开不稳定地层和硬地层,一般以砂泥岩地层为宜。

2)井眼准备

(1)洗井。用清水洗出井内原油或其他液体。

(2)刮管和通径。用比导斜器直径大 2～4 mm,比导斜器长的通径规与标准刮管器通径和刮管。

(3)注水泥封原射孔段或窗口以下套管损坏井段。

(4)套管试压。

(5)打底塞或安放桥塞。

3)安放和固定导斜器

根据导斜器组成结构与固定方式的不同,导斜器有不同的安放和固定工艺。这里不再一一叙述。

4)套管开窗

首先介绍分步开窗法。

(1)起始磨铣。

现以 244.5 mm 套管内开窗为例进行介绍。起始磨铣应下入起始铣鞋进行,如图 3.9 所示。

①钻具组合:$\phi 215$ mm 起始铣鞋$+\phi 178$ mm 钻铤 1～2 柱加$+\phi 178$ mm 重钻杆 100 mm$+127$ mm 钻杆。

②下钻完毕后,加 10～20 kN 压力探导斜器斜面位置,计算窗口顶部位置。

③上提钻具,转动下放,先以 $P=5～10$ kN,$n=50～60$ r/min,$Q=28$ L/s 的参数造台肩 30 min,然后以 $P=10～15$ kN 铣进 0.2 m,才能将钻压增至 15～20 kN 正常铣进。图 3.9 所示为初开窗示意图。

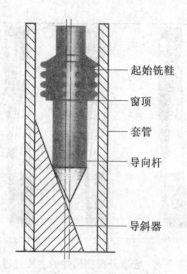

图 3.9　初开窗示意图

④每铣进 0.1~0.2 m,须上提钻具划眼,修磨窗口。

⑤铣进时,可定时从钻进液中捞取铁屑进行分析。

⑥每一只起始铣鞋的导向杆直径为 140 mm,最多可铣进 0.4 m,必须起钻。换导向杆直径为 120 mm 的铣鞋再铣进 0.3 m,即可完成起始磨铣任务。

如果起始铣鞋使用锥形导向杆,则不必更换起始铣鞋。

(2)开窗磨铣。

开窗磨铣用开窗铣鞋进行。

①钻具组合:215 mm 开窗铣鞋+127 mm 加重钻杆 100 mm+127 mm 钻杆。

②在窗口顶部就开始划眼,反复修磨窗口,然后铣进。

③铣进参数为:$P=30~50$ kN,$n=60~90$ r/min,$Q=28$ L/s。

④铣进中,可随时计算导斜器至套管外径之间的距离。其计算公式为

$$\omega = \frac{L-X}{L} + \frac{D-d}{2}$$

式中　ω——导斜管斜面至套管外径的距离,mm;

　　　d——套管内径,mm;

　　　D——套管外径,mm;

　　　L——导斜器斜面长度,m;

　　　X——导斜器顶部以下距离,mm。

⑤克服死点区的措施。

磨至死点区示意图如图 3.10 所示。克服死点区的主要措施有:

a.加大钻压。钻压增至 180 kN,迫使开窗铣鞋中央隆起中心产生一定位移(位移量等于套管壁厚)。

b.只要机械进尺有所增加。

c.铣过死点区后(此例为 0.3 cm 左右)再减压铣进。

d.下入小直径的开窗铣鞋(本例为 φ150 mm 开窗铣鞋)将死点区切割,然后下入原尺

寸开窗铣鞋扩大窗口。

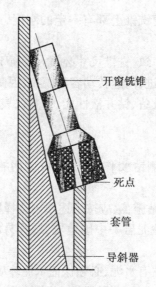

图 3.10　导斜器的死点区

⑥在死点区磨铣时,为了防止铣鞋过早地滑出套管,应采用刚度较大的钻具组合,即 ϕ215 mm 开窗铣鞋+ϕ158.8 mm 钻挺 2 柱+ϕ127 mm 加重钻杆 100 m+ϕ127 mm 钻杆。

⑦在磨铣过程中要随时分析,发生下述情况之一者,应立即起钻:

a. 钻时突然上升,超过正常钻时 2 倍。

b. 返出铁屑不是呈丝、条状,而是呈单片状。

c. 无进尺,并蹩跳钻。

d. 泵压异常。

5)划眼与加长窗口

(1)修磨窗口。

均匀送钻,反复划眼,直至窗口畅通无阻。

(2)加长窗口。

①试探遇阻方入,哪里遇阻就在哪里磨铣,以加长窗口。

②控制钻压,均匀送钻,反复修磨,直至转动和上下活动钻具时畅通无阻。总体来讲,套管开窗可按以下三个阶段进行:

第一阶段:从铣锥沿导斜器顶部到铣鞋底部直径圆周与套管内壁接触段。此段开始时要轻压慢钻,使铣锥先磨铣出一个均匀的接触面,然后加大钻压,中速磨铣。

第二阶段:从铣锥底部圆周接触套管内壁到底部圆周刚出套管外壁。此段重压很容易提前外滑,应采用轻压快转,保证窗口长度。

第三阶段:从铣锥底部圆周出套管到铣锥最大直径全部铣过套管。此段是保证下窗口圆滑的关键段,同时,只要稍加重压就会滑出井壁,因此要定点快速悬空铣进,其长度要等于一个磨鞋长度。

有时施工往往用一个复式铣锥铣到底。这三个阶级的深度和长度可以事前通过计算或作图求出,它对侧钻开窗有一定的指导意义,是侧钻开窗技术措施的重要依据。

6)开窗注意事项

(1)在开窗钻具组合上为使铣锥上部有一定的刚度,一般使用长度在 8～10 m 的钻铤或大钻杆,以保证窗口质量。

(2)更换铣锥时直径最好一致,铣锥尺寸必须大于所下尾管接箍 8 mm。

(3)修窗口时,铣锥悬空铣进,高速转动容易脱扣,因此,钻具螺纹必须上紧。

(4)开窗之前必须对地面设备、钻井液性能、钻井仪表、井下钻具等做好全面检查,保证完好,使开窗工作顺利进行。

2. 套管段铣工艺过程

套管段铣侧钻是在套管内侧钻水平井和定向井常用的一种工艺。

1)段铣井段的选择

为了有利于套管段铣和侧钻施工,应按下述原则选择段铣井段:

(1)选择地层较为稳定的砂泥岩等中硬地层,避开易塌、易漏、易膨胀的复杂地层和硬地层。

(2)段铣井段套管外必须注有水泥,必须保证水泥环质量良好。

(3)若在射孔段或水泥封固不好井段段铣,必须射孔挤水泥。

(4)段铣井段位置要有利于侧钻施工。

(5)段铣井段以上套管不得有变形、错断和漏失等。

2)井眼准备。

(1)了解套管钢级、壁厚和水泥环质量。

(2)洗井。用清水洗出井中原油或其他液体。

(3)刮管和通径。采用比段铣工具大的、长的标准通径规和标准刮管器进行通径与刮管。

(4)注水泥封堵射孔段并形成底塞。要求段铣段以下有 30～40 m 长的口袋。

(5)套管试压。

(6)配制段铣钻井液。

3)段铣工具准备

(1)根据套管内径、壁厚和钢级选择段铣工具。

(2)地面检查段铣工具各部位是否符合要求。

(3)井口开泵,试验并记录工具的胀缩尺寸、刀臂启动泵压和排量,核对参数是否符合工具设计要求。

4)套管段铣施工过程

(1)开窗工具送上钻台后,再次检查所有螺钉是否拧紧,再次确认其型号、刀片尺寸及扶正块外径等。

(2)将开窗工具接在钻具上,进行功能试验,观察不同排量下刀片张开的不同角度,记录泵压和排量。

(3)用细绳或细铁丝将刀片扎紧,下钻时要平稳,不可猛刹猛下,以免损坏刀片。

(4)下到开窗段底部,然后上提至开窗点附近。慢慢开泵小排量打通循环,在较小排量下(保证刀片张开)上提钻具,再次确认套管接箍位置停泵。

(5)在开窗点深度开泵,泵排量稍高于最低刀片张开排量。启动转盘,转速为 50～

60 r/min,钻压为 0 Pa。注意扭矩变化,大约 15 min 后,套管接近被切断,此时扭矩很大,甚至憋死转盘。切断套管后,扭矩马上变平稳。

(6)套管切断后,进行正常的磨铣作业,加压要均匀。钻压是否合适,视磨铣速度和铁屑形状而定。控制磨铣速度为 2 m/h 左右。比较理想的铁屑长为 70 ~ 100 mm,厚为 0.8 mm 左右,返出铁屑量均匀。

(7)当磨铣到 0.8 m 左右时,要检查套管是否完全切断。其方法是在开泵条件下,下压 29.4 ~ 49 kN,钻具不下滑,然后上提到开窗点,能上提 29.4 ~ 49 kN 的力。

(8)磨铣到接箍时进尺速度要慢,要有耐心。

(9)每磨铣 0.5 m,要慢慢活动钻具,观察是否有铁屑堆积现象。

(10)随时注意铁屑返出情况。如发现振动筛处铁屑量与磨铣进尺的铁屑量相差太多,应打稠钻井液将铁屑顶替出来,继续磨铣。如铁屑尺寸异常(偏大或偏小),则应调整磨铣参数(如钻压)。

5)段铣过程异常情况诊断

(1)如返出铁屑量少,细如头发丝,应检查排量和钻井液性能是否合适,可增加排量,也可打 1 ~ 2 m³ 稠钻井液进行检查。如数量仍不够,可增加钻压,并仔细观察参数改变后的铁屑变化。另外,钻具刺漏也可能是磨铣的铁屑带不上来的原因,应仔细检查是否有钻具刺漏。

(2)返出铁屑形状异常。较理想的铁屑长为 70 ~ 100 mm,厚为 0.8 mm。如铁屑长超过 200 mm,厚达 1.5 mm 以上,表明钻压太大。如形如鳞片或细丝,表明钻压太小,应及时调整钻压。

(3)工具提不出窗口。在磨铣过程中,如铁屑多,清洁不够,较长的铁屑就会缠绕在开窗工具上方,导致更多铁堆积。此时应提高排量或增加黏切值,并采用倒划眼方法,一点一点往上提,切碎铁屑。另外,如果弹簧弹性不好,刀片不能复位,工具也可能提不出窗口,这时工具上提至开窗点便遇阻,而在其他处则是自由的。此时可继续磨铣,直到刀片磨平为止。

(4)确认窗口是否已经形成。钻进 0.5 m 左右就可以进行检查。具体方法是:开泵,下压 40 ~ 50 kN,然后上提至开窗点;若遇卡 40 ~ 50 kN,说明窗口已经形成。

3. 侧钻时应注意的事项

(1)侧钻位置确定和水泥塞的质量决定了侧钻是否顺利,甚至一次成功的关键。选择侧钻的位置时,要考虑报废进尺少、可钻性好、无大肚子的井段。如果是直井,要在井斜要求范围内的井段,实施反扣便于形成较厚的夹壁墙。

(2)填井时要求较高的水泥浆密度,以保证高质量的水泥塞,水泥塞长度不小于 30 m。水泥塞后凝不小于 48 h。扫水泥塞时,必须把混浆段全部扫除,探出高质量的水泥面。

(3)侧钻开始时,必须控制钻进速度,采用轻压慢打方法,特别是侧钻井段较深,可钻性较差的地层。待返出的岩屑基本不含有水泥,可适当提高速度。

(4)如果是直井而斜井又很小,侧钻完成后,建议使用稳斜钻具组合稳斜一段,以增加夹壁墙的厚度。

(5)下钻到侧钻井段前要控制速度,防止把夹壁墙冲塌。如果在侧钻井段遇阻可轻转转盘下放,或开泵下放,如必须划眼时要警惕划出新井眼。

3.2.4　知识要点4——完井技术

1. 完井施工中存在的问题

侧钻井的尾管固井与一般下套管固井的不同点在于尾管与井壁的间隙小,井斜大,注灰管柱下大上小,注灰后要有效地将注灰管与尾管分离。因此,完井施工中存在如下问题:

(1)套管和井眼之间的环空间隙小。由于滤饼的存在,实际间隙还要更小。

(2)套管不居中。侧钻井都有一定斜度,套管在斜井中很难居中。特别是 ϕ139.7 mm 套管侧钻井,由于套管和井眼的环空间隙过小,无法下入合适的套管扶正装置,造成套管始终偏向一边,固井以后一边水泥少甚至没有水泥。

(3)其他原因。尾管裸眼段较长,井眼清洗不干净,水泥浆顶替效率差、窜槽等;侧钻井窗口不规则,密封困难;深部井段地层条件及蒸汽吞吐引起的高温、高压等。

2. 采取的技术设施

1)扩张加大环空间隙

从目前国内外测钻井技术发展的趋势来看,加大井眼与套管之间的环形间隙,增加水泥环的厚度和韧性是提高固井质量、延长侧钻井寿命较为有效的方法。目前,测钻井扩孔主要采用的是张开式扩孔工具,属于微台阶扩孔,ϕ118 mm 井眼扩至 ϕ144 mm 左右,ϕ152.4 mm 井眼扩至 ϕ170 mm 左右,所扩井眼平滑连续,井径均匀。实践中发现,不同地层对扩孔工具的要求不同,砂岩地层要求工具耐磨性强,泥浆地层要求工具切削能力强,砂泥岩地层要求二者兼顾。只有根据不同地层,选择合适的刀体组合,才能取得较为理想的扩孔效果。

2)加强扩孔段套管居中

当套管偏心就度大于60%,水泥浆必然出现窜槽现象。就 ϕ177.8 mm 套管开窗侧钻下入 ϕ127 mm 套管的情况,只要套管偏心大于3 mm,套管偏心度就超过60%。测钻井都有一定斜度,如果不采取措施,套管偏心往往大于3 mm,因此必须采取措施使套管居中。目前套管开窗侧钻井大多属于定向井,必须下入合适的扶正器使套管居中。在直井段每30 m 下一个扶正器,造斜段每10 m 下一个扶正器,水平井段每5 m 下一个扶正器。侧钻井必须保证在裸眼段每根套管加一个扶正器。

3)使用塑性和微膨胀水泥浆

为了保证小环隙注水泥的固井质量,解决热采井蒸汽吞吐对水泥环的损坏问题,应用塑性、微膨胀、堵低失水的水泥浆,固井注灰前先打一些既起防漏作用又起保护油层作用的暂渡剂,解决了水泥浆凝结过程中因失水收缩产生的微环隙的问题,降低了热采侧钻井水泥环的损失程度。

3. 固井施工工艺

1)井眼准备

(1)检查开窗点以上套管畅通完好。

(2)检查裸眼井段有无缩径、坍塌现象。

(3)工具试压。开泵前后收张自如。

（4）在窗口以下 30 m 左右开始扩孔，井底预留不扩孔井段。

（5）扩孔井段一般选取主力油层油、气、水关系比较复杂的层段全部实施扩孔。

2）扩孔

扩孔钻具组合为：钻头+相应的扩孔器+钻铤 2 根+加重钻杆 10 根+钻杆。

3）完井电测

电测前应充分洗井以调整钻井液性能，电测在窗口遇阻时，不得强顿或硬提，以免造成割挂电缆事故。

4）试下尾管

用常规管柱连接衬管试下，衬管长度应大于 20 m，试下至井底。试下中若遇阻，不要强下，起出管柱重新划眼，直到试下合格为止。

5）下尾管

在下尾管之前，对正反扣接头进行检查，必须装卸灵活，能自由倒开。在下钻过程中，严禁旋转下部钻具，防止将尾管掉落井中。如果使用丢手接头，应将丢手接头试验合格后再使用。

6）固井

根据尾管与钻具脱开方法不同，可分为先注入水泥浆后脱开正反接头法和丢手接头先脱开后不插入管柱水泥浆法。不论何种方法均应注意下列问题：

（1）下完尾管后循环调整钻井液性能，试钻井液黏度与切力符合要求。

（2）注水泥量应按理论计算值的 1.2～1.5 倍来确定。

（3）注水泥时两端打清水垫子，水泥浆相对密度保持在 1.85 以上，并尽量使水泥浆相对密度高于钻井液相对密度 0.3 以上。

（4）替钻井液时，由于井眼小、偏心大，因此在水泥将与钻井液相对密度差大于 0.3 以上时，可考虑用复全式胶囊低速法注水泥技术，如果相对密度差在 0.3 以下，可考虑用系统法注水泥浆。无论用哪种方法，都要在注水泥浆过程中上下活动钻具，以保证尾管固井质量。

7）关井候凝

替完钻井液以后，按尾管连接结构与工艺要求，将尾管与钻具脱开，然后上提钻具到预定高度反洗井，待多余水泥返出地面之后关井候凝。

8）钻水泥塞与修喇叭口

下钻将井内残留水泥塞钻掉，直到喇叭口上部 1～2 m 处，然后更换小钻头和扶正器，将尾管顶部钻开，并钻到尾管底部，再更换专用铣锥，将尾管顶部的水泥台阶磨成喇叭口，以利于各种工具能顺利下入。

3.3　操作技能

3.3.1　项目 1——导斜器的下入操作

导斜器的种类很多，不同类型的导斜器其结构、原理各不相同，使用方法也不一样，只有针对不同的井况和不同的作业要求，才能选择适合工况环境的导斜器。在此只介绍

XQSR-XRDM 型锚式斜向器和双卡瓦双隔器锚定型导斜器的操作方法。

1. XQSR-XRDM 型锚式斜向器的操作方法

(1)打底塞或安装桥塞。

(2)下入锚定总成,探入底塞位置,上提 0.5 m。

(3)下入有线斜钻(斜井)或陀螺仪对锚定总成进行定向。

(4)下入尾管坐于井底注水泥。

(5)投尼龙球,剪销(8.5~9.5 MPa),打开旁通(泵压先升后降)。

(6)循环出多余的水泥浆,慢慢提起中心管总成,并提钻具 5~10 根钻杆候凝。

(7)候凝结束,下放钻具探锚定装置鱼顶,并大排量冲洗鱼头后起出全部钻具。

(8)将导斜器调整好方位并下到锚定装置鱼顶处。

(9)慢慢接锚定装置鱼顶,加压不超过 5 kN,慢转慢下,悬重下降必须慢慢下放,加压 15~20 kN。若悬重明显下降,上提钻具;若悬重增 20~40 kN,表明键与键槽对正锯齿螺纹与卡瓦啮合,对接成功。

(10)猛放钻具加压 75 kN 以上,下放量控制在 0.5 m 以内,剪断销钉并起出送入器,导斜器安装完毕。

2. 双卡瓦特封隔器锚定型导斜器的操作方法

(1)检查工具和井眼准备。

(2)下坐卡总成到预定井深,循环钻井液。记录悬重。

(3)投入钢球,开泵。当泵压上升到 10 MPa 时,活塞杆销钉剪断、推动活塞及瓦下行。

(4)继续升压,剪断上斜体锁钉。继续升压到 25~32 MPa,停泵。此时胶筒和上卡瓦卡住套管,并且下锁紧环锁紧。

(5)上提钻柱悬重为:原悬重为 120~140 kN。此时下锥体销钉剪断,下卡瓦卡住管套。

(6)下陀螺仪测井斜、方位及定向键方位。

(7)边提边右转钻柱,悬重略大于原悬重,剪断丢手销钉,起初丢手总成。

(8)根据定向键方位调整导斜面的方位,焊好斜头接口。

(9)下导斜器总成,在接近封隔器总成上端时,慢放钻具。若悬重下降,则表明导斜器总成与封隔器总成对接成功。

(10)下压钻具,剪断送斜器与导斜器上的连接螺栓。

(11)磨洗削套管。

3.3.2　项目 2——段铣器开窗侧钻施工

1. 准备工作

1)项目的确立

首先要进行地质调查。分析论证,查阅原井及近井地质资料、完井资料。其次,若原井是因采油过程发生事故,要对原井的产能及效益进行分析对比。对侧钻完井后的效益进行预测,经论证后立顶。

2）工具准备

根据施工需要、工艺要求、经济效益分析对比，准备适合本井开窗工具。段铣式套管开窗定向开窗侧钻需准备下列工具（以 7 in 套管为例）：

(1)7 in 套管开窗段铣器 1～2 套。

(2)段铣刀片（根据段铣段长）6～8 副。

(3)1.5°、1.75°单弯动力钻具各一套。

(4)定向接头 2 只（随钻测量用可循环式）。

(5)$3\frac{1}{2}$ in 钻杆（根据完钻井深）。

(6)$4\frac{3}{4}$ in 钻铤 4 柱。

(7)$4\frac{3}{4}$ in 无磁钻铤 1～2 根。

(8)$4\frac{3}{4}$ in 短钻铤 2 根。

(9)6 in PDC 钻头及牙轮钻头若干。

(10)随钻测量仪器、电缆线及绞车（应满足施工需要）。

(11)单多点测斜仪器各 1～2 套。

(12)直径 152 mm 螺旋扶正器 4～6 只。

(13)强磁打捞器一只。

(14)准备各种尺寸事故处理工具。

3）井眼准备工作

(1)查阅原井资料，确定开窗侧钻位置，应尽量避开套管接箍，选择水泥封固质量好有利于侧钻的地层。

(2)分析井口至侧钻点井段的原井身数据，查阅套管钢级、壁厚及内外径。

(3)测量套管压力及液面高度，若原井眼套管压力较高，液面上涨较快，应预先在开窗侧钻点以下 100 mm 处打开水泥塞封固。

(4)通套管内径、刮蜡、清除原井眼内原油及污物，检查套管是否有损坏或变形。

(5)测磁性定位，检查套管有无损坏变形，应在钻杆内侧套管接箍，把所有误差矫正至钻杆上。

(6)做出套管定向开窗侧钻设计，制订施工方案、技术措施及作业参数。

4）钻具准备工作

(1)所有下井工具下井前都要进行检查探伤，各种工具必须有产品合格证书。

(2)钻杆钻铤无磁钻铤下井前要用直径 55 mm 通径规通径，清除钻具水眼内杂物。

(3)配足钻井液，调整钻井液性能符合开窗侧钻井眼地层钻井要求。

2. 套管段铣开窗操作步骤

(1)段铣工具下井前安装调试，开泵检查刀片能否全部涨开，停泵刀片能否收。

(2)检查工具灵活好用后，将刀片捆住，防止下井过程中刀片误打开，损坏套管及刀片。

(3)钻具在下井过程中控制下放速度，严禁猛刹猛放，中途不得开泵循环，不能转动转盘。

（4）下钻中途遇阻，不能硬压硬冲，遇阻不能超过去 9.8 kN，否则应起钻通井，井眼畅通后再下开窗井工具。

（5）保护好井口，严格防止井口落物，以发生重大井下事故。

（6）开窗段铣工具下到开窗位置，开泵转动转盘 20~30 min，慢慢加压 4.9~9.8 kN，观察井具能否吃住钻压。

（7）钻具能承受住钻压后，继续磨铣，并观察有无碎铁屑返出，根据铁屑返出量和形状分析段铣工具的工作状况。

（8）在磨铣过程中钻压不能过高，防止压坏段铣工具，致使工具不能完全磨穿套管，出现套管内剥皮现象。

（9）每磨铣 0.5 m，停止钻盘转动，增大钻井液排量来循环清洗井眼，观察铁屑返出情况及数量，防止铁屑在井内相互缠绕，形成"鸟窝"状铁屑团，造成卡钻事故的发生。

（10）每磨铣套管 1~2 m，停泵停钻盘，慢慢上提钻具，检查段铣工具刀片闭合开启情况，上提钻具，观察段铣工具经过窗顶时有无挂卡现象。

（11）时刻注意记录磨铣速度，当磨铣速度明显降低时，应及时起钻，检查段铣工具以及刀片磨损情况，分析原因制订下一步措施。

（12）确定原因。换段铣刀片继续磨铣，直至磨完设计段长，满足侧钻要求为止。

（13）每次换刀片下钻到上窗口，开泵转动转盘反复进行划眼，以保证套管段铣质量。

（14）段铣完后，调整钻井液性能，增大排量循环洗井，下入强磁打捞器清除井底铁屑，并用稠钻井液将段铣段封住。

3. 打水泥塞封固段铣井段作业

（1）为了确保水泥塞封固质量，封固井段应从窗底以下 50 m 到窗顶以上 50 m，打水泥前应做水泥浆性能检查，做流动试验和凝固时间试验。

（2）打完水泥浆立即起钻至窗顶以上 60 m 处，循环洗井，将多余水泥浆排出井眼，并不断活动钻具，防止将钻具固结在井内。

（3）彻底清洗井眼，观察记录水泥浆返出量，确定井眼内多余水泥浆全部返出井眼后起钻候凝。

（4）候凝 48 h，下钻探水泥塞面，将水泥塞钻至设计侧钻井深，检查水泥塞凝固质量。

（5）调整钻井液性能，尽量减少钻井液的固相含量，彻底清洗井眼。

4. 定向侧钻作业

（1）钻具组合：6 in 钻头+4 in 单弯动力钻具+定向接头+$4\frac{3}{4}$ in 磁钻铤+$3\frac{1}{2}$ in 钻杆。

（2）钻进参数。钻压：19.6~39.2 kN；泵压：10~12 MPa；排量：10~121 L/s；转盘转速：50~60 r/min。

（3）施工步骤及注意事项如下。

①按设计要求配好钻具进行地面动力钻具检查试运转，一切正常开始下钻，同时准备好随钻测量仪器，测量绞车就位。

②控制钻具下放速度，钻具在套管内不能开泵运转和转动转盘，防止碰坏套管和钻头。

③钻头下到侧钻位置，开泵运转动力钻具，开泵要缓慢，防止开泵过猛整坏动力钻具。

④动力钻具运转正常后,停泵下随钻测量仪器定向,各方人员做好准备工作,积极配合,服从指挥。

⑤定向完毕开泵侧钻,严禁转动转盘,首先让钻头在同一位置空转 20～30 min,使其能在井壁造出台阶。

⑥加压 19.6 kN 均匀下放钻具,并随时调整工具面方向使其一直在预定方位钻进。

⑦随时捞取砂样,分析砂样中地层岩屑含量,判断侧钻情况;当砂样全为地层岩屑是钻头已全部进入地层,表明侧钻基本成功。

⑧调整工具面方向,使所钻井眼方向与预订方位相吻合,井斜角和方位角达到设计要求,起钻换转盘钻进。

3.3.3　项目 3——固定锚斜向器式套管定向开窗侧钻施工

1. 准备工作

1)工具的准备

选择适合本井尺寸的套管开窗工具,斜向器式套管定向开窗侧钻应准备下列工具:

(1)地锚总成 1 套。

(2)斜向器总成 1 套。

(3)起始铣 2 只。

(4)开窗铣 6 只。

(5)小磨鞋 2 只。

(6)钻柱铣 4 只。

(7)西瓜铣 4 只。

(8)锥形铣 2 只。

(9)钻杆胶塞(ϕ55 mm 钢球)1 只。

2)井眼的准备

与段铣式套管开窗井眼准备工作相同。

2. 定向开窗操作步骤

1)工具的地面检查

(1)检查工具是否齐全,配足配齐所需备件,并对所有工具进行包装,防止在运输过程中损坏。

(2)检查地锚护送装置是否灵活好用,内外定向键方向是否一致,是否完好,悬挂钢球是否齐全,有无损坏。

(3)检查完后,各部位涂好润滑脂(如黄油),装配好备用。

2)下地锚作业及注意事项

(1)把尾管连接起来,在尾管的底端焊接一盲眼旧钻头,并在尾管的下部割三个直径为 15～20 mm 的旋流孔。

(2)选择开窗位置,尽量避开套管接箍,根据开窗位置与井底的深度定出尾管长度。

(3)下尾管一定要紧好扣,并用丝扣胶粘住或用电焊焊住,隔一根尾管加一个扶正器,尾管顶部链接地锚。

(4)下地锚尾管一定要控制下钻速度,严格禁止猛刹猛放,遇阻不能超过 9.8 kN,防止尾管落井。

(5)下钻过程中严禁转动转盘,所有下井工具必须用直径为 65 mm 的通经规,全部探伤后方可下井。

(6)下钻过程中注意井口安全,防止井口落物。钻台上所有仪表必须灵活好用。

(7)准备长钻杆(12 m)短钻杆(3 m)各 2 根,用以调节转盘面以下钻杆长度符合设计开窗位置要求。

(8)工程技术人员要坚持盯在钻台上,加强责任心,监督检查井队严格技术措施。

3)定向固定地锚作业及注意事项

(1)下钻完接触井底加压不得超过 9.8 kN,小排量慢慢开泵,不得调整钻井液性能。

(2)陀螺测量仪器在下井定向工作期间不得停电断电;定向完后座好钻具,锁住转盘,各方人员要积极配合协调工作。

(3)固井人员检查并装好水泥头及钻杆胶塞,固井管汇要用软管线连接,以保证在替钻井液时能上提活动钻具。

(4)水泥浆稠化时间大于 360 min,流动度大于 200 mm,水泥浆相对密度为 1.80 ~ 1.90。

(5)注水泥浆前注入前置液 1 m³,水泥浆量根据封固井段,相对密度为达到要求后开始计量,注完水泥浆立即压胶塞替钻井液剪销钉,保证整个作业过程连续进行。

(6)剪销钉后钻具座在转盘上继续循环清洗地锚头 20 ~ 30 min 后,上提钻具 1 m,继续循环将多余水泥浆全部替出井口。

(7)接方钻杆循环钻井液清洗井眼,每隔 5 min 活动钻具一次,循环 2 周后起钻候凝 48 h。

4)通井探地锚头作业

(1)下钻过程中一定要平稳缓慢,防止溜钻,严禁猛刹猛放,遇阻下压不得超过 9.8 kN,注意井口安全,防止井口落物。

(2)地锚对接内筒一定要清洗干净,斜向器与送入接头的连接销钉要焊牢,斜向器吊往钻台时要用蹦绳抬起。

(3)各方技术人员要密切配合,听从开窗技术人员的指挥,对接地锚时司钻操作一定要平稳。

(4)整个下钻过程中不得转动钻具,以保证斜向器与地锚安全对接一次成功。

(5)下钻到锚头顶部位置,加压 4.9 kN,慢慢转动转盘,进行对键,钻压回零后继续下放钻具。

(6)测量放入是否与计算放入相吻合,转动转盘 3 ~ 5 圈,观察转盘倒车情况,上提钻具悬重是否增加。

(7)若与放入相吻合,转盘全部回车,上提钻具悬重增加 5 ~ 8 t 提不脱,说明斜向器与地锚已对接好。

(8)下放钻头慢慢加压,观察指重表,当灵敏表突然回零,说明销钉已剪断,斜向器已甩下。

5)起始铣下井作业

(1)钻具结构:起始铣+钻铤 3 柱+钻杆。

(2)详细测量起始铣内外径,绘制草图,下钻速度一定要缓慢,中途遇阻不能硬压,应起钻通井。

(3)下钻支斜向器顶端以上 10 m,开泵循环。探方入及遇阻深度,空钻压转动钻具 30 min。

(4)加钻压 9.8 ~ 19.6 kN,转盘转速 50 ~ 60 r/min,钻井液性能应满足携带铁屑的能力。

(5)磨铣到起始铣死点位置,起钻并计算目前窗口能否满足下开窗铣的要求,若不能满足则再下导向杆直径小的起始铣。

(6)满足下开窗铣的条件是起始铣所开窗口底部套管外壁到斜向器斜面的距离应小于开窗铣的直径。

6)开窗铣下井作业

(1)钻具结构:开窗铣+钻铤 3 柱+钻杆。

(2)在下钻过程中不能转动钻具,开窗铣下到斜向器顶部位置时要缓慢下放钻具,遇阻转动装盘 3 ~ 5 圈继续下放。

(3)开窗铣下至起始铣所开窗口底部,加压 29.4 ~ 49 kN 磨铣,转盘转速控制在 60 r/min 左右,钻井液排量及性能应满足携岩要求。

(4)在磨铣过程中钻压一定要平稳,送钻要均匀,及时捞取井口返出的铁屑,分析开窗铣在井下的工作状况。

(5)当开窗铣磨铣到"上死点"位置时(套管内壁至斜向器斜面的距离等于开窗铣半径),起钻下小磨铣过"死点"段。

(6)小磨鞋磨过"下死点"位置后,继续下开窗铣把下部窗口开完,开下窗口时,钻压降到 29.4kN,防止开窗铣滑入底层。

(7)开窗过程中磨铣速度变慢,应起钻检查开窗铣或换开窗铣后继续磨铣,否则可能将斜向器磨坏。

(8)窗口开完后,利用开窗铣钻进底层 3 ~ 5 m,为修窗口作业做好准备;加大排量循环洗井,把钻井液中固相含量降低。

7)小磨鞋下井作业。

(1)钻具结构:小磨鞋+钻铤 3 柱+钻杆。

(2)下钻至开窗铣"上死点"位置,转动转盘,加压 29.4 kN。

(3)小磨鞋磨过"下死点"位置,起钻检查小磨鞋磨损情况,确认小磨鞋过"下死点"位置后换开窗铣继续磨铣。

8)修窗口作业注意事项

(1)钻具结构:锥形铣+西瓜铣+钻柱铣+钻铤 3 柱+钻杆。

(2)钻形铣、西瓜铣、钻柱铣之间丝扣上紧段焊牢固,防止在作业过程中脱扣落入井眼内。

(3)下钻到斜向器顶部位置遇阻加压 9.8 ~ 19.6 kN,转盘转速为 60 r/min,修窗口。

(4)反复划修窗口直至上提下放钻具过窗口无任何显示,起钻换钻具组合侧钻钻进。在作业过程中注意井口安全,防止井口落物造成复杂事故。

3.3.4 项目4——QuickCut™套管开窗系统作业

（1）在 MWD 接上一根 5 in 加重钻杆。

（2）将磨铣工具总成接在加重杆上。

（3）用 MWD 导向工具来定位磨铣工具总成。

（4）钻台进行 MWD 功能测试。

（5）将斜向器提升至转盘上方，在回收槽内放置一钢棒支撑以便下入顺利。

（6）用剪切螺栓将磨铣工具总成连接在斜向器上，该剪切螺栓的剪切值为 40 000 lb。

（7）将导向磨鞋上的液压控制管线连接到斜向器上。

（8）在工具入井前，需要开作业协调及安全会，确保作业顺利进行。

（9）在 1 柱 2 min 的速度缓慢地将工具下入到开窗点。

①在下钻过程中，轻轻放置卡瓦，杜绝斜向器受到任何不必要的振动。

②不能旋转钻具。

③无威德福作业工程师在场的情况下，不能循环。

（10）在振动筛和钻井液灌之间安置磁铁。

（11）在接近开窗点的时候，上体下方钻具以释放扭矩。

（12）在油公司代表和定向井工程师在场并得到允许的情况下，将斜向器放置设定的方位，稳定当前泵的排量。

（13）在油公司代表和定向井工程师在场并得到允许的情况下，不转动钻具，将斜向器放置在开窗点。

（14）以 100 L/s 的排量建立循环并有返出。

（15）提高泵压至 AccuSet™ 计算出的排量并保持 2 min 将锚坐住。

（16）下放钻具剪断剪切螺栓磨铣工具组合与斜向器分离。

（17）上提 1 m 并放下 5 m，以验证是否真的脱手。

（18）开窗，钻口袋。

（19）打磨窗口使之平滑。

（20）循环清洗。

（21）起钻。

（22）在油公司代表和定向井工程师在场并得到允许的情况下，测量磨铣工具总成。

3.4 考 核

3.4.1 理论考核

1.选择题

（1）注水泥时根据开窗位置在其下 80~100 m 处注（　　）长的水泥塞。

（A）20~100 m　　　　（B）30~100 m　　　　（C）40~100 m　　　　（D）50~100 m

（2）目前，现场采用的套管开窗有（　　）种方法。

（A）2　　　　　　　（B）3　　　　　　　（C）4　　　　　　　（D）5

(3)套管开窗是在已下套管的井内进行(　　)时,在套管上开一个"窗口"的工艺过程。

(A)射孔　　　　　　　(B)侧钻　　　　　　　(C)修井　　　　　　　(D)压裂

(4)侧钻位置一般选择(　　)变化较大、底层较松软、井颈比较规则的井段侧钻。

(A)井斜角　　　　　　　　　　　　　(B)方位角

(C)装置角　　　　　　　　　　　　　(D)井斜角和方位角

(5)简易套管开窗侧钻使用的工具有斜向器和(　　)。

(A)磨鞋　　　　　(B)铣鞋　　　　　(C)铣锥　　　　　(D)地锚

(6)简易套管开窗确定开窗位置的主要依据是根据(　　)等确的。

(A)侧钻目的层的深度水平位移　　　　(B)工具的钻探能力、套管质量

(C)窗口处套管完好,底层稳定,避开接触　(D)包括以上三项

(7)地锚式套管开窗适用于外径为(　　)的套管开窗。

(A)144.5 mm　　(B)244.5 mm　　(C)344.5 mm　　(D)444.5 mm

(8)地锚式套管开窗程序和施工步骤有(　　)步。

(A)1　　　　　(B)3　　　　　(C)5　　　　　(D)7

(9)扩张式套管磨鞋主要由(　　)、流量显示装置和磨鞋体组成。

(A)刀片、铣锥　　　　　　　　　(B)活塞、铣锥

(C)铣锥、密封圈　　　　　　　　　(D)刀片、活塞

(10)扩张式套管磨鞋磨铣速度为(　　)左右。

(A)10 m/h　　(B)20 m/h　　(C)25 m/h　　(D)30 m/h

(11)根据原井眼(　　)情况,选择合适的侧钻位置。

(A)井斜和方位　　　(B)井身质量　　　(C)井深　　　(D)钻井液

(12)下钻至侧钻点钻掉混浆段,钻头定点空转 0.5 h,转速为(　　),中等排量造台肩。

(A)50~100 r/min　　　　　　(B)70~120 r/min

(C)90~140 r/min　　　　　　(D)110~160 r/min

(13)吊打侧钻时,必须做到控时,吊打出新台肩;每(　　)捞砂分析一次;钻头水眼要适当加大。

(A)2~3 m　　　　(B)3~4 m　　　　(C)4~5 m　　　　(D)5~6 m

(14)动力钻具侧钻选择钻头的原则是(　　)。

(A)下部地层使用钢齿牙轮钻头,上部硬地层选用 PDC 钻头或梅花式锅底磨鞋

(B)上部地层使用钢齿牙轮钻头,下部硬地层选用 PDC 钻头或梅花式锅底磨鞋

(C)上部地层使用 PDC 钻头,下部硬地层选用梅花式锅底磨鞋

(D)上部地层使用梅花式锅底磨鞋,下部硬地层选用 PDC 钻头

(15)动力钻具侧钻造斜要平稳,一般控制在(　　)(°)/(10 m)。

(A)0.1~0.25　　(B)0.25~0.5　　(C)0.5~1　　(D)1~2

2.判断题(对的画"√",错的画"×")

(　　)(1)侧钻位置一般选择在稳定易钻地层,原井眼直径由大到小或井斜变化处。

(　　)(2)吊打侧钻施工时,硬地层选择镶齿牙轮钻头、PDC 钻头或金刚石钻头;软

地层选用平底刮刀钻头、钢齿牙轮钻头或 PDC 钻头。

（　　）(3)吊打侧钻的钻具组合是钻头+钻铤 2 柱+钻杆。

（　　）(4)动力钻具侧钻的钻具组合是钻头+动力钻具+钻铤 1 柱+钻杆。

（　　）(5)侧钻位置确定和水泥塞的质量决定了侧钻是否顺利,甚至一次成功的关键。

（　　）(6)定向井斜井段的段铣,刀片的使用效果和使用寿命都要比直井的低。

（　　）(7)窗顶位置就是套管开窗工具所开窗口的顶部位置,即起始铣开始工作位置。

（　　）(8)导斜器也称斜向器,是引导磨铣工具从一侧磨铣套管形成窗口的专用工具。

3. 论述题

(1)简述侧钻井的基本概念。

(2)简述侧钻井的意义和应用范围。

(3)简述侧钻井作业工具的类型、结构及原理。

(4)简述套管开窗方法及注意事项。

(5)总结开窗侧钻井技术,写一篇关于侧钻技术的论文。

3.4.2　技能考核

1. 考核项目

(1)用斜向器进行套管开窗。

(2)段铣器开窗侧钻施工过程。

(3)固定锚斜向器式套管定向开窗侧钻施工。

2. 考核要求

(1)准备要求。

①工具、材料及设备准备。

②考场准备。

考场设在钻井现场或模拟实训教室。

设备运转正常,井控装备及安全设施齐全。

上述两个项目联合操作,需要相关人员配合。

(1)考试要求。

①操作步骤。

②注意事项。

确定开窗位置的方法要正确,深度要准确。

正确选择、检查、使用工具。

主要铣磨套管时的参数配合。

③考试时间及形式。

考试时间 10 min,采用笔试或现场模拟,到时间立即停止答卷。

第 4 章

其他特殊工艺井钻井技术

4.1 分支井、多底井简介

4.1.1 分支井、多底井的概念

分支井是指从一个主眼井中侧钻出两个或两个以上的分支井眼的井。分支井可以从直井、定向井和水平井开始分支,分别如图 4.1(a)(b)(c)所示。

(a) 直井

(b) 定向井

(c) 水平井

图 4.1　分支井示意图

多底井是指一个主眼井中钻出两个以上相同尺寸的井眼,如图 4.2 所示。

图 4.2　多底井示意图

4.1.2　分支井的演变

分支井的演变过程如图 4.3 所示。

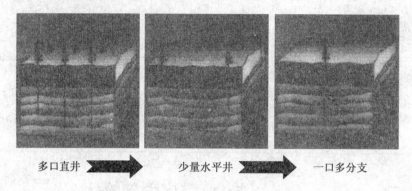

多口直井　➤　少量水平井　➤　一口多分支

图 4.3　分支井的演变过程

4.1.3　分支井的基本类型

分支井的基本类型如图 4.4 所示。
(1)双反向分支井,如图 4.4(a)所示。
(2)层式分支井,如图 4.4(b)所示。
(3)三层叉式分支井,如图 4.4(c)所示。
(4)鱼骨状分支井,如图 4.4(d)所示。
(5)背肋骨状分支井,如图 4.4(e)所示。
(6)辐射状分支井,如图 4.4(f)所示。

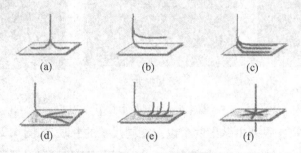

图 4.4　分支井的基本类型

4.1.4　分支井的优点

(1)提高采收率和增加注入能力。
(2)提高单井产量。
(3)可防止锥进效应。
(4)减少布井数量,降低开发成本。
(5)扩大勘探区域,多方向确定油气藏边界。

4.1.5　分支井的适用条件

(1)多层系油气藏,夹层为致密砂岩,垂直渗透率极低,如图4.5所示。

(2)不连通砂体(多个透镜体)。

(3)断层多层系,如图4.6所示。

(4)薄层油气藏。

(5)低渗油气藏。

(6)裂缝性油气藏。

(7)重油或稠油油藏。

另外,适用地面条件为地表地形不规则;地面条件不允许建多个井场;地面环境敏感。

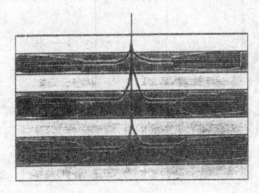

图4.5　多层系油气藏

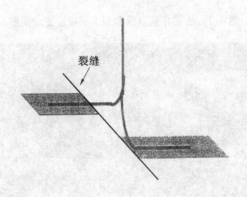

图4.6　断层多层系

4.1.6　分支井钻井作业技术

分支井钻井作业技术集中了定向井和侧钻井的技术。目前,我国的分支井一般结构都很简单,技术含量不高,均采取裸眼完井。在此不做详细叙述。

4.2 丛 式 井

4.2.1 丛式井的基本概念和特点

丛式井是指一组定向井(水平井),它们的井口是集中在一个范围内,如海上钻井平台、沙漠中钻井平台、人工岛等,主要解决钻井受地面条件限制的问题。丛式井的垂直投影和水平投影示意如图4.7所示。丛式井组井口示意如图4.8所示。

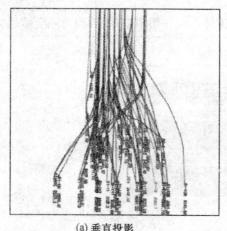
(a)垂直投影

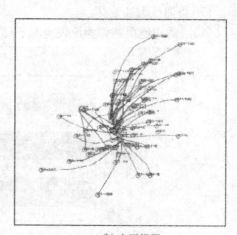
(b)水平投影

图4.7 丛式井垂直投影和水平投影图示意图

图4.8 丛式井组井口示意图

4.2.2 丛式井的应用

丛式井由于它与钻单个定向井相比较,大大减少钻井成本,并能满足油田的整体开发要求,因此得到广泛应用。丛式井广泛应用于海上油田开发、沙漠中油田开发等。

4.2.3 丛式井的作业特点

丛式井的作业具有整体性和长期性,无论是在钻井技术上还是在管理上,丛式井作业的特点与单一定向井不同。丛式井作业的特点如下：

1.作业难度大

（1）丛式井中的每一个定向井都必须完全达到设计标准，因为任何一口井都是油田整个井网的一部分，牵涉油田的整体开发。

（2）作业中期由于地质要求的变化，会导致后续钻井的难度增加。例如，绥中36-1B平台丛式井作业中，由于地质要求的变化，需要修改设计，而此时已完成数口井的作业，这就给以后的作业带来很多不便。这些困难包括：磁干扰情况更严重；给井口分配带来不便；有防碰问题的井例增多等。

（3）由于钻井事故，要恢复钻进比处理单个定向井复杂，这个道理是很简单的，因为每口井周围都有其他已完成的井或设计要钻的井，并且每一口井允许的轨迹变化范围是有限的，所以恢复钻井的选择余地较少，如 SZ36-1A$_1$ 平台作业中，A9 井、A10 井、A17 井于井深 500 m 处发生严重漏失，曾堵漏多次未获成功，不得已只能采用套管开窗侧钻的方法。

2.程序化作业方式

由于丛井作业是在一个地区或一个构造上进行，因此许多作业可以考虑以程序方式进行，如表层作业和 BHA 选择等。

（1）集中打表层，采用程序化作业方式省时省钱，便于累计作业经验和优化程序，进一步提高钻井作业水平和钻井时效。渤海的 SZ36-1A、SZ36-1B 两个丛式井平台都采用这种作业方式。实践证明，经济效益很明显。

（2）如有可能，钻具组合的选择做到随用随取。是否采用这种方式或是部分钻具组合随用随取，这取决于地质构造的特点以及单井建井周期。如某实验区丛式井作业平均不到 10 d 完成一口井，并且各井地质情况相似，因此将马达造斜、转盘增斜、稳斜及通井四套钻具组合立于钻台，根据作业需要，随用随取。该方法的使用，可节省钻井时间，降低劳动强度，作业按程序化进行，提高钻井时效，也能减少井下时效事故及复杂情况发生的可能性。

3.严格执行丛式井钻井工程质量标准

只有严格执行丛式井工程质量标准，才能保证油田开发的整体要求，并使丛式井的钻井做到高速度和高效率。

4.在管理上成立丛式井项目组

由于丛式井作业难度大，整个井网作业时间较长，为了加强责任心，提高作业效率，充分利用作业人员已摸索到的经验，应成立专门丛式井项目组。项目组人员应该包括主要的各专业工程师。这样可以使作业人员相对稳定，避免由于人员大换班造成的重新摸索经验的弊端。

4.3 深井、超深井

4.3.1 深井、超深井的基本概念和特点

1. 基本概念

(1)深井。深井是指井深在 4 500 ~ 6 000 m 的直井。

(2)超深井。超深井是指井深在 6 000 ~ 9 000 m 的直井。

(3)特超深井。特超深井是指井深超过 9 000 m 的直井。

在西部地区,多数油藏深度大多在 4 500 ~ 7 000 m。

2. 特点

(1)裸眼井段长,要钻多套地层压力系统。

(2)井壁稳定性条件复杂。

(3)井温梯度和压力梯度高。

(4)深部地层岩石可钻性差。

(5)钻机负荷大。

深井、超深井钻井是一项复杂的系统工程,在经济和技术上有很大的风险性。

4.3.2 深井、超深井钻井技术发展概况

深井、超深井钻井技术开始于 20 世纪 30 年代末,80 年代以来有很大的发展,完井井深以超过 10 000 m。在世界上深井、超深井钻井技术领先的国家有美国、俄罗斯、德国、法国和意大利等。

美国于 1938 年钻成世界上第一口 4 573 m 的深井,1949 年钻成 6 255 m 的超深井。1984 年苏联创造了 12 400 m 的世界超深井的记录。德国于 1994 年钻成一口 9 107 m 的超深井。迄今为止,世界上已钻成 8 000 m 以上的超深井 11 口,其中美国 6 口,苏联 2 口,挪威 1 口,奥地利 1 口,德国 1 口。

我国深井、超深井钻井技术起步较晚,始于 20 世纪 60 年代末。1966 年 7 月 28 日大庆油田完成一口 4 719 m 的深井,揭开了我国深井、超深井技术发展的序幕。我国深井、超深井钻井技术的发展大体分三个阶段:

第一阶段:1966 ~ 1975 年。继大庆油田完成我国第一口深井之后又陆续在大港、胜利和江汉油田打成了四口超过 5 000 m 的深井,初步积累了钻深井的经验。

第二阶段:1976 ~ 1985 年。1976 年 4 月 30 日,我国在四川地区完成了第一口 6 011 m 的超深井。从 1976 ~ 1985 年,完成了 100 多口深井,10 口超深井。其中四川的关基井井深 7 175 m,是目前我国最深的井;新疆的固 2 井井深 7 002 m。

第三阶段:1986 年至今。自 20 世纪 80 年代末以来,我国的深井、超深井进入大规模的应用阶段,1986 ~ 1997 年,我国共完成深井、超深井 688 口,其中超深井 34 口。

4.3.3 发展深井、超深井钻井技术的意义

深井、超深井钻井技术是为勘探和开发地层深处的油气资源而发展起来的。从我国

的情况来看,陆上石油资源储量为 $694×10^8$ t,目前探明 $172.8×10^8$ t,探明率为 25% ;陆上天然气资源量为 $30×10^{12}$ m^3,目前探明 $1.2×10^{12}$ m^3,探明率仅为 4% 。西部地区(包括塔里木、准噶尔、土哈和柴达木四个盆地)的石油资源占全国总资源量的 38% ,探明率仅为 9% ,是我国石油产量的主要接替地区。西部地区的石油资源量的 73% 埋藏在深部地层,所以要靠深井和超深井进行勘探开发。

东部地区是我国石油的主力产区,浅层和中深层的勘探程度较高,深层较低,如渤海盆地石油资源的探明率为 38% ,且探明的主要在浅层和中深层,深部地层尚有 $531×10^8$ t的石油储量可供勘探。

中部地区是天然气的集中区,但探明率极低,有 52% 的天然气资源量在深部地层,所以中部地区超深井的钻井工作量将大幅度增加。深井、超深井钻井技术在我国有广阔的前景。

4.3.4　深井、超深井钻井设备

先进的钻井设备是钻成深井、超深井的关键之一。

1. 钻机

国外的深井、超深井钻机分为 6 000 m、7 000 m、8 000 m、9 000 m、10 000 m 和 15 000 m,钻机装备先进精良。国外超深井钻机的特点是采用可控硅直流电机驱动,可使钻机在较大范围内调速,省去了庞大昂贵的变速装置及传动装置,传动控制方便,提高传动总效率(机械传动效率约为 75% ,电驱传动效率约为 86%);动力机组与钻井设备可相互远离,布置安装方便,占地面积小,可避免噪声。为安全、快速、高效地钻成深井、超深井,国外主要研制大型化、自动钻井设备。号称世界第一台输出功率为 500 hp(1 hp=735.499 W)的绞车由大陆-爱姆斯科公司研制,有四台高扭矩直流电机驱动。钻井泵的输入功率可达 2 500 hp。

由于勘探和开发的环境条件和地质构造越来越恶劣,自动化钻机将具有很高的适应性、经济性、可靠性和先进性。目前,美国和英国等国家已研制成功了 6 100 m 的深井钻机,据预测,到 2010 年,自动化钻机的用量将大量增加。自动化钻机将引入智能技术,使之成为智能化钻机。智能钻机成本高,但钻井效率高,经济效益高,是今后发展的方向。

智能钻机主要用于危险性大或边远地区,在钻机上无人操作,通过卫星遥控钻井。这种遥控智能钻机将会有一定的发展,并取得很好的经济效益和社会效益。

连续管钻机采用一条很长的柔性金属软管,起下钻时连续地将软管缠绕在一个直径很大的滚筒上,中间不可用拆卸钻杆,可节省起下钻时间 60% ~ 70% 。连续管钻机重量轻,占地面积小。连续管钻机钻深可达 15 240 m。目前,世界上有 500 多台连续管钻机。

沙漠钻机也是我国的发展方向。经卫星探测,沙漠下蕴藏丰富的油气,因此今后石油工业的主攻方向将是沙漠。我国把油气勘探的重点移向塔克拉玛干大沙漠(塔里木盆地)。美国、加拿大也在研制沙漠钻机。

目前研制的沙漠钻机按钻机移动方式或结构分有单拖车结构沙漠钻机、撬装结构沙漠钻机及集装化结构沙漠钻机。

在沙漠钻井需要考虑沙问题,上述几种钻井都采用了两道防沙结构,即大型防沙棚作为第一道屏障,对钻机起防沙遮阴作用;第二道防沙结构是钻机的所有设备的防沙过滤装

置。近几年又研发了新型一次防沙全封闭式调钻机,这种全封闭式结构风沙无法直接侵入,并且内部的大型空调系统可使钻机周围保持适宜的温度,与外界环境隔开。目前,世界上仅有 2 台这种全封闭式钻机,它将是沙漠钻机的发展方向。

2. 其他钻井设备

(1)配备大功率的三缸柱塞式钻井泵。压力高,排量大。

(2)配备大通径的转盘。8 000 m 以上的钻机转盘通径为 49.5 in。

(3)钻杆。由耐高温(150 ℃以上)、耐腐蚀(H_2S)、高强度合金钢组成。

(4)井控装置。美国研制了 176 MPa 的防 H_2S 的常规防喷器和旋转防喷器。

(5)井口装置。美国研制了用耐高温(216 ℃以上)、耐高压(工作压力达 211 MPa)、耐腐蚀(H_2S)的采油树。

(6)钻头。钻头在深井钻井中占有极重要的地位,钻头的好坏对提高钻井速度、缩短钻井周期有直接影响。美国和一些先进国家不断研制新型高效钻头,用于深井钻井。常用的钻头种类如下:

①常规 PDC 钻头适用于软-中硬的均质的地层。

②TSP(热稳聚金刚石)钻头可钻中等研磨性砂岩、硬砂岩夹层、碳酸盐岩等硬地层,且抗冲击能力强和耐高温。

③PDC+金刚石孕镶块混合钻头适用于含坚硬夹层或研磨性强的地层。

④PDC+TSP 混合齿钻头可钻中硬、硬和含硬夹层的地层,如粉砂岩、石灰岩和白云岩等。

⑤大切削齿 PDC 钻头总切削面积比普通 PDC 齿大 35% 左右,切下来的岩屑量多 3 倍左右。

⑥金刚石强化镶齿牙轮钻头适用于硬地层和研磨地层。

4.3.5 影响深井、超深井钻井速度及效益的主要原因

1. 地质的不确定性

钻井需要根据全井各地层的特点来采取相应的对策及措施,地质的不确定性必然影响钻井方案的制订,甚至出现打无准备之仗的情况。深探井中地质的不确定性主要有以下三个方面:

(1)底层压力的不确定性。

(2)底层状态和岩性的不确定性。

(3)底层分层的深度和完井深度的不确定性。

2. 钻井装备技术性差、不配套

钻井装备技术性差、不配套主要体现在以下几个方面:

(1)钻井陈旧。

(2)动力设备功率小。

(3)泵功率小,大多配备 1 300 钻井泵。

(4)没有顶部驱动装备。

在有些深井中,设备超负荷运转、动力明显不足、设备老化、配件奇缺也给施工带来很多困难。

3.钻井工具不适应深井、超深井钻井要求

钻井工具主要包括专用管材、井下工具、仪器、井口装置等。如德国 KTB 超深井项目,研制成功垂直钻井系统,在底层倾角 60° 的条件下,钻到井深 6 700 m,井斜小于 1°,水平位移仅为 4 m。先进的井下工具,解决了某些问题。

4.钻井管理和队伍素质不完全适应高标准施工要求

深井、超深井钻井技术难度大、风险高、费用高,是一项多系统写作配合的系统工程,需要有先进的管理办法和一致高素质、经验丰富的施工队伍。

5.钻井工艺技术方面存在的问题

(1)井身结构设计不合理。由于地质状况不明或地质预告不准等原因导致井身结构设计不合理,造成钻井事故和复杂情况而影响施工速度。现在大多数井身结构设计为 $13\frac{3}{8}$in-9$\frac{5}{8}$in-5$\frac{1}{2}$in 套管程序,对安全钻井余地小,灵活性不大。

(2)底层压力和地应力预测监测的精度问题。

(3)井眼放斜打直问题。如塔里木参 1 井,因井斜过大,填井处理耗时 3 个多月。

(4)提高上部大井眼和深部井段钻井速度问题。

4.3.6　提高深井、超深井机械转速的措施

1.运用井下动力钻具

井下动力钻具+PDC 钻头已成为提高机械钻速的一项重要措施。动力钻具钻井的优点如下:

(1)有利于提高机械钻速和减少钻头事故。由于钻头没有活动部件,因此可有效地防止钻头事故;在软-中硬地层中,比钻盘井钻速可提高 50% ~70%,甚至可提高 1 ~2 倍。

(2)有利于减少钻井事故。使用动力钻具钻柱不旋转,减少钻具和套管的磨损,延长钻杆寿命 2 ~10 倍。

(3)可有效地控制井斜。

(4)有利于实现中筒取心。

2.使用顶部驱动系统

顶部驱动系统用接力根代替了接单根,使接钻柱的时间减少 2/3,可进行倒划眼,起下钻时可不间断地旋转钻杆和循环钻井液。

3.使用欠平衡压力钻井

在欠平衡压力钻井过程中,地层流体受负压差的作用,有利于携带岩屑,避免压差卡钻,从而提高钻速。

4.使用井下液体增压器

井下液体增压器是于 1993 年由美国的 FlowDrill 公司和天然气研究联合研制的。它实质上是一种往复增压器型超高压泵。增压器安装在钻头上方,其尺寸与普通钻铤的尺寸相近。使用时钻井液以常规的流量和比常规泵压高 10 ~14 MPa 的压力泵入钻柱,流向增压器。增压器把 7% ~15% 的流体增压到 207 MPa 以上,然后把这部分流体通过钻头内的单独流道输出到钻头的一个加长喷嘴,射向井底,从而辅助钻井。实践证明,该系统

可提高钻速 1.5~2 倍。

5. 用水射流钻井装置

如图 4.9 所示,水射流钻井装置是完全靠水射流冲击破碎岩石的。它可用于多种类型井眼(如直井、斜井和水平井),还可用于取心,对固结和非固结地层都可大大提高钻速。水射流钻井容易控制井眼方向,减少井眼偏移。

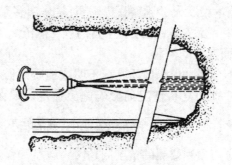

图 4.9　水射流钻井装置

4.4　小井眼钻井

4.4.1　小井眼的概念和特点

1. 概念

对于小井眼的提法有各种各样,不尽相同,到目前为止没有统一的定义。现将小井眼与井身结构比较(图 4.10),帮助理解小井眼概念。

(1)美国 Amoco 公司 90% 以上的井眼用小于 6 in 的钻头钻成。

(2)法国 Elf 公司完钻井眼小于常规完钻井眼(8 in)的井统称为小井眼。

(3)凡是大于 2 in(ϕ60.23 mm)油管不能作为内管柱的井称小井眼。

(4)全井 90% 的井眼直径是用小于 7 in(ϕ177.8 mm)钻头钻的井称为小井眼。

(5)还有的认为环空间隙小于 1 in 的井眼为小井眼。

目前,比较普遍的定义是:90% 的井眼直径小于 7 in 或 70% 的井眼直径小于 6 in 的井称为小井眼井。

2. 特点

(1)小井眼钻井的初期投资较小,包括使用较小的钻机、较小的井场、较细的管材、较少的钻井液、水泥等。

(2)小油藏使用小井眼钻井技术可以较经济地采油。

(3)对于有疑问的产层可以经济测试。

(4)小井眼的修井成本较低。

(5)小井眼的整体开发较低。

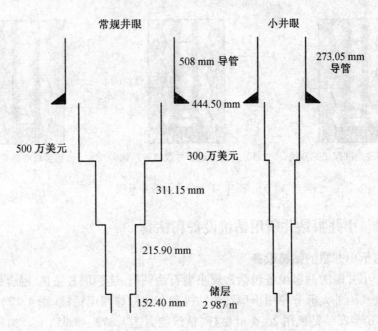

图 4.10　常规井眼与小井眼井身结构比较

4.4.2　小井眼钻井的技术难题

(1)钻柱下部的减震。由于钻柱直径小,旋转时钻柱扭矩产生的上、下振动会加快钻柱和钻头的损坏。为了减小振动,在钻柱下部结构上增加一个液压减震器,缓解钻头的振动。

(2)快速钻进是小井眼降低成本的关键。应选用能在高转数(600～800 r/min)下热稳定性好的金刚石钻头。可在研磨性高的地层用 PDC 钻头。取心宜采用金刚石取芯钻头。

(3)小井眼的环空间隙小于 2.54 cm,循环系统泵压消耗的90%发生在钻柱与井壁的摩擦损失上。为此,要选择循环系统泵压消耗小的钻井液,这种钻井液具有好的润滑性,能在温度较大的范围内保持性能稳定的良好的剪切稀释特性。

(4)由于环空间隙小,环空钻井液量小,起钻抽吸容易发生溢流,因此下钻容易发生压漏。常规发生井涌后给司钻处理的时间有 30 min,而小井眼只有 1～2 min,比常规井做出决断处理的时间短,仅观察井液池面不能及时反映井内已被气侵的实际情况,所以,必须有能快速反应气侵的仪器和设备来代替钻井液池体积测量仪。在井口出口处流量计能解决这个问题。

目前,小井眼钻井系统有以下三种基本形式,如图 4.11 所示。

(a) 旋转钻进小井眼钻井系统

(b) 井下马达小井眼钻井系统

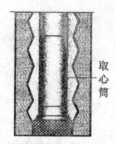
(c) 连续取心钻井系统

图 4.11　小井眼钻井系统

4.4.3　小井眼钻井所用钻机设备和钻具

1. 适用于小井眼的钻机设备

适用于小井眼的钻机设备包括常规小型石油钻机、连续取芯钻机、混合钻机及连续软管作业装置。国外大部分使用小型石油钻机和车装钻修两用钻机(图 4.12)。例如,美国生产的 65-B 型车装钻机用 2~4 in 钻杆,钻深能力达 1 372~3 658 m。为满足小井眼钻井的要求,国外一些公司专门研制了多种型号的小钻眼钻机,如瑞典 Microdrill 公司研制的小井眼钻机钻深能力介于 800~1 700 m,钻机总高 10.91 m(相同钻深能力的常规钻机总高为 40 m),外形尺寸为 9.50 m×10.91 m。

井场占地是常规钻机占地面积的 1/4,如图 4.13 所示。

图 4.12　小井眼钻机图

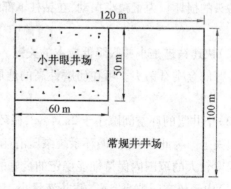
图 4.13　小井眼井场与常规井井场比较图

2. 适用于小井眼钻井钻具

1)钻头

(1)三牙轮钻头。国外采用改进的钨合金镶齿(TCI)钻头来提高其转速、轴承寿命和进尺。

(2)YA 系列单牙轮钻头。单牙轮钻头是牙轮钻头中的一类。在小直径井眼钻井中,由于小直径单牙轮钻头与常用的三牙轮钻头相比具有钻速高、可靠性强、寿命长等优点,在能大幅度降低钻井费用的小井眼钻井中受到欢迎。YA 系列单牙轮钻头的主要结构特点如下:

①采用牙轮和钻头体两级保径。

②牙轮的布齿采用交错布齿,在牙轮形状、齿排数、齿数、露高等方面都进行了优化。

③水力系统采用主、副两水眼式结构,使用射流和扩散清洗两种类型的喷嘴,对喷嘴组合进行了优化。

④钻头轴承大、小轴密封采用先进的高饱和丁橡胶圈,优化的密封压缩量和特殊的保护结构设计,确保了轴承密封的高可靠性。

⑤牙掌轴承表面堆焊硬金属层,牙轮内孔镶焊减磨合金,提高了轴承的工作能力。

⑥采用钢球锁紧牙轮,可适应高转速。

金刚石钻头使用时间长、进尺多、机械钻速高,不易出现事故,尤其在小井眼钻进中,已经逐渐取代了牙轮钻头。

(3)混合型 PDC/TSB 钻头。美国 Maurer 公司研制的混合型 PDC/TSB 高效钻头,PDC 切削齿至于齿前排上,以高速度钻软地层,而 TSB 切削齿的后排,用于钻那些通常会损坏 PDC 切削齿的硬地层。该钻头在特定的大功率马达带动下能有效破岩。

(4)小井眼连续取心钻头。在连续取心作业中,1 000 ~ 3 000 m 的井,59% 使用金刚石取心钻头,目前,国外 1 000 m 以上的井眼井段多用连续取心钻头。国外还研制了能提高取心质量的双体钻头,这种钻头可通过绳索打捞器,改变钻头塞,从而改变钻头性能,使钻头可进行全面钻进或取心钻进。

2)小井眼井下马达系统

(1)大功率小井眼井下马达。

目前,国外已有高、中、低三种转速(500 ~ 1 000 r/min)和多种直径(38.1 ~ 171.5 mm)的小井眼井下马达,其抗温性能已经超过了 200 ℃,美国 Maurer 公司研制的大功率小井眼井下马达输出功率和转速是常规钻井液马达的 2 倍,所研制的 $3\frac{3}{8}$ in 小井眼钻井液马达,输出功率为 73 hp,而常规钻井液马达的输出功率为 28 hp。使用这种大功率钻井液马达时,只要钻机配备的钻井泵能够输出该钻井液马达所需的高循环压力,配合 PDC/TSB 高效钻头,能提高钻速 2 倍,如图 4.14 所示。

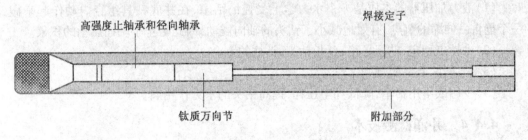

图 4.14　大功率小井眼井下马达

(2)井下导向马达。

Anadrill 公司和 Shell U. K. 研究开发机构共同开发了一套仪表化的井下导向马达,以提高地质导向的效果。该工具是在动力端和轴承外壳之间插入一个带近钻头传感器短节的常规螺杆导向钻具。这个短节包括近钻头传感器、电路、动力源和电磁遥测系统。该马达将钻井和地层评价测量相结合,可进行井斜、马达转速、温度、伽马射线和两个电阻率测量。

3）减少钻柱震动和疲劳破坏的工具

与其主要配套工具有抗偏转的 PDC 钻头、柔性转盘或顶驱钻机减小扭转震动、钻井液马达和液力加压器，耐疲劳新型钻杆接头。

在采用井下马达钻井系统代替转盘钻井系统钻小井眼时，为降低钻柱的纵向震动和减少井下钻具组合中所需的钻铤数量，以及提高水力作用，精准控制钻压，近年来开发出了液力加压器。图 4.15 为单级和双级液力加压器示意图。液力加压器是接在 MWD 工具之上，以使 MWD 工具的传感器紧靠钻头外，液力加压器应尽可能靠近钻头安装。液力加压器类似一个活塞，当钻井液循环通过该工具时，它可以保持一个加压器，是钻压的主要来源。其原理如图 4.16 所示。

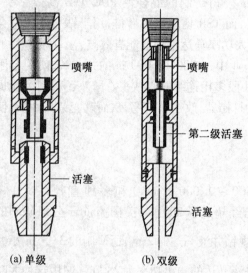

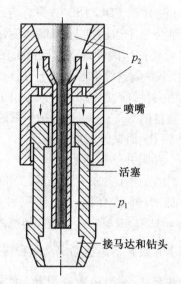

图 4.15 单级和双级液力加压器示意图

图 4.16 液力加压器工作原理示意图

液力加压器具有以下优点：

（1）液力加压器的本质是一个水力学上受控的活塞，在井底钻具组合内动作起来做一个能自由伸缩的节点，有效地减小了钻头的轴向震动，因此阻止了轴向震动的积累。

（2）中性点稳定，钻压平稳，延长钻头，钻柱的寿命。

（3）钻速快，且井眼规则。

（4）少用或不用钻铤，降低环空压耗，提高钻头的水力作用。

4.4.4 井涌检测技术

常规钻井主要通过监测泥浆池液面的增量来控制监测井涌。这种监测方法的灵敏度主要取决于液面高度仪和操作人员的警觉性。这种方法一般要等到泥浆池的增量达到 1 m³ 以上才能监测到井涌，显然小井眼钻井部能单纯依靠池增量来监测井涌，必须应用新的方法来提高监测精度和灵敏度。国外已发展了一些小井眼井涌检测方法。

1. Amoco 公司井涌检测法

在钻井液吸入管和返出管线上安装电磁流量计，实时记录入口，出口流量，并打印相关数据。从曲线的变化及时发现井涌或井漏，也可通过计算机实时判断并警报，这种方法的灵敏度高。

2. Anadrill 公司的井涌检测方法

该公司研究了以下两种井涌检测法：

(1)钻井液流量的波测量方法。

(2)钻井液泵压力波的往返传播时间。

由于波在气体中的传播速度比在钻井液中慢,传播时间急剧增加就说明发生了气涌。

3. 小井眼井涌早期检测系统

BP 公司研制了一种小井眼井涌早期检测系统。该系统实时采集钻井液流出量和立管压力,并用井筒动态模型预测钻井液流出量和立管压力,将实测值与预测值进行对比,根据两者之间的偏差及时判断是否发生了井涌、井漏或钻具刺漏异常情况。据 BP 公司称,系统模型考虑了钻柱旋转的影响,能够检测到 1 桶(159 L)的溢流量。该系统在小井眼钻井作业中成功地获得了应用。

为了安全地钻小井眼,美国的 Amoco 公司还专门研制了小井眼井控专家系统。该系统可实时采集和处理钻井数据,及时检测井涌,并可以执行井控措施。

4.4.5　小井眼压井方法——动态压井法

由于小井眼具有环空体积小、井涌来得快的特点,一般不能采用常规压井方法。小井眼环空压耗很大,动态压井是一种有效的小井眼压井法。

1. 动态压井法(动平衡压井)

动态压井是利用循环钻井液时产生的压力消耗来控制地层压力。例如,在某小井眼中,以 3.15 L/s 的排量循环钻井液时,当量循环密度(ECD)为 1.15 g/cm³;当排量增加到 6.3 L/s 时,井底的当量循环密度增值至 1.45 g/cm³。通过改变排量、钻柱旋转速度和钻井液性能,就可控制小井眼井涌,而不需要加重钻井液。

2. 动态压井的实施

(1)钻井过程实测环空压耗的大小。改变泵排量,在各种排量下室测环空压耗,并记录下来,以备动态压井时使用。

(2)若检测到井涌,立即增大排量,从而增大钻井液柱对地层的压力,最大排量取决于地面管汇的额定压力、地面泵的能力和裸眼井段的地层破裂压力。

(3)将钻柱稍稍提起,关闭环行防喷器,使钻井液通过节流管线流出。在钻进过程中发生井涌,也可不停钻,通过增大排量和钻柱的旋转速度来控制井涌。

3. 动态压井的优越性

动态压井法优于常规压井的等待加重法和司钻法,其优越性如下：

(1)不用加重钻井液。

(2)可以尽快地实施。

(3)可最大限度地减小套管鞋处的压力。

对裸眼井段而言,动态压井比常规压井对井壁产生的压力小。动平衡压井时,钻井液系统的欠平衡压力是均匀地作用在整个井壁上的,井壁上任意深度处所受的压力等于该深度以上钻井液静液柱的压力与环空压降之和。常规压井是利用节流产生的套压来增大井底压力的,任意深度处所受的压力等于该深度以上钻井液柱的动压力与井口套压之和。

4. 注意的问题

（1）采用动态压井法还是常规压井法，取决于地层压力预测值和可获得的环空压耗。环空压耗的大小取决于设备能力、井径、井深、钻井液性能及钻柱直径。

（2）动态压井有利有弊，涌环空压耗控制井底压力容易压漏地层，从而进一步加重井控问题，所以选择和实施动态压井要谨慎行事。

4.5 欠平衡钻井

4.5.1 基本知识

1. 欠平衡钻井的状况及发展趋势

欠平衡钻井技术，以空气钻井为先锋，开始于20世纪50年代，主要采用空气压缩机向油井内注入空气和水的混合物。尽管最初的概念是肤浅和简单的，但由于其明显的优势（机械钻速较常规提高100% ~500%）而迅速发展起来，随后在配套技术上形成了气基流体低压钻井系列（空气钻井、雾化钻井、泡沫钻井、充气钻井等），以美国为始创，进而发展到全世界，不过出于安全的考虑，当时该项技术一般不用于打开储层。

在20世纪70~80年代，美国、欧洲、中东、苏联以及我国的四川油田经过一段时间的孕育和研究开始应用该技术打开储层增产，但鉴于当时的勘探开发形势，人们的注意力集中在高压、高渗、高产油气田，对低压、低渗、低产油气田认识不足，因此该项技术并未受到特别关注。

到了20世纪90年代，由于世界范围内油气勘探开发从整装大油田、高压和常规压力、中高渗均质砂岩等良好勘探开发条件，转移到了复杂中小油田、断块油田、薄油层、低压低渗低产能油田、老油田挖潜、复杂储层、非常规油气等恶劣的勘探开发条件，这种形势迫使勘探开发必须要有新的思路和方法，同时由于非封固完井的水平井数量增多，强化了对防止损害的关注，因此，欠平衡钻井技术成为继水平井技术之后的另一大发展方向，加上不断完善的配套设备和技术：井口旋转控制系统、高压注气系统、地面分离系统、监测仪表系统、支持软件系统，使得欠平衡技术在美国、加拿大、欧洲被广泛采用，从而在世界范围内形成一股欠平衡钻井热潮，并以充气液和低密度钻井液的欠平衡水平井为主要形式，尤其以美国和加拿大两国最为突出。

根据美国 Maurer Engineering 公司和美国能源部对17家油公司和7家服务公司的普查结果，美国1994年、1995年、1996年、1997年、2002年欠平衡钻井数分别占美国国内年钻井总数的7.5%、10%、10%、15%、20% ~30%，据统计，美国1995年欠平衡钻井口数约2 100口，1996年约2 500口，1997年约4 000口，1998年约4 100口。加拿大1995年欠平衡井数约330口，1996年约425口，1997年约525口，1998年约1 500口。日前，加拿大已经开展了500多口充气欠平衡钻井，其中大多数采用注氮气方式完成。美国欠平衡钻井技术主要用于德克萨斯州和路易斯安那州的奥斯汀白垩岩层的油气开发及美国的煤层气开发中。而加拿大主要用于加拿大西部碳酸盐岩层、灰岩层及裂缝性岩层的油气开发。美国和加拿大两国欠平衡钻井技术之所以发展这么快，除装备及测试技术能达到欠平衡要求外，关键是欠平衡钻井为它们带来了巨大的经济效益。例如，美国德克萨斯州西南有一个开采 20 年的老气田,储层压力系数降到 0.272,采用稳定泡沫欠平衡钻开储层,泡沫流体减轻了地层损害,裸眼完井即获得了 70 800 m³/d 的产量。在加拿大的 Rigel Halfway Pool 油田,产层是三叠系 Halfway 砂岩,平均渗透率为 0.1×10^{-3} μm²,孔隙度为 15% ~20%,采用天然气做钻井介质进行欠平衡钻进,正式投产试产量为邻井的 10 倍,表皮系数为零。

我国欠平衡钻井技术早在 20 世纪 60 年代已在四川油田磨溪构造的大安寨、凉高山地层进行过试验,当时只是用清水钻进,进行"边喷边钻"。进入 90 年代以来,我国欠平衡技术也在加速发展,尤其是塔里木油田解放 128 井、轮古系列井欠平衡钻井的成功,将我国欠平衡钻井推向了一个新的阶段。欠平衡钻井在我国各油田逐渐受到重视,为了实现欠平衡钻井,各油田都在引进顶驱钻机及井口装置。据 2003 年 4 月统计,我国各海上、陆地油田已引进各种类型旋转防喷器近 40 套,包括克拉玛依、四川、长庆、玉门、塔里木、吐哈、中原、胜利、大港、辽河、大庆等油田共进行了 107 口欠平衡钻井试验。最为成功的是大港油田,在千米桥古潜山应用欠平衡钻井,发现了一个亿吨级的油田,取得非常好的效益,典型井为板深 7 井、板深 8 井。大庆油田在松辽盆地北部徐家围子断陷带采用控流法进行了 6 口欠平衡深层气直探井试验,取得了较好的勘探效果,其中卫深 5 井钻进中途测试日产气 18.3×10^4 m³,增产后日产天然气 105×10^4 m³,取得了松辽盆地深层气勘探的历史突破。

目前,国内各油田都把欠平衡钻井作为钻井技术的重要发展方向之一,正在积极从装备和技术上做准备工作,争取用欠平衡钻井技术取得好的勘探开发效果。欠平衡装置的国产化正在开展,四川油田的小级别旋转头和不压井起下钻装置已经配套成型。另外,国际钻井招标也越来越多地要求采用欠平衡钻井技术,也将促使我国欠平衡钻井技术的发展。

在未来钻井技术发展中,欠平衡钻井技术将同水平井、分支井、连续管钻井一样,成为一种趋势,而它们之间的结合应用是经济有效开发新老油藏的发展方向。欠平衡技术加水平井、导向钻井,用于提高勘探成功率;欠平衡技术加水平井、分支井、超常水平井,用于提高开发效益;欠平衡技术与连续软管钻机、老井加深、老井侧钻、小井眼钻井技术,用于老油气田改造挖潜;欠平衡技术加超常水平井、分支水平井,用于低渗、强水敏油气田增产改造,部分代替水力压裂。钻井技术和井控技术的进步已经使欠平衡钻井技术成为开采油气的一种既安全又经济的手段,尤其是针对油气田开发后期的低压低渗油藏。

2. 欠平衡钻井的基本概念

国内外关于欠平衡钻井的定义有很多说法,但最终都是反映井筒内压力与地层孔隙压力之间的关系,其中:

(1)美国石油协会在"钻井用防喷装备"——RP53 草案第十三章定义为:欠平衡压力钻井是在钻井过程中允许地层流体进入井内,循环出井,并在地面加以控制的钻井技术(Under Balanced Drilling,UBD)。

(2)加拿大能源储备部定义为:钻井过程中钻井液柱压力低于产层压力,若钻井液密度不够低,则在钻井液中充入气体,允许地层流体进入井眼,并可将其循环至地面加以控制的钻井技术。

(3)我国则认为:在钻井过程中钻井液柱压力低于地层压力,使产层的流体有控制地进入井筒并将其循环到地面,这一钻井技术称为欠平衡钻井。

上述几个国家的定义大致相同,根据定义,可以理解为"欠平衡"主要是根据钻井过程而言。只要在具备实施欠平衡层段中用一只钻头穿过,即可顺利实现欠平衡钻井。

笔者认为"钻井液柱压力低于地层压力"这一说法不准确,应该考虑到环空摩阻、井口回压等因素,因而可定义为:在钻井过程中钻井液循环体系井底压力低于地层孔隙压力,使产层的流体有控制地进入井筒并将其循环到地面,这一钻井技术称为欠平衡钻井。

还有一种说法,认为除钻井外,只有在起下钻、测井、完井过程中均实现欠平衡,才能作为具有真正含义的"欠平衡钻井"。根据国内外技术的发展状况,解决上述难题的装置及技术正逐步完善,如欠平衡情况下的起下钻装置、随钻测井等。

3. 欠平衡钻井的类型与应用范围

1)欠平衡钻井的类型

欠平衡钻井分为两种类型,即流钻(Flow Drilling)和人工诱导(Artificial Inducing)的欠平衡钻井。所谓流钻欠平衡钻井,就是用合适密度的钻井液(包括清水、混油钻井液、原油、柴油、添加空心固体材料钻井液等)进行的欠平衡钻井;而人工诱导欠平衡钻井,就是用充气钻井液、泡沫、雾,甚至用气体作循环介质进行的欠平衡钻井。

早期的欠平衡钻井作业因使用充气钻井液而不能使用 MWD 随钻测量系统,但随着钻井工艺的改进,使用了同心管或寄生管注氮方法,使得脉冲信号可以在充满液体的钻柱中向上传输,实现了欠平衡钻井技术和水平井钻井技术的有效结合。

(1)按钻井循环介质的密度分类。一般而言,当地层压力当量密度不小于 1.10 g/cm^3 时,用流钻欠平衡钻井,否则可用人工诱导欠平衡钻井。这两类方法不是绝对的,实际应用时应根据具体情况进行选择。例如当井较深、环空截面积很小,即便地层压力当量密度为 1.10 g/cm^3,由于循环钻井液时产生的循环压耗很大,也可能要用人工诱导法才能实现欠平衡;若用原油(或油包水、水包油)作为循环介质,当井浅时,即使地层压力当量密度低于 1.00 g/cm^3,也能实现流钻欠平衡钻井。

在美国奥斯汀,曾用密度高达 1.80 g/cm^3 的钻井液欠平衡钻开地层压力当量密度 2.04 g/cm^3 的储层。我国青海油田开 2 井欠平衡钻井液密度达到 1.50 g/cm^3 以上。

在有些探区,也有用欠平衡钻井的设备和工艺来解决部分井漏或又溢又漏的复杂钻井问题,如国内塔里木探区就曾用密度为 2.04 g/cm^3 的钻井液进行欠平衡钻进,以解决又溢又漏的复杂情况;也有用欠平衡钻井的设备和工艺来针对一般较稳定的地层或非主要产层进行抢钻以提高机械钻速,如四川地区就有用清水抢钻的例子。实践证明,只要条件允许,运用得当,这些都是可行的。

(2)按工艺分类。可分为液体、气体、雾化、泡沫、充气欠平衡钻井技术和泥浆帽钻井技术。采用常规钻井液(包括水基、油基以及有固相和无固相钻井液)的欠平衡钻井技术为液体欠平衡钻井技术。欠平衡钻井技术对应的密度如下:

①气体钻井。包括空气、天然气、废气和氮气钻井,密度适用范围为 0~0.02 g/cm^3。

②雾化钻井。密度适用范围为 0.002~0.049 g/cm^3,气体体积为混合物体积的 96%~99.9%。

③泡沫钻井。密度适用范围为 0.04~0.6 g/cm^3,井口加回压时可达到 0.8 g/cm^3 以上,气体体积为混合物体积的 55%~96%。

④充气钻井。包括通过钻杆和井下注气两种方式。井下注气是通过寄生管、同心管在钻进的同时往钻井液中连续注气。密度适用范围为 $0.7 \sim 0.9$ g/cm³ 或更高,气体体积低于混合物体积的 55%。

⑤油包水或水包油钻井液钻井。密度适用范围为 $0.8 \sim 1.0$ g/cm³。

⑥淡水或卤水钻井液钻井。密度适用范围为 $1.0 \sim 1.30$ g/cm³。

⑦常规钻井液钻井。密度适用范围大于 1.10 g/cm³。

⑧泥浆帽钻井。用于钻地层较深的高压裂缝储层或高含硫化氢的气层,是另类欠平衡钻井技术。

(3)按用途分类。IADC(国际钻井承包商协会)欠平衡钻井、完井和修井委员会提出的欠平衡钻井分类为:

0 级——只提高钻井作业速度和保证钻井作业安全,不存在含碳氢化合物的地层。

1 级——井内流体依靠自身的能量不能流到地面,井眼稳定并且从安全角度来说属于低级危险情况。

2 级——井内流体依靠自身的能量可以流到地面,但是利用常规的压井方法可以有效制止,并且在设备严重失效的情况下也只能产生有限的后果。

3 级——地热和非碳氢化合物的开采。最大关井压力低于旋转控制头等作业设备的额定工作压力,设备严重失效会产生直接严重后果。

4 级——油气开采。最大关井压力低于旋转控制头等作业设备的额定压力,设备严重失效会产生直接严重后果。

5 级——最大设计地面压力超过旋转控制头的额定压力,但低于防喷器组的额定工作压力。

2)目前投入使用的欠平衡钻井技术

(1)气相欠平衡钻井。

气相钻井一般采用纯气体作为钻井液,这种气体可能是空气、氮气、天然气或任一混合气体。

①干空气钻井(Dry Air Drilling)。干空气钻井指用干空气作为钻井流体所进行的钻井,简称空气钻井(Air Drilling)。

②氮气钻井(Nitrogen Drilling)。氮气钻井指用氮气作为钻井流体所进行的钻井。

③天然气钻井(Natural Gas Drillillg)。天然气钻井指用天然气作为钻井流体所进行的钻井。

气相钻井的优点是钻速快且单只钻头进尺高,另外,钻成的井具有井斜小、固井质量好、完井容易、产量高等特点。

气相钻井的缺点是存在井壁不稳定因素和携屑困难。采用空气钻井,由于地层产水,对钻具有腐蚀作用;另外,由于空气中存在氧气,容易发生井下燃爆。而氮气和天然气虽然可以克服腐蚀问题,但其存在成本高和现场供应困难等问题。因此选择哪种气体通常考虑实用性、总气量、所需气体的供给速率及化学相溶性。

(2)气液两相欠平衡钻井。

①雾化钻井(Atomization Drillillg)。

当有大量的地层水进入井眼并影响了空气—粉尘钻井时,但是水量还没有高到能引起井眼清洁问题时,应使用雾化钻井。

在雾化钻井过程中,往往要在井口往空气流中注入少量含发泡剂的水,由于空气中含有水雾而形成了一种连续的空气体系。发泡剂降低了井眼中水和钻屑的界面张力,并允许水/钻屑在返出的气流中分散成极细的雾状物。这样就可把水和钻屑从井眼中携带出去,而不会在井眼中形成泥浆环和钻头泥包。发泡剂的加量要通过试凑法来确定。

②泡沫钻井(Foam Drilling)。

泡沫钻井是指钻井时将大量的气体(如空气和氮气)分散在少量含起泡剂(表面活性剂)的液体中作为循环介质的工艺,液体是外相(连续相),气体是内相(非连续相),其产生黏度的机理是气泡间的相互作用。

泡沫钻井按使用结果可分为一次性和可循环两类;按流体性质可分为稳定和不稳定(非弹性泡沫)两类。钻井中常用的泡沫为稳定泡沫,泡沫质量范围一般为53% ~96%。

稳定泡沫是淡水、洗涤剂、化学添加剂、压缩空气(氮、二氧化碳、天然气和空气)的混合物。在稳定泡沫的钻井液体系中,环空上返速度一般低于0.5 m/s,在侵入井眼流体低于1~1.3 m³/min的情况下,稳定泡沫能有效地携带岩屑和侵入井眼流体。

非弹性泡沫是在泡沫体系中加入膨润土和聚合物,使其有稳定井壁的功能,适用于大井眼。

③充气钻井液钻井(Gasified Fluid Drilling)。

充气钻井是指钻井时将一定量的可压缩气体通过充气设备注入液相钻井液中作为循环介质的工艺。常用注入气体主要是空气和氮气,此外还有二氧化碳、天然气、柴油机尾气,但较少使用。

从流体性质看,充气钻井液属于不稳定气液两相流体。按充气方式分为地面注入法(立管注入法)和强化充气法(寄生管注入法、同心管注入法、连续油管注入法等)。

立管(钻杆)注入法:直接通过钻杆将气体注入井下。

寄生管注入法:将一根下端接有注气短节的油管下在套管外面,并在固井时将其封固在环空中。钻进时,钻井液通过钻杆流到井底,同时通过寄生管将气体泵到井下的环空中与钻井液混合,以达到欠平衡钻井条件。

同心管注入法:事先将一根直径小于表层套管的管柱下到表层套管内,钻进时,通过两层套管间的环空将气体注入井下以降低钻井液液柱对地层的压力。

连续油管注入法:通过连续油管将气体注入井下,使之穿过钻头从连续油管与井壁之间的环空返出。

强化充气法主要是解决立管法注入井内的两相流的不稳定、流态变化大、脱气严重,特别是在井深比较大时,往往不能通过加大气量的方法降低钻井液当量密度等问题,从而改善流态,减少段塞流和环雾流。

立管注入法的优点是简单,不影响井身结构设计,能降低整个循环系统的密度。其缺点是不能使用MWD和LWD随钻测量系统;由于排量的限制,井下马达参数优选受限。寄生管注入法和同心管注入法由于成本较高、工艺复杂(专用井口装置)、缩小井眼(同心管法)等缺点,应用很少。

（3）液相欠平衡钻井。

①控流钻井（Flow Drilling）。

控流钻井简称流钻，是用液相钻井液所进行的欠平衡钻井（一般指不使用不压井起下钻装置）。

②泥浆帽钻井（Mudcap Drilling）。

环空、节流阀关闭，环空施加重稠的流体（所谓的泥浆帽），而清稀的钻井液通过钻具进入地层实现边漏边钻的一种钻井方式。

③强行起下钻钻井（Snub Drflling）。

使用不压井起下钻装置进行的欠平衡钻井。

3）欠平衡钻井的必备条件

（1）准备掌握地层压力。

欠平衡钻井必须首先准确掌握所钻地层的三个压力系数（破裂、孔隙、坍塌），只有准确地掌握地层压力系数，特别是地层孔隙压力，才能有效地确定井身结构、钻井液密度、欠压值、所采用的井口装置及钻井施工措施；否则，易使欠平衡钻井达不到预期目的。

（2）所钻井或井段井壁稳定、储层适合于欠平衡钻井。

根据世界上欠平衡钻井所取得的经验认为，实施欠平衡井段以上地层是稳定的，或对不稳定井段下入技术套管加以封隔。同时要掌握欠平衡井段层位的物化性能，判定是否可进行欠平衡钻井。一般认为，欠平衡钻井所选的岩层有火成岩地层，不易破碎的灰岩地层，高渗（$1\,000\times10^{-3}\ \mu m^2$以上）固结良好的结晶砂岩和碳酸盐岩，高渗、胶结较好的砂岩，微裂缝地层（裂缝开度大于 $100\ \mu m$），对水基钻井液敏感的材料含量过高的地层（气钻）等。

（3）配备相应的地面装备。

除具有常规钻井井口井控装置和节流管汇外，井口还应增加一个相应尺寸的单闸板防喷器和旋转防喷器、液动闸阀及液气分离器、油水分离器、真空除气器，燃烧管线及火炬、安全可靠的点火系统，防回火装置、循环系统的各种电器防爆装置、流量计、六方（三方）钻杆和 18°斜坡钻杆（无标识槽）。

当地层压力系数较小时，要实现欠平衡钻井还应另配充气（或雾化、泡沫、氮气）装置。

在条件允许的情况下，应配备强行起下管串设备，以满足低压低渗产层欠平衡钻井作业不压井强行起下管柱的需要。

（4）配备相应的仪器、仪表。

需配备地质录井仪、套压表、立管压力表、环空压力测试仪、CO_2、H_2S、天然气报警仪、天然气流量计等仪器仪表。

（5）制定一套安全操作规程和因地制宜的施工措施。

需制定行之有效的工艺技术措施、应急措施、井控操作规程和 HSE 规定等。

（6）配齐训练有素的技术人员、熟练的操作人员。

在欠平衡井场，要求指令下达果断、准确和及时，人员操作熟练，持证上岗，态度端正，工作细致，组织分工明确，管理严格。

4)欠平衡钻井地层适应性评价

钻井实践表明,油气勘探在开发过程中欠平衡钻井技术的两个主要作用为:①发现和保护油气藏;②非储层段的提速技术。但是,欠平衡钻井技术并非适用于所有的地层条件和油藏类型。在国内,许多油气田公司研究机构和钻井服务商进行欠平衡钻井的候选井位及地层适应性评价时,只针对所钻地层的三个压力剖面(孔隙压力、坍塌压力、破裂压力)进行预测,只要地层压力基本满足欠平衡钻井流体的密度范围和欠平衡钻井地面专用设备的适用范围,就草率施工,往往造成欠平衡钻井层段井壁失稳、大量出水后气基流体无法正常使用、钻井流体对特殊储层的严重伤害(例如强水敏储层),从而无法钻达目标井深。因而,对油气田公司不仅造成严重的经济损失,而且会减缓对欠平衡钻井这项新技术的推广力度。因此,我们必须充分地认识到欠平衡钻井钻前地层适应性评价的重要性。

(1)筛选基础数据。

①储层参数。

首先应该确定地层的渗透率、孔隙度和孔隙喉道尺寸分布资料,以便进行桥堵计算和评价是否漏失的可能性。

通过井下图像和微电阻测井等确定明显的非均质性(孔洞和裂缝)和孔隙的孔径尺寸。

通过岩心分析、井壁取心分析和岩屑分析(X射线衍射、扫描电子显微镜和切片)确定地层中是否存在敏感矿物质(黏土、硬石膏等)。如果存在敏感性矿物(例如蒙脱石、混层黏土、反絮凝高岭石或其他水敏矿物),应小心评价这些矿物与准备采用的钻井液滤液和压井液间的化学反应情况。

确定地层原始的含油饱和度和含水饱和度。在测井评价或常规岩心分析中,如果岩心和井底区域被钻井液冲刷或处理保存岩心不当而使岩心脱水或分析过程中受外来流体冲刷,在分析中会得出错误原始饱和度值。放射性示踪法能提高岩心原始含油饱和度和含水饱和度的精度。

需要用地层的束缚水或束缚水饱和度以及毛细管压力资料来确定地层原始的含油饱和度和含水饱和度是否等于或超过束缚水饱和度。束缚水饱和度最好从毛细管压力或动态饱和度下降试验中得到。

需要适当了解地层的润湿性,以便确定是否可能存在对流自吸和相圈闭效应。了解岩石的润湿性有助于定量确定在过平衡模式下水基钻井液的滤失速度。

应了解多层油藏存在的可能性以及每一油藏的实际压力值。

应确定天然固相的浓度、组分及尺寸分布,这些参数将作为固控设计的参数。

②流体参数。

应使用标准的油、气、水分析技术确定井下油藏流体的组分(油、气、水)。

应通过已知储层流体系统的闪点包络试验确定油藏流体在空气或氧气含量下降时的闪点极限。

使用API的相溶性试验和计算机模拟技术确定钻井液与地层流体接触后产生的乳化、结垢、沉淀的可能性。

(2)适合欠平衡钻井的地层。

①具有潜在井漏或钻井液侵害的油气藏。

晶间渗透率大于 1×10^{-3} μm^2 的地层；

具有大的宏观开放型裂缝的地层(开度大于 100 μm)；

具有大量连通孔洞的非均质碳酸盐地层；

可以导致过平衡压力大于 6.9 MPa 的压力枯竭地层；

裂缝型渗透通道的产层。

②具有岩石一流体敏感性的地层。

相当大的地层损害可能是由于不相容水基滤液与地层黏土或其他活性材料的有害反应引起的。许多地层含有水活性黏土,如蒙脱石或混层活性黏土,这些黏土与非抑制性水基钻井液接触会发生膨胀,并严重影响采收率,而且在某种情况下,会影响近井眼区域固结。有些地层可能还含有悬浮黏土和细颗粒或可运移材料,如高岭石黏土、碎岩屑、焦沥青和无水石膏。这些问题可以通过采用油基或抑制性水基钻井液的欠平衡钻井技术来解决。

③具有液-液敏感性地层。

欠平衡钻井可以防止不相容的钻井液滤液侵入地层,从而消除侵入滤液与地层盐水或原油发生有害反应,其中的一种有害反应是高黏水包油乳化剂钻井液被圈闭在近井眼区域。另外的有害反应包括:由于油基钻井液侵入油气藏原油引起脱沥,从而导致渗透率降低;由于不相容的水基钻井液滤液和地层盐水混合而导致地层胶合和固相沉淀。

④具有潜在自吸能力的地层。

由于有害的相对渗透率效应,近井眼区域的水或烃形成永久性圈闭,从而导致地层产量的降低。利用一种非湿性流体作为欠平衡钻井的基液,并维持欠平衡状态,就可以防止自吸和降低相圈闭的可能性,从而防止钻井液基液进入地层而直接产生驱替和圈闭。

⑤油藏性质高度易变的地层。

在油气藏渗透率、孔隙度和孔喉尺寸的分布上呈现出很大差别的高度层状地层、大量砂岩或碳酸盐地层设计过平衡钻井难度较大,而应用欠平衡钻井实现均匀地开采。

⑥具有活跃的地下水并且对水锥进敏感的地层。

在这样的地层如果采用过平衡钻井,那么钻井液会侵入地层,引起水锥进效应,并且在完井后的试油作业中很容易向水层打开通道,给今后的开采带来麻烦。而对于欠平衡钻井,由于井底压力低于地层孔隙压力并且不需要试油作业,因此可以降低或避免以上问题的发生。

⑦低钻速地层。

对于某些硬地层来说,利用欠平衡钻井可以大幅度提高机械钻速,从而减少钻井时间和相关费用。

(3)不适合欠平衡钻井的地层。

①高压和高渗透率相结合的地层。从地层损害观点看,虽然埋藏较深的高压、高渗透率地层比较适合欠平衡钻井,但在地面可能出现安全和井控问题。

②受压力束缚的地层。具有不同压力的多个产层的油气藏或在给定目的层中存在明显压力变化的油气藏,是不适合欠平衡钻井的。

③常规地层。对于常规地层,如渗透率低于 0.5×10^{-3} μm^2 的均匀晶间地层以及具有较低的岩石-流体和流体-流体敏感性的地层,设计合理的过平衡作业与价格较高、风险

较大的欠平衡作业相比,效果可能更好。

④地层孔隙压力不清或井壁稳定性差,需要足够钻井液密度才能控制井塌的地层。

⑤含大量 H_2S 或 CO_2 气体的产层。

⑥人口密集区、重要设施附近和环境保护特别严格的地区。

4. 欠平衡钻井的技术优势与局限

1)欠平衡钻井的技术优势

欠平衡钻井的技术优势及特点决定着它必将成为继钻水平井技术之后的又一钻井新技术。欠平衡钻井在提高勘探开发水平、降低钻井成本、保护油层等许多方面均有其自身的优势。就目前国内外研究及应用来看,其主要特点如下。

(1)减少对产层的损害、有效保护油气层,从而提高油气井的产量。

常规钻井一般都是过平衡钻井,由于钻井液液柱压力高于地层压力,不可避免地会造成钻井液滤液和有害固相进入产层,从而造成对产层的伤害。在某些情况下,这种伤害将永久地降低油井的产量,需要进行费用昂贵的增产措施和修井作业才能达到地层的经济产量水平。而在欠平衡钻井过程中,驱使钻井液中的固相和液相进入产层的正压差消除了,因此减少了固相与液相侵入产层近井地带造成的地层伤害。尤其在钻水平井井段时,产层长时间被浸泡在钻井液中伤害更大。而欠平衡钻水平井时,消除了正压差下的固相与液相侵入,因此能更好地保护产层。另外,当钻遇储层能量较低的衰竭油气藏时,井筒周围一旦发生伤害,这些伤害是不易消除的,而欠平衡钻井技术则是非常好的储层保护技术。对低渗透水敏或强水敏性储层最大的伤害是吸水和水敏,用欠平衡钻井是勘探开发这类储层的最佳技术,可以采用气基流体(必要时还可以对气体进行脱水、干燥),使钻井循环介质极少失水或不失水,从而无伤害或低伤害钻开储层。

(2)提高机械钻速。

欠平衡钻井可以提高钻速。许多文献指出用空气或低密度钻井液钻井,机械钻速比采用常规水基钻井液的过平衡钻井高。国内多个油气田的欠平衡钻井实践说明,在相同的地层采用空气钻井或泡沫钻井的钻速是钻井液钻井的 4~10 倍,低密度钻井液欠平衡钻井也可提高机械钻速 20%~40%。欠平衡钻井提高机械钻速的机理是:低密度钻井流体降低了井筒的液柱压力,使得井底正在被钻的岩石更容易破碎,也有助于减少"压持作用",使钻头继续切削新岩石而不是重复碾压已破碎的岩屑,从而提高机械钻速。

(3)延长钻头使用寿命。

通常认为,用低密度钻井液钻井,钻头寿命更长。欠平衡钻井时,削弱了过平衡钻井时对井底岩石的压持作用,降低了井底岩石的强度,有利于井底清洗,提高了钻井效率,在钻头达到临界磨损状态钻井进尺会更多。

(4)有效控制漏失。

常规过平衡钻井不可避免地会引起钻井液的漏失,尤其在易漏层段更为严重,会造成进一步的事故和复杂,延长钻井周期,增加钻井成本。而欠平衡由于井筒内钻井液液柱压力低于地层压力,从而可以大大降低井漏发生的概率,对于复杂地质条件下的储层,漏、喷、塌、卡均可能同时发生,欠平衡钻井技术是对付这类储层的有效技术,欠平衡钻井突破了"钻进过程中不允许漏、喷、塌"的常规观念,采用非常规压力、非常规流体,甚至非常规措施解决这类问题,创造了"边喷边钻"。

（5）减少压差卡钻。

常规钻井时，在过平衡压差的驱动下，在井壁上，滤液进入高渗地层，而固相颗粒则形成了滤饼。若钻柱嵌入泥饼，井筒与泥饼内液体的压差作用在如此大的接触面积上，结果钻柱要运动的轴向力可能超过其抗拉强度，造成压差卡钻。而欠平衡钻井时，井壁上没有泥饼和压差力"黏住"钻柱。

（6）改善地层评价。

欠平衡钻井可以改善对产层的评价，甚至可以发现常规钻井时可能被错过的产层。欠平衡钻进时，地层流体从裸眼井段进入井筒。只要所钻地层具有一定的驱动力和渗透性，钻井液的油气含量会增大并随钻井液到达地面。可通过测井工具和钻井记录，就能指示产层的潜在能力。而常规钻井阻止地层流体进入井筒，只有从岩屑、岩心分析、测井或DST中去确定产层。

从欠平衡钻井中用产出的油气体积量来判断产层的产能应当说是可能的。停止循环进行流动测试，如用流量传感器进行流量测试，以及修正的欠平衡随钻恢复试井方法计算储层参数。当用于气或雾化钻井时，则可直接测量返出油气流量，例如，出口火焰的长度就能定性显示产能的大小。流动测试是针对所有裸眼产层产出的总和，不同的产层不能分别测试。另外，减少地层伤害也可提高裸眼测井解释的准确性。

（7）减少增产措施。

常规钻井之后，通常要用增产措施以提高油气井产能。这些措施包括洗井、酸化以消除地层伤害。水力压裂以提高低渗透油藏的产能和在高渗透地层穿透伤害带。减少油层伤害意味着降低增产措施成本。

此外，欠平衡钻井还有利于保护环境以及降低作业成本。自身的优势与世界石油工业形势的需要，决定了欠平衡钻井技术具有强大的生命力和广阔的应用前景。

2）欠平衡钻井的技术局限

尽管欠平衡钻井可能带来众多的好处，发展得非常迅速，但并不是说这已经是一项非常成熟的技术。相反，通过大量的钻井实践，这项技术还存在着许多不足之处。使用的结果很不稳定，与设计合理的常规过平衡钻井相比，设计与施工不当的欠平衡钻井往往会增加作业费用，加重地层伤害，降低油井产量。国外在欠平衡钻井技术的发展多数是在实践中摸索，对欠平衡钻井缺乏系统的理论与实验研究，导致有时对欠平衡钻井的认识和设计不合理，达不到预期的效果。目前欠平衡钻井存在以下几个方面的问题。

（1）井内压力波动。

在欠平衡钻井过程中，有许多因素可引起井底压力波动，包括：地层流体动态流动；与高速多相流体相关的可变摩擦压力降；钻井过程中不可避免的机械故障；近井地带局部压力衰竭效应等。井底压力变化幅度较大，这可能造成欠平衡状态的短时或周期性的丧失，极不利于油层保护与井壁稳定，最终导致欠平衡钻井的失败。

（2）井壁失稳。

常规过平衡钻井时，井壁失稳来自于力学和化学机理等多方面影响，其中泥页岩水化是最主要的问题，井壁不稳或者地层膨胀和蠕变将导致井下卡钻。在常规过平衡钻井中，井筒与地层孔隙压力差在一定程度上支撑着井壁。在欠平衡钻井中，井底负压使这种支撑作用减小，这就要求井筒压力的变化范围更小；否则，钻井不能有效进行。欠平衡压差主要取决于地层应力状态、岩石强度、实际油藏压力和井壁的几何形状。由力学诱导的井壁不稳定性可采用限制负压差低于某个临界值的办法来解决。但在某种情况下,尤其是构造活动的区域,井壁在任何条件下都是不稳定的。当地层含有大量的水敏性黏土矿物时,易诱发井壁化学不稳定性。当用雾、泡沫或充气液钻井时,这些水敏性黏土矿物会从其中的水相中吸水。页岩含水的改变会诱发近井壁地带的二次应力,会使井壁失稳。从理论上讲,可以调节水相的活度,例如,向钻井液加入合适的电解质稳定页岩,阻止化学诱导应力发生。总之,欠平衡钻井的井壁稳定性弱于过平衡钻井时,更应引起充分重视,而且不同的地层和欠平衡钻井工况,其井壁失稳机理也不一样,需要在欠平衡钻井设计时进行充分的井壁稳定性计算和分析。

(3)油层伤害。

欠平衡钻井作业时,由于井内液柱压力低于地层压力,无法形成起桥堵和密封作用的滤饼。但是,没有滤饼充当防止伤害性流体和固体颗粒深深地侵入地层的屏障,地层就丧失了保护能力。因此,如果欠平衡状态遭到破坏,伤害性流体及固体颗粒也会迅速地侵入地层,由此造成的地层伤害,可能比在同样情况下过平衡钻井液所造成的地层伤害还要严重。实际上,有许多因素可能导致井底失去欠平衡状态。例如,起下钻作业、接单根以及其他因素引起的井内压力波动形成的瞬时正压差。此外,还存在其他的地层伤害机理,例如:①自发的逆流吸入;②含大量对水基钻井液滤液敏感的矿物的地层,这些矿物包括膨胀黏土、反絮凝黏土、硬石膏和岩盐等;③大裂缝地层,在欠平衡压力钻定向井或水平井时,钻屑就可能在重力作用下侵入井底裂缝中;④当地层压力很高,欠平衡压差较大时,地层流体产出速度较大,从而引起地层微粒与砂粒运移,造成堵塞产层孔喉的伤害,同时,地层大量的出砂还会导致井壁失稳。

(4)钻井液污染。

在欠平衡钻井作业中钻井液的主要作用包括:以一种有效的方式将钻屑输送到地面,润滑钻头或驱动井下动力钻具,安全地将产出的地层流体有效地输送到地面。欠平衡钻井不仅要考虑产层伤害,而且地层流体大量流入井内,对欠平衡钻井液的污染也是一个问题。其中:①非冷凝气体(通常为氮气)和产出的地层流体同循环中的钻井液不停地接触时,水同油发生紊流混合,形成极稠的稳定高黏乳状液。将增加泵压,并使气体难以在地面分离,使固控问题变得困难。另外,地层水和水基钻井液滤液混合不相容,生成结垢或沉淀物;产出油与油基钻井液混合,形成沥青沉积物。②产出地层水引起的稀释问题,钻井液体系也可能受到污染。例如,许多泡沫基液对油和地层盐水有不良反应。③腐蚀。用空气或氮气来实现欠平衡压力,盐水与循环系统中的微量氧接触时,就具有极强的腐蚀性。若地层产出气中含有 H_2S,腐蚀问题就会更加严重。需要使用腐蚀抑制剂来防止钻柱、连续软管和井下装置过早失效,应详细分析地层游离气、溶解气量,以评价其可燃性和腐蚀性。

(5)井下着火。

井下着火更准确地说是井下爆炸,尽管不常发生,但其后果是令人吃惊的——钻铤与钻头被融化或烧毁。井筒中碳氢化合物与空气的混合物组分必须在燃点范围。同时还必须有爆炸条件,如泥饼圈、井下火花、钻柱上的小孔或冲蚀。井下爆炸事故在我国新疆夏子街油田的两口空气钻井试验中曾经发生过,导致该井空气钻井试验失败。

通常采用惰性气体,可避免井下着火;雾化钻井,可减小形成泥饼圈的概率;泡沫钻井,可使空气被气泡分隔开来,一般不会燃烧。

(6)井控问题。

欠平衡钻井对井控也提出了特殊的要求,产出速度过大会使欠平衡钻井复杂化。地面设备应当有能力安全地处理最大产出速度的流体,也应当能够承受最大地面压力。尽管如此,当钻遇到意想不到的高压力地层时,若没有别的选择,则只有压井或过平衡钻井。因此,欠平衡钻井的井控问题至关重要。

(7)定向钻井装置。

定向钻进需要随钻测量,尤其是钻水平井,面对定向钻井装置上的困难,常规的随钻泥浆脉冲自动测量仪(MWD)在气基流体中不能将井下压力脉冲信号传播到地面放大处理。尽管电磁 MWD 已经出现且发展很快,但目前其可靠性和测量深度受到限制。另外,有线电缆导向工具的测量范围受到限制,一般靠自重无法下入井斜大于 60° 的井段进行随钻测斜,且钻柱转动时,必须起出钻柱。因此,有线电缆导向工具入井与起出的时间延长,增加了欠平衡钻井时间。

常规的井下马达能由不压缩流体驱动,但使用可压缩性工作液时,马达需要更高的循环压力,增加压缩装置。高能量流体积聚在钻柱内,若上提钻头离开井底不及时泄掉钻柱内压力,会导致马达严重过载。可压缩流体的井下专用马达已经开始研究。

4.5.2　欠平衡钻井工艺技术

欠平衡钻井技术作为一项为油气田勘探开发服务的新技术,与其他新型钻井技术一样,工艺技术是核心。而欠平衡钻井工艺的核心就是井底压力的研究与控制,其中,井底负压值的大小直接影响到地层流体进入井筒内量的多少,关系到能否安全、快速钻进。井底压力控制是欠平衡钻井成功的关键,能否设计和保持一个理想的欠平衡状态会影响到整体勘探开发效果。

本小节详细论述了欠平衡钻井井底压力几种实用计算方法和在多相流流态下的井底压力研究进展,以及各种工况条件下的欠平衡井控技术和应急措施,同时介绍了欠平衡数据采集和分析处理系统的应用。

1. 欠平衡钻井井底压力计算

1)基本概念

(1)地层压力。

地层压力是地下岩石孔隙内流体的压力,也称孔隙压力,用 p_p 表示。在正常情况下,地下某一深度的地层压力等于地层流体作用于该处的静液压力;凡是低于或高于地层水静液柱压力的称为异常低压或异常高压。

(2)地层压力梯度。

地层压力梯度指单位深度内地层压力的增加值。

$$p_p = 9.8\rho H$$
$$G_p = p_p / H = 9.8\rho \tag{4.1}$$

式中　p_p——地层压力,kPa;

　　　G_p——地层压力梯度,kPa/m;

ρ——地层水的密度，g/cm^3；

H——井深，m。

（3）地层破裂压力。

根据 API RP59 定义，地层破裂压力指的是使地层岩石发生永久变形、破裂或裂缝的压力。井内压力过大会使地层破裂并导致钻井液漏入地层。

$$G_f = 9.8\rho_m + p_L/H \tag{4.2}$$

式中　G_f——地层破裂压力梯度，kPa/m；

ρ_m——钻井液密度，g/cm^3；

p_L——漏失压力，kPa。

（4）地层坍塌压力。

地层坍塌压力指的是液柱压力由大向小减小到一定程度时井壁将要发生压性破裂时的液柱压力，其大小与岩石本身特性及其所处的应力状态等因素有关。

（5）静夜压力。

静夜压力指由钻井液液柱重力所产生的压力，用 p_m 表示。

$$p_m = 9.8\rho_m H \tag{4.3}$$

（6）U 型管

由于钻柱水眼与环空是一个连通体系，因此，可把井的循环系统看成一个 U 型管，U 型管的一侧可以看成是钻柱内，而把另一侧看成是环空，U 型管底部表示井底。

（7）井底压力。

在一口井各种不同工况下，压力始终作用于井壁上，且大部分来自钻井液静液压力，然而，在泵将钻井液沿环形空间往上泵送时所用的压力也作用于井壁。环形空间压力循环钻井液时的环空流动阻力、侵入井内地层流体的压力、激动压力、抽汲压力、地面回压的总和也是井底压力，这个压力随作业不同而变化。

①静止状态时：井底压力＝环形空间静液压力。

②正常循环钻进时：井底压力＝环形空间静液压力+环形空间压力损失。

③用旋转防喷器循环钻井液时：井底压力＝环形空间静液压力+环形空间压力损失+旋转防喷器回压。

④循环排出溢流时：井底压力＝环形空间静液压力+环形空间压力损失+节流阀阻力。

⑤起钻时：井底压力＝环形空间静液压力+抽汲压力。

⑥下钻时：井底压力＝环形空间静液压力+激动压力。

⑦空井时：井底压力＝环形空间静液压力。

⑧关井时：井底压力＝环形空间静液压力+井口回压+气侵附加压力。

（8）压差。

压差是指井底压力和地层压力之间的差值。如果井底压力大于地层压力，其压差为正，为过平衡状态；如果井底压力小于地层压力，其值为负，为欠平衡状态。负压差又称井底负压值，是欠平衡钻井的主要控制参数。

（9）地面压力。

地面压力是指泵压、关井立管压力和关井套管压力。

①泵压。泵压是克服井内循环系统中摩擦损失所需的压力。在正常情况下，摩擦损

失发生在地面管汇、钻柱、钻头水眼和环形空间,环形空间和钻具之间压力的不平衡将影响泵压。

②关井立管压力。停泵关井后,钻具内钻井液不能平衡地层压力,需要施加井口回压。

③关井套管压力。停泵关井后,环空内钻井液不能平衡地层压力,需要施加井口回压。

(10)循环系统压力损失。

在压力的推动下钻井液从钻井泵进入循环系统。经地面管汇,沿钻柱向下,通过钻头喷嘴后沿环形空间上返,此间十几兆帕的压力损失到循环系统中,当钻井液返至地面进入钻井液罐时,处于大气压的情况下,表压为零。这个压力损失是由钻井液循环及其与所碰到的物体发生摩擦所引起的,其大小取决于钻井液密度、黏度、排量、流通面积和流道线路变化。

(11)激动压力和抽汲压力。

在钻井过程中,钻具在充满钻井液井眼内上、下运动时,会使井内的钻井液流动。而钻井液在井眼内流动必然会产生流动阻力,从而使井内压力发生变化。

当钻柱向上运动时,井内钻井液向下流动,使井底压力减小,由此而减小的压力值称为抽汲压力。

当钻柱向下运动时,井内钻井液向上流动,使井底压力增加,由此而增加的压力值称为激动压力。

激动压力和抽汲压力是类似的概念,激动压力是正值,抽汲压力是负值,这两个压力受下列因素的影响:①管柱的起下速度;②钻井液黏度;③钻井液静切力;④井眼和管柱之间的环形空隙;⑤钻井液密度;⑤环形节流(钻头泥包)。

(12)立管压力。

立管压力=钻柱内压耗+钻头喷嘴压耗+环空压耗。

(13)静夜压力的不平衡值。

静夜压力的不平衡值是钻柱内与环空静压力的差值。井下循环系统被想象成 U 型管,钻柱与环空是它的两条腿。无井涌正常循环时,不平衡值为零,因为这两个压力大致相等。然而,在整个二级控制中钻杆压力可以和环空压力相差很大,而且对立管压力有很大的影响。如果有压力不平衡值,根据 U 型管原理,钻井液将流向静液压力低的部分,直到平衡为止。钻柱内的静液压力超过环空静液压力时,泵送钻井液较省力;相反,泵压就要高。

(14)回压。

回压是用来控制井涌的压力,又称套压,其由节流阀产生,有助于控制井底压力。停止循环关井时,仍可能在环空或套管内有一定的回压作用,这个压力称为关井套管压力。

(15)圈闭压力。

关井后记录的关井立管压力和套管压力超过平衡地层所应有的关井压力值。

圈闭压力的产生通常是由于停泵和关井的操作配合不好,关井先于停泵,使关井压力升高,或者是天然气进入钻柱内造成关井压力升高。

（16）当量钻井液密度。

当量钻井液密度=环空钻井液密度+钻井液密度增量。

钻井液密度增量=附加压力/（深度×9.8）。

在通常情况下,附加压力包括环空压力损失与井口回压。在正常钻井条件下,环空压力损失是唯一的附加压力。这种条件下的当量钻井液密度习惯上称为当量循环密度。

（17）体内循环流程。

体内循环流程是常规钻井时的钻井液循环流程,一般在地层流体未进入井眼或少量进入井眼,不需要节流或油气分离时使用。基本流程为:泥浆泵→地面高压管汇→钻具内→钻头→环空→旋转防喷器出口→钻井液出口导管→原振动筛→原钻井液循环罐体系→泥浆泵。

（18）体外循环系统流程。

体外循环系统流程是欠平衡状态下钻井液循环流程。其主要作用:控压、节流、分离地层产出流体及除砂,使泵入的钻井液性能保持不变。其基本流程:泥浆泵→地面高压管汇→立管→钻具内→钻头→环空→封井器四通出口→节流管汇→液气分离器→体外振动筛→油液分离器→原钻井循环罐体系→泥浆泵。

2）井底负压值的设计

（1）欠平衡钻井井内基本压力关系。

在欠平衡钻井过程中,井内压力关系为

$$p_F = p_p - p_{HK} - p_t$$
$$p_{HK} = p_m + p_a \tag{4.4}$$

式中　p_F——井底负压值,kPa;

　　　p_{HK}——环空循环压力,kPa;

　　　p_a——环空压耗,kPa;

　　　p_t——地面压力（套压）,kPa。

（2）井底负压值的确定依据。

井底负压值的大小直接影响地层流体进入井筒内量的多少,关系到能否安全、快速钻进,其值过小易造成井底压力过平衡,失去欠平衡钻井的目的与意义;其值过大,易造成产层的速敏、井壁坍塌和井口设备过载甚至井喷,从而引起重大钻井事故。井底负压值的大小要根据地层和油田的实际情况,兼顾钻井液的成本,由设计者定出。

井底负压值的设计应考虑如下因素:①单位负压值下的产油、气量（可由已生产井求得）;②设计的随钻产油、气量;③负压井段不同压力体系的地层压力;④水平井井段的长度;⑤井口设备的除气、液能力;⑥井口防喷设备的额定工作压力;⑦井眼稳定性。

其中①、②、③项因素对负压值的设计有直接影响。在负压井段压力单一的钻井设计中,设计负压值等于设计的随钻产油气量与单位负压油气产量的商;在负压井段有多层地层压力体系的钻井设计中,设计负压值应是针对地层压力最低的地层,只有这样才能保证多个压力体系下钻进都处于负压状态,而不会出现高压地层井底负压（欠平衡）、低压地层井底正压（过平衡）的钻井现象。设计的随钻产油气量是指地层压力最低的地层处于负压钻进状态时各个产层随钻产油气量的和。假设 $p_1, p_2, \cdots, p_x$ 分别表示负压井段由小到大排列的地层压力,其对应的单位负压下的产油气量为 $Q_1, Q_2, \cdots, Q_x$,设计的随钻产

气、液量为 Q,欲求的负压值为 p_F(相对最小地层压力即 p_1),则有

$$p_F = \frac{[Q-(p_2-p_1)Q_2-\cdots-(p_x-p_1)Q_x]}{(Q_1+Q_2+\cdots+Q_x)} \quad (4.5)$$

对于单位层系,随钻产气、液量用下式计算。

流体产量:

$$Q = \frac{nKh(p_p-p_w)}{\mu B(\ln\frac{r_e}{r_w}-0.75+S)} \quad (4.6)$$

式中 Q——流体产量,m^3/d;

 n——修正系数,无因次;

 K——渗透率,$10^{-3}\ \mu m^2$;

 h——产层厚度,m;

 p_w——井底压力,MPa;

 μ——流体黏度,$MPa \cdot s$;

 r_e——产层半径,mm;

 r_w——井眼半径,mm;

 B——地层体积系数,无因次;

 S——表皮系数,无因次。

由式(4.6)可知

$$p_F = \frac{\mu BQ(\ln\frac{r_e}{r_w}-0.75+S)}{nKh} \quad (4.7)$$

因素④的影响是指当水平段长度达到一定值时,其环空压耗大于负压值,就会在钻头处形成过平衡压力。而刚进入水平段处井底的负压差等于钻头处负压差与环空压耗之代数和,因此水平井负压设计必须考虑水平段长度对负压值的影响。

因素⑤、⑥为间接影响因素,负压值越大,即预计的随钻产油气量越大,钻井液液柱压力降低越多,井口回压也会相应升高。因此,负压值和井口最大回压可作为选择除气设备和撇油设备及旋转防喷器的依据。根据邻井地质、测试资料确定所钻目的层的预测单位负压值时产油气量 Q,以及欠平衡钻井地面设备的最大除气和撇油量 Q_{max},可以得出井底负压值与两者之间的关系为

$$p_F < \frac{Q_{max}}{Q} \quad (4.8)$$

因素⑦至关重要,井眼不失稳是欠平衡钻井的基本前提。钻井液液柱压力必须小于地层破裂压力,大于地层坍塌压力,而液柱压力的大小直接影响负压值的大小。在欠平衡钻井过程中,地层流体不断渗入井筒,如果井底负压值过大,不但给地面设备控制和处理带来困难,而且可能使地层坍塌、出砂,造成地层毁灭性破坏。因此有必要从力学理论上合理确定井底负压差值。

①以岩石抗压强度为依据的井底负压值的判别式。

关于直井井壁岩石是否坚固的判别式为

$$\sigma_c \geqslant 2\left[\frac{\mu}{1-\mu}(10^{-3}\rho_c gH - p_p) + (p_p - p_w)\right] \tag{4.9}$$

式中 σ_c——地层岩石的抗压强度,MPa;

μ——岩石的泊松比,无因次;

ρ_c——上覆压层的平均密度,g/cm^3;

g——重力加速度,m/s^2。

水平井井壁岩石的坚固程度的判别式为

$$\sigma_c \geqslant \frac{3-4\mu}{1-\mu}(10^{-3}\rho_c gH - p_p) + 2(p_p - p_w) \tag{4.10}$$

假定 σ_H、σ_h 分别为最大、最小水平主应力,σ_v 为上覆地层压力。对于直井,由于储层为渗透性地层,假定井壁上岩石的流体压力与井眼压力相同,则井壁岩石骨架上三维有效应力为

$$\sigma'_v = \sigma_v - p_b,\ \sigma'_H = \sigma_H - p_w,\ \sigma'_h = \sigma_h - p_w$$

则推导出

$$p_F = p_p - p_w \leqslant 0.5(\sigma_c + \sigma'_h - 3\sigma'_H) \tag{4.11}$$

对于水平井

$$p_F \leqslant 0.5(\sigma_c + \sigma'_v - 3\sigma'_H) \tag{4.12}$$

由上式可以看出,利用该方法计算的井底负压值主要取决于岩石的坚固强度和地应力分布情况。

②以岩石抗拉强度为依据的井底负压值的判别式。

公式(4.13)以岩石抗拉强度(胶结强度)为重要指标,适应各种条件的欠平衡钻井合理负压值的判别式。

$$p_F < 2S_0 \tan \alpha \ln \frac{D_0}{D_h} \tag{4.13}$$

式中 D_0——供给边缘直径,m;

D_h——井眼直径,m;

α——内摩擦角,(°);

S_0——抗拉强度,MPa。

由上式可知,利用该方法计算的井底负压值主要取决于地层的胶结强度和岩石的破坏角。

(3)井底负压值的设计流程。

井底负压值的设计流程如图4.17所示。设计时,油藏地质部门必须提供该井不同负压差下的油、气和水的估算产量以及地层的坚固程度判别式,还有必要做井壁稳定评价,定量估算可能发生的最大井径。在探井中,由于误差较大,应考虑一定的安全系数。目前还没有采用随钻压力测试技术,压力还达不到精细控制,一般动负压值不宜过小,为1~3 MPa。

(4)地层压力的计算。

地层压力是在欠平衡钻井过程中的基础压力,油藏地质工程提供的地层压力主要是试油静压、钻杆测试压力及 RFT(MFT)测试压力,所钻井的压力可根据油层深度校正。对于开发井,地层压力较为清楚,可直接采用;而对于探井,由于地层压力有许多不确定性,

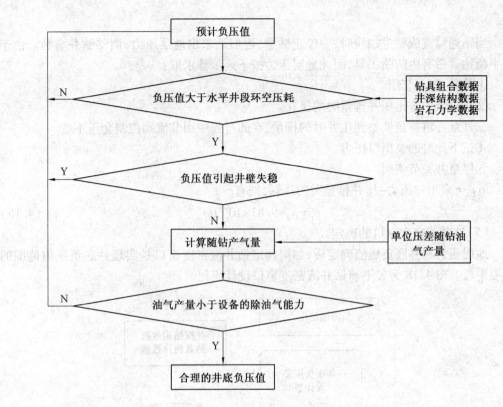

图 4.17　负压值设计流程图

因此只能作为参考,可根据随钻过程中试井数据进行解释分析,得出地层压力。关于各种地层压力的监测方法,如 Dc 指数法、声波时差法等,其计算结果误差较大,尤其在深井中误差大大超过井底负压值,因此,这些方法对于确定钻井液密度意义不大。

在探井的欠平衡钻井中,先是用参考的地层压力,通过公式求出欠平衡的钻井液密度,依据此密度钻进;如果没有可参考的地层压力,则须按下列步骤进行求取:

第一步,确定一个关井求压时所用的钻井液密度 ρ'_m。

第二步,井控装置试压合格后,将钻具组合下至井底;用 ρ'_m 钻井液代替浆,同时进行低泵冲试验。

第三步,钻开水泥塞,走常规循环路线循环钻井液,钻遇快钻时不超过 1 m 停钻,如无快钻则进尺不超过 2 ~ 3 m。

第四步,停泵,关闸板防喷器,求立管压力 p_d 加和套管压力 p_t。此时,虽然钻具组合中有内防喷工具,但由于在静态下,一般仍可求出立管压力。

第五步,地层压力计算公式为

$$p_p = p_d + 9.81 \times 10^{-3} H \rho'_m \tag{4.14}$$

式中　p_p——地层压力,MPa;

　　　p_d——立管压力,MPa;

　　　H——井深;m;

　　　ρ'_m——关井求压时所用的钻井液密度,g/cm³。

第六步,如果 ρ'_m 的钻井液不能产生负压,需进一步降低钻井液密度,直至产生欠平衡。

当钻遇溢流或钻进加快时,要停止钻进,近似地求出地层压力,调整钻井参数。由于欠平衡钻具带有内防喷工具,因此地层压力按下列步骤求取:

①关井、记录套压。

②从记录中查出压井排量时的压耗。

③开泵并将排量调整到压井时的排量,在此过程中用节流阀控制套压不变。

④记下此时的泵出口压力。

⑤停泵并关节流阀。

⑥p_a＝泵出口压力－压井排量时的压耗,则有

$$p_p = p_a + 9.81 \times 10^{-3} H\rho_m \tag{4.15}$$

(5)钻井液密度窗口的确定。

地层压力和井底负压值确定后,如何确定钻井液密度窗口是实现井底负压值范围的重要手段。图4.18为欠平衡钻井液密度窗口设计流程。

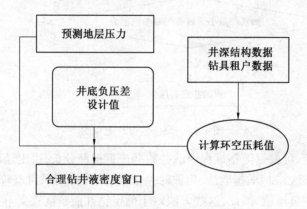

图4.18　欠平衡钻井液密度窗口设计流程

钻井液密度窗口的计算应该在井口回压为零、正常钻进中负压值达到设计值的情况下进行。由公式(4.4)推导出钻井液密度的计算公式为

$$\rho_m = \frac{102(p_p - p_F - p_a)}{H} \tag{4.16}$$

问题的关键是环空压耗的计算,常规过平衡或近平衡钻井泵排量是按喷射钻井最大钻头水功率或冲击力原则进行设计,钻井液循环为紊流状态。紊流状态时环空压耗的计算公式为

$$p_a = \sum \frac{7628\rho_m^{0.8} v^{0.2} L_i Q^{1.8}}{(D_{ni} - D_i)^3 (D_{ni} + D_i)^{1.8}} \tag{4.17a}$$

式中　v——钻井液塑性黏度,MPa·s;

　　　Q——排量,L/s;

　　　L_i——第i主段段长,m;

　　　D_{ni}——第i段井眼直径或套管内径,mm;

　　　D_i——第i主段钻柱(钻杆或钻铤)外径,mm。

但是,对于欠平衡钻井而言,为了降低泵、井口旋转防喷器及节流管汇等设备的负荷,

增加井控的可靠性,避免紊流对裸眼油气层的冲刷,一般以满足钻井液携岩要求为原则,钻井液排量不宜过大,流动状态应以层流为主。层流状态下钻井液环空压耗的计算公式为

$$p_{a} = \sum \frac{61.1 v L_{P} Q_{m}}{(D_{n} - D_{p})^{3}(D_{n} + D_{p})} + \frac{0.004 Y_{P} L_{P}}{(D_{n} - D_{P})} \tag{4.17b}$$

式中　Y_P——屈服值,Pa;

　　　D_P——钻柱直径,mm;

　　　D_n——井眼或套管直径,mm;

　　　L_P——钻柱长度,m;

　　　Q_n——钻井液排量,L/s。

3)流钻欠平衡钻进过程中的井底负压值计算部分研究

上面论述中理论上给出了井底负压值和钻井液密度窗口的设计方法,而在实际钻井过程中,受注入和地层流体侵入的影响,环空钻井液密度发生变化,因而导致井底压力发生变化,井底负压值也随之改变。

在欠平衡钻井过程中,环空处于地层流体(油、气、水)、岩屑和基液的多相流状态,井底压力受注入液相和气相类型、气液比、注入量、储层流体进入井内的量、井内流道尺寸及钻柱运动等因素的影响。因此实际井底负压值的计算涉及环空密度分布、压力分布的多相流计算问题。

(1)井筒多相流流动的有关概念。

单位时间内流过流断面的多相流体混合物体积称为多相流体积流量,对于油、气、水和钻井液四相流动有

$$Q_{M} = Q_{o} + Q_{g} + Q_{w} + Q_{m} \tag{4.18}$$

式中　Q_M——多相流混合物体积流量;

　　　Q_o——油相体积流量;

　　　Q_g——气相体积流量;

　　　Q_w——水相体积流量;

　　　Q_m——钻井液体积流量。

①质量流量。

单位时间内流过流断面的多相流体混合物质量称为多相流质量流量。对于油、气、水和钻井液四相流动有

$$G_{M} = \rho_{M} Q_{M} = G_{o} + G_{g} + G_{w} + G_{m} = \rho_{o} Q_{o} + \rho_{g} Q_{g} + \rho_{w} Q_{w} + \rho_{m} Q_{m} \tag{4.19}$$

式中　G_M、ρ_M——多相流混合物质量流量、混合物密度;

　　　G_o、ρ_o——油相质量流量、密度;

　　　G_g、ρ_g——气相质量流量、密度;

　　　G_w、ρ_w——水相质量流量、密度;

　　　G_m、ρ_m——钻井液相质量流量、密度。

②相体积分数。

在多相流研究中,相体积的概念十分重要。相体积分数反映了多相流体中某相流体所占体积,或在流断面某一相流体所占据的面积就是多相流动中相分布特征的一种度量。

$$E_K = \frac{V_K}{V} = \frac{A_K \Delta L}{A \Delta L} = \frac{A_K}{A} \tag{4.20}$$

式中　E_K——第 K 相流体体积分数，$0 < E_K < 1$，$\sum E_K = 1$；

　　　V_K——第 K 相流体在总体积 V 中所占体积；

　　　A_K——第 K 相流体在流断面 A 中所占面积。

　　　下脚标 K——油、气、水和钻井液四相。

③质量含气率。

质量含气率指单位时间内流过环空过流断面的各相流体总质量中气相介质质量所占的份额。

$$x = \frac{G_g}{G_M} = \frac{G_g}{\sum_K G_K} \tag{4.21}$$

④表观相速度。

在多相流动中，由于各相介质在过流断面上所占面积不易测得，因此实际相速度很难直接测得。为研究方便，引入了表观相速度的概念。即假定整个过流断面仅被多相流体中某一相占据时的各相流体速度。

$$v_{sK} = \frac{Q_K}{A} = \frac{A_K v_K}{A} = E_K v_K \tag{4.22}$$

式中　v_K——第 K 相流体实际速度；

　　　v_{sK}——第 K 相流体表观速度。

显然　　　　　　　$v_{sK} < v_K$

⑤多相流体积流速（混合速度）。

多相流的体积流速是指多相流体的总体积流量与流通面积之比。

$$v_M = \frac{Q_M}{A} = \sum_K v_{sK} = \sum_K E_K v_K \tag{4.23}$$

⑥多相流流体密度（混合密度）。

多相流的流体密度是指多相混合流体流过某流断面的实际密度。

$$\rho_M = \frac{\sum_K \rho_K V_K}{V} = \frac{\sum_K \rho_K A_K}{A} = \sum_K E_K \rho_K \tag{4.24}$$

⑦滑动差与滑动比。

在多相流体流动中，由于各相流体性质的差异，它的实际速度一般是不相同的，这也是多相流动的一个重要特征，故定义第 i 相与第 j 相间的速度差为滑动差 Δv_{ij}，速度比为滑动比 s_{ij}。

$$\left.\begin{array}{l} \Delta v_{ij} = v_i - v_j \\[2mm] s_{ij} = \dfrac{v_i}{v_j} \end{array}\right\} \tag{4.25}$$

⑧天然气及原油在压力 p、温度 T 下的密度。

$$\rho_g = \frac{3.48 p \cdot \rho_{gS}}{Z(T+273)}$$

$$\rho_o = \frac{\rho_{oS} + \rho_{gS} \cdot R_S}{B_o} \tag{4.26}$$

式中 R_S——气油比,等于压力 p、温度 T 下的原油容积含量与标准状态下 1 m^3 脱气原油
的比值;

B_o——原油体积系数。

（2）井筒多相流的研究方法。

对于一个具体的工程流体问题,要找到问题的解,一般要经历两个过程:①寻找精确
解;②试验经验方程+数学模型。

对于第一个过程,主要是求纳维-斯托克方程（N-S 方程）,在流体力学中,N-S 方程
的解被看作精确解,它是一个张量方程,在笛卡尔坐标下有

$$\rho\left(\frac{\partial u}{\partial t} + \mu\,\frac{\partial u}{\partial x} + v\,\frac{\partial u}{\partial y} + w\,\frac{\partial u}{\partial z}\right) = x - \frac{\partial p}{\partial x} + \frac{\partial u}{\partial x}\left\{\mu\left[z\,\frac{\partial u}{\partial x} - \frac{2}{3}\left(\frac{\partial u}{\partial x} + \frac{\partial v}{\partial y} + \frac{\partial w}{\partial z}\right)\right]\right\} +$$

$$\frac{\partial}{\partial y}\left[\mu\left(\frac{\partial u}{\partial y} + \frac{\partial v}{\partial x}\right)\right] + \frac{\partial}{\partial z}\left[\mu\left(\frac{\partial w}{\partial x} + \frac{\partial u}{\partial z}\right)\right] \tag{4.27}$$

N-S 方程也是流体运动客观规律的一个数学模型。它假定了线性应力-应变关系,
流体各向同性。另外,欧拉方程,即 N-S 方程特殊情形（黏度 $\eta = 0$）也被看作是精确解。
而事实上,N-S 方程只有在极少数简单情形下可以求解,当流动处于紊流状态时,即使数
值求解 N-S 方程都是十分困难的。

对于多相流体问题因多组分的存在,需要求解各相界面的力学特性,求解 N-S 方程
是一件不可能的事情,因此对于多相流的计算,人们不得不采用第二个过程,即做出许多
假设,进行大量的室内实验及现场试验,用因次分析等数学手段总结实验数据,从而得到
实用方便的一些经验公式。在这方面,很多学术专家已做了大量的工作,包括 Pvettlnarn、
Carpewter、Brown、Eatoo 等,他们的工作包括对垂直管、斜管、水平管流态的划分,摩阻与压
降的计算,流体物性的变化等理论与实践研究。他们奠定了现在人们从事多相流研究与
计算的基础。

（3）气液两相流动模型。

①均相流动模型。一方面,气相和液相的速度相等;另一方面,两相介质已达到热力
学平衡,压力、密度为单值函数。

②分相流动模型。一方面,两相介质分别按各自所占断面的面积计算断面平均流速;
另一方面,尽管两相之间有质量交换,但两者之间处于热力学平衡状态,压力和密度互为
单值函数。

③漂移流动模型。既考虑了气液两相之间的相对速度,又考虑了孔隙率和流速流过
流断面的分布规律。

（4）直井气液多相管流的流态。

①流态的划分。

在欠平衡钻井过程中,井筒中的多相流,在流动时其流态是变化的。通过前人的大量
试验观察研究,对气液多相管流的流态划分,不同的人有不同的划分方法。根据 Taitel 等
人的研究成果,典型的直井流态通常可分为泡状流、段塞流、过渡流和环状流四大类,如图
4.19 所示。

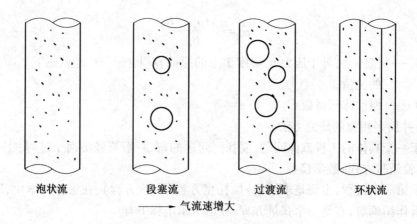

图 4.19　典型的直井流态

②流态的判断。

气液两相的流态除了主要受各相速度、密度等参数的影响外，气液两相流动的形成过程、少量杂质的存在等可能对流态有一定的影响。然而，由于不同的流态受到不同的水动力学条件的控制，因此可以利用水动力学原理，通过机理性分析，得到流态的判别准则。

由于多相流在环空中的不同井段流型不一样，因而其静液压力、摩阻压降、加速度压降（可以忽略）计算非常烦琐，对于这些不同流型段、不同的井段，需要用不同的计算模型。根据以上分析，通过计算可以得出环空的流型转换，然后应用公式计算出环空密度分布、压力分布，从而计算出井底压力，最终得出井底实际的负压值。

2. 充气、泡沫水力学相关计算

1）充气钻井水力学计算

从 18 世纪至今，两（三）相流体在管内和环空动、静态流变参数已有大量的计算模式。最早的是美国学者提出的 Poettman 模型，它的不足之处是忽略了气体的摩擦力和滑脱造成的影响；之后，Woods 等人考虑气体的可溶性和摩擦力，提出了 Woods 计算模型。这些模型在较低气液比条件下的计算是准确的，这是由于它们都假设环空流型为纯气泡流，而事实上，随着气液比的增大，环空充气钻井液的流型将出现不同的形态，并非单一流型。1986 年 A. R. Hasan 和 C. S. Kabir 提出了 HK 模式。HK 模式从整体看，同实际情况吻合较好，偏差较小。HK 模式将流型分为气泡流、段塞流、过渡流和环雾流四种。实际充气钻井液钻井环空流型主要是气泡流和段塞流两种。

应用两相流动理论可以对不同地层压力条件下的气液比进行合理选择；判断环空流型；计算注入压力、井底动静压力、喷嘴压降；计算环空回压控制及携砂能力等。

（1）环空压降计算。

①开泵未钻进时。

在采用充气钻井液钻井的过程中，当开泵循环而未钻进时，环空由气液两相组成，压降梯度的计算公式为

$$\frac{\mathrm{d}p}{\mathrm{d}z} = \left(\frac{\mathrm{d}p}{\mathrm{d}z}\right)_H + \left(\frac{\mathrm{d}p}{\mathrm{d}z}\right)_F + \left(\frac{\mathrm{d}p}{\mathrm{d}z}\right)_A$$

$$\frac{\mathrm{d}p}{\mathrm{d}z} = \left[\rho_M \frac{g}{g_c} + \left(\frac{\mathrm{d}p}{\mathrm{d}z}\right)_F\right] \Big/ \left[1 - (\rho_l v_{sl} + \rho_g v_{sg})\frac{v_{sg}}{p}\right] \tag{4.28}$$

式中 g_c——转换系数(在 SI 制中为 1),无因次;

    p——注入压力,MPa。

②开泵钻进时。

此时,原为气液两相的体系中,开始掺入固体颗粒(钻屑)。通常,混合物使环空总压降增加,在增加的总压降中,一部分是加速固体颗粒达到最终沉降速度的压降;一部分是固体颗粒引起的摩阻增量;其他部分则是由于混合物密度增加所引起的静液压力增加。考虑到实际岩屑在井底已被反射流加速,所以加速后的固体颗粒达到最终沉降速度的压降可以忽略,即固体颗粒已被完全加速。此时环空压降梯度为

$$\left(\frac{dp}{dz}\right)_H = \rho_M \frac{g}{g_c} \tag{4.29}$$

$$\left(\frac{dp}{dz}\right)_F = \frac{2f_M \rho_M v^2}{g_c D} \tag{4.30}$$

式中 f_M——混合物摩阻系数,是基于 $R_e = (Dv_M\rho_M)/\mu$ 与适当的相对粗糙度所得到的。

(2)喷嘴两相流计算。

①喷嘴两相流动的边界划分。

随着气液比的增加,由于喷嘴处流道直径锐减,混合物极有可能在喷嘴处产生很高的流速(甚至达到声速),使混合物在喷嘴处的流动出现临界流动,因此,临界与亚临界流动边界的划分是很重要的。喷嘴处两相流流速很高,加速度所产生的压降占了优势,位能和摩阻压降的影响可以忽略。由于气体在喷嘴内有膨胀趋势,两相之间必然存在温度梯度,这就导致了两相间的热交换,考虑到通过喷嘴时混合物速度很高,喷嘴长度极短,所以可近似地当作绝热流动过程。喷嘴处两相流动情况下动量方程为

$$\frac{dp}{dz} = \frac{d}{dz}(\rho_1 E_1 v_1^2 + \rho_g E_g v_g^2) \tag{4.31}$$

式中 E_1——真实含液率,无因次;

    v_1——液相实际速度,m/s;

    v_g——气相实际速度,m/s。

可推导出决定临界与亚临界边界的临界压力比值 Y_c 为

$$Y_c = \frac{p_2}{p_1}\left[\frac{\frac{K}{K+1}+\frac{(1-x_1)v_1(1-Y_c)}{x_1 v_{g1}}}{\frac{K^2+K}{2(K-1)}+\frac{K(1-x_1)v_1}{x_1 v_{g2}}+\frac{K}{2}\cdot\frac{(1-x_1)v_1}{x_1 v_{g2}}}\right] \tag{4.32}$$

式中 p_2——喷嘴出口压力,MPa;

    p_1——喷嘴进口压力,MPa;

    K——绝热指数,无因次;

    x_1——喷嘴入口处质量含气率,无因次;

    v_1——液体比容,cm³/g;

    v_{g1}、v_{g2}——喷嘴进出口气体比容,cm³/g。

在实际钻井过程中，$Y_{实际}$＝喷嘴下部压力/喷嘴上部压力。如果 $Y_{实际}>Y_c$，则为亚临界流动；如果 $Y_{实际} \leqslant Y_c$，则为临界流动。

②流动速度计算。

由动量方程可推导出喷嘴出口流动速度 v_2 为

$$v_2 = \left\{ 2p_1 \left[\frac{(1-x_1)(1-Y)}{\rho_1} + \frac{x_1 K}{K-1}(v_{g1}-v_{g2)} \right] \right\}^{0.5} C_D \tag{4.33}$$

式中 v_2——喷嘴出口混合物流体速度，m/s；

C_D——喷嘴泄流系数，无因次。

首先计算出 Y_c，再定出取决于流动状态的变量 Y。若 $Y_{实际} \leqslant Y_c$，流动为临界流动，此时将 $Y \leqslant Y_c$ 代入式（4.33）计算出临界流速。若 $Y_{实际}>Y_c$，流动为亚临界流动，此时将 $Y = Y_{实际}$ 代入式（4.33）计算出亚临界流速。

③压降计算。

临界流动时，此时 $Y \leqslant Y_c$，即 $p_2/p_1 \leqslant Y_c$，喷嘴压降即 p_e 为

$$p_e = p_1 - p_2 \geqslant p_2 \left[(1/Y_c)-1 \right] \tag{4.34}$$

式中，p_2 可由 $p_2 = p_{aH} + p_{aF} + p_{aV} + p_a$ 求得。其中 p_{aH} 为环空静液压力；p_{aF} 为环空摩阻压力；p_{aV} 为环空加速压力；p_a 为充气钻井中所控制的回压，单位均为 MPa。

亚临界流动时，可采用 Bernoli 方程，它假定气、液以不可压缩均质流体流动，不考虑摩擦、膨胀和热扩散的影响。喷嘴压降 p_e 为

$$p_e = p_1 - p_2 = \frac{\rho_m v_m^2}{2 g C_D^2} \tag{4.35}$$

此时 ρ_m 可由喷嘴出口处的混合物密度代替，v_m 可由喷嘴出口处的混合物速度代替。

（3）钻柱内压降计算。

①钻柱内孔隙率的变化及压降计算。

把钻柱看成由许多微段组成，钻柱内气泡滑脱忽略不计。求 E_{gi} 和 p_i 的方程为

$$p_i = p_{i-1} + \rho_1 gh - \frac{2f_{Mi} v_M^2 \rho_1 h}{g_c D} + \left(\frac{2f_{Mi} v_M^2 \rho_1 h}{g_c D} - \rho_1 gh \right) E_{gi} \tag{4.36}$$

式中 p_i——液体内任一点的压力，MPa；

p_{i-1}——钻柱内第 $i-1$ 段混合物的压力，MPa；

h——微段长度，m；

f_{Mi}——第 i 主段摩阻系数，无因次；

E_{gi}——钻柱内任一点孔隙率，无因次。

其中

$$E_{gi} = Q_{gi}/(Q_{gi}+Q) \tag{4.37}$$

$$Q_{gi} = (p_a T_i Z_i/Z_a T_a p_{i-1}) Q_g \tag{4.38}$$

$$E_{g1} = Q_{g1}/(Q_{g1}+Q_1) \tag{4.39}$$

$$Q_{g1} = (p_a T_1 Z_1/Z_a T_a p_0) Q_g \tag{4.40}$$

$$p_0 = p_S \tag{4.41}$$

式中 Q_{gi}——第 i 段的气相流量，L/s；

Q_1——标准状态下液体流量，L/s；

p_a——充气钻井过程中控制的回压，MPa；

T_i——第 i 段混合物温度，℃；

Z_i——第 i 段气体的压缩系数，无因次；

Z_a——标准状态下气体的压缩系数，无因次；

T_a——标准状态下的温度，℃；

p_{i-1}——钻柱内第 $i-1$ 段混合物的压力，MPa；

E_{g1}——第 1 段混合物的孔隙率，无因次；

Q_{g1}——第 1 段的气相流量，L/s；

Q——标准状态下液体流量，L/s；

T_1——钻屑通过气泡、段塞、过度流段所需时间，min；

Z_1——气体的压缩系数，无因次；

p_0——起始段混合物顶部压力，MPa；

Q_g——标准状态下空气排量，L/s。

②钻柱内的静液压力的计算。

考虑静止时摩阻力为零，则有

$$p_i = p_{i-1} + \rho_1 gh - \rho_1 ghE_{gi} \tag{4.42}$$

此时 E_{gi} 由式(4.37)求得，Q_{gi} 由式(4.38)求得，E_{g1} 由式(4.39)求得，Q_{g1} 由式(4.40)求得，$p_0 = p_g$。p_g 为静止时立管压力(MPa)。

以上两部分计算，是在钻进过程中注入压力为已知情况下所得。

③当注入压力未知时，钻柱内 p_i 和 E_{gi} 的计算。

在充气钻井液钻井设计阶段，只能视注入压力为未知。同前述假设一样，也把钻柱看成由许多微段组成，计算由喷嘴上部开始，从井底计算至井口。喷嘴上部压力 p_{up} 的计算式如下。

当临界流动时：

$$p_{up} \geq p_z / Y_c \tag{4.43}$$

式中　p_{up}——喷嘴上部压力，MPa；

p_z——喷嘴压力，MPa。

当亚临界流动时：

$$p_{up} = \frac{\rho_m v_m^2}{2gC_D^2} + p_2 \tag{4.44}$$

可导出求解 p_i 和 E_{gi} 的方程组为

$$p_i = p_{i-1} - \rho_1 gh + \frac{2f_{Mi} v_M^2 \rho_1 h}{g_c D} + \left(\rho_1 gh - \frac{2f_{Mi} v_M^2 \rho_1 h}{g_c D} \right) \cdot E_{gi} \tag{4.45}$$

考虑静止时摩阻为零，则方程式变为

$$p_i = p_{i-1} - \rho_1 gh + \rho_1 gh \cdot E_{gi} \tag{4.46}$$

此时 E_{gi} 由式(4.37)求得，Q_{gi} 由式(4.38)求得，E_{g1} 由式(4.39)求得，Q_{g1} 由式(4.40)求得，$p_0 = p_{up}$。

2)泡沫钻井水力学计算

(1)泡沫密度的影响因素。

①泡沫质量。

液体通常可以看作是不可压缩的,因此常规钻井液的液柱压力用一个钻井液密度就可以代表,但由于气体是可压缩的,泡沫钻井液就不能只用地面密度来代表液柱压力,需要知道基浆密度和泡沫质量(气体体积分数)。由于泡沫的密度和流变性能与泡沫质量有关,环空循环压耗计算非常复杂,需要采用逐段计算的方法,这里只分析静液柱压力。假设泡沫的地面密度为 ρ_s,基浆密度为 ρ_L,泡沫质量为 α,那么基浆(液体)体积分数为 $1-\alpha$,它们之间的关系为

$$\rho_s = \rho_L(1-\alpha) + \rho_g \alpha \tag{4.47}$$

式中 ρ_g——地面气体密度,与 ρ_L 相比,$\rho_g(0.00129 \text{ g/cm}^3)$ 可以忽略不计。

所以,上式可简化为

$$\rho_s = \rho_L(1-\alpha) \tag{4.48}$$

如果 $\rho_s = 0.70 \text{ g/cm}^3$,$\rho_L = 1.03 \text{ g/cm}^3$,则 $\alpha = 32.04\%$;如果 $\rho_s = 0.70 \text{ g/cm}^3$,$\rho_L = 1.10 \text{ g/cm}^3$,则 $\alpha = 36.36\%$。这说明尽管地面密度相同,但基浆密度不同,这对液柱压力将产生不同的影响。地面密度不能反映泡沫的静液柱压力,也就是说,决定泡沫的静液柱压力需要基浆密度、泡沫质量和地面密度中的任意两个参数。

严格说来,泡沫钻井液的进、出口密度是有差异的,这里不是指岩屑浓度的影响,而是指进、出口温度不同所致。例如,可循环硬泡沫钻井液,现场实测发现出口密度比进口密度低,这是由于出口温度大于进口温度的缘故。计算静液柱压力应用出口密度。

②气体压缩性。

目前常采用工程气体定律讨论气体压缩性对泡沫密度的影响,但为了分析方便,空气按理想气体定律处理,这与忽略气体质量相互抵消。下面分析在等温过程中,在压力为 p(绝对压力,MPa)的情况下,单位体积钻井液中气体压缩后的体积为

$$v = \frac{\alpha p_t}{p} \tag{4.49}$$

式中 p_t——地面压力(套压),$p_t = 0.1013 \text{ MPa}$。

而此时的基液体积因不可压缩仍为 $1-\alpha$。此时气体的泡沫质量为

$$\alpha_p = \frac{\dfrac{\alpha p_t}{p}}{1-\alpha+\dfrac{\alpha p_t}{p}} = \frac{\alpha p_t}{\alpha p_t + (1-\alpha)p} \tag{4.50}$$

则该压力下的密度为

$$\rho_p = \rho_L(1-\alpha_p) = \rho_L \frac{(1-\alpha)p}{\alpha p_t + (1-\alpha)p} \tag{4.51}$$

由式(4.50)、式(4.51)可以看出,随着 p 的增加,α 将减小,而 ρ_p 增加。当 $p \to \infty$,$\alpha_p \to 0$ 时,$\rho_p \to \rho_L$,这就是说基浆密度对泡沫的静液柱压力影响很大。

下面以 $\rho_s = 0.7 \text{ g/cm}^3$,$\rho_L = 1.01 \text{ g/cm}^3$ 为例,计算不同压力下的泡沫密度,计算结果见表4.1。

表 4.1 泡沫密度与压力的关系数据表

绝对压力/MPa	泡沫密度/($g \cdot cm^{-3}$)	绝对压力/MPa	泡沫密度/($g \cdot cm^{-3}$)
0.2	0.825	2.0	0.988
0.3	0.879	2.3	0.991
0.5	0.927	2.5	0.992
0.7	0.949	3.0	0.995
1.0	0.967	4.0	0.999
1.3	0.976	5.0	1.001
1.5	0.981	6.0	1.003
1.7	0.984	10	1.005

由表 4.1 可见,气体的压缩性对泡沫的密度影响很大,但压力达 2 ~ 3 MPa 以后,气体密度的增加幅度很小。

(2)泡沫静液柱压力计算。

由于液柱压力随井深增加而增大,因此泡沫的密度也随井深增加而增大,计算泡沫钻井液的静液柱压力,需要进行积分,首先分析等温过程:

$$dp = 0.009\ 8\rho_p dH = 0.009\ 8\rho_L \frac{(1-\alpha)p}{\alpha p_t + (1-\alpha)p} dH$$

用分离变量求解,加上边界条件可得

$$p - p_t + \frac{\alpha p_t}{1-\alpha} \ln \frac{p}{p_t} = 0.009\ 8\rho_L H \tag{4.52}$$

式中 H——井深,m(斜井、水平井取垂深)。

式(4.52)是一个隐函数,需用迭代法求解。下面再考虑温度的影响,由于泡沫在井中循环过程中,温度的分布是未知的,也是不确定的,国外采用的是地温 $T = T_s + \Delta KH$,那么

$$\rho_p = \rho_L \frac{1-\alpha}{1-\alpha + \dfrac{\alpha p_t (T + \Delta KH)}{T_s p}} \tag{4.53}$$

式中 ΔK——地温梯度,K/m;

T_s——地表温度,K;

H——井深,m。

计算不同井深的静液压力需求解微分方程:

$$dp = 0.009\ 8\rho_p dH \tag{4.54}$$

将式(4.53)代入式(4.54)并整理,可得到一个一阶线性非齐次微分方程,它的解为(推导过程略)

$$\left| \frac{p}{p_t} \right|^{\frac{1}{n}} = \frac{(n-1)(b+mH) - p}{(n-1)b - p_t} \tag{4.55}$$

式中 $\quad b = \dfrac{\alpha p_t}{1-\alpha}, \quad m = \dfrac{b\Delta K}{T_s}, \quad n = \dfrac{0.009\ 8\rho_L}{m}$。

式(4.55)也是一个隐函数,仍需用迭代法求解。经计算,在相同的地面泡沫质量下,

当 $\alpha<85\%$ 时,温度的影响不大,用式(4.55)计算比用式(4.52)计算当量钻井液密度约小 $0.006\ \text{g/cm}^3$ 以下。这是因为井底温度与地面温度相比是绝对温度,差别不到2,而井底压力与井口压力之比达数百倍,所以,相对压力来说,温度的影响相对较小。但当 $\alpha>85\%$ 时,温度的影响明显。

以 $\rho_s=0.6\ \text{g/cm}^3$,$\rho_L=1.01\ \text{g/cm}^3$ 为例,按式(4.52)分别计算井深 500 m、1 000 m、1 500 m、2 000 m、2 500 m 和 3 000 m 处的当量钻井液密度为 $0.956\ \text{g/cm}^3$、$0.978\ \text{g/cm}^3$、$0.987\ \text{g/cm}^3$、$0.991\ \text{g/cm}^3$、$0.995\ \text{g/cm}^3$ 和 $0.997\ \text{g/cm}^3$。

当泡沫质量不大时(如可循环硬泡沫),降液柱压力能力有限,由式(4.52)并将绝对压力换算成表压,则

$$p=0.009\ 8\rho_L H-\frac{\alpha p_t}{1-\alpha}\ln\left(\frac{0.009\ 8\rho_L H+p_t}{p_t}\right)\tag{4.56}$$

这样就变成显函数形式,便于计算,而且误差不到 0.1 atm(1 atm $\approx 1.01\times10^5$ Pa),可以满足要求。当钻井液发生气侵时,式(4.56)与静液柱压力减少值的计算式相同。

(3)泡沫钻井时注气量计算。

下面以 $\rho_L=1.02\ \text{g/cm}^3$,$H=3\ 000$ m 为例,按式(4.55)计算不同泡沫质量(或地面密度)时的泡沫静液柱压力当量密度,结果见表4.2。

表 4.2　不同泡沫质量下的降静液注压力能力数据表

$a/\%$	$\rho_s/(\text{g}\cdot\text{cm}^{-3})$	当量密度/$(\text{g}\cdot\text{cm}^{-3})$	$a/\%$	$\rho_s/(\text{g}\cdot\text{cm}^{-3})$	当量密度/$(\text{g}\cdot\text{cm}^{-3})$
50	0.510	0.999 9	75	0.255	0.960 0
55	0.459	0.995 5	80	0.204	0.940 1
60	0.408	0.989 9	85	0.153	0.907 1
65	0.357	0.982 8	90	0.102	0.842 0
70	0.306	0.973 2	95	0.051	0.654 9

由表 4.2 可见,在基浆密度为 1.02 g/cm^3 的情况下,要达到静液柱平均密度在 0.9 g/cm^3 以下,泡沫质量要求大于 85%,而地面密度在 0.153 g/cm^3 以下,才能在常压和低压地层实施欠平衡压力钻井,因为需要考虑环空压耗、环空岩屑浓度、所控制的负压值的影响。

根据现场可循环硬泡沫的使用情况可以看出,当地面密度小于 0.5 g/cm^3 时,钻井泵上水明显恶化,因此在常压和低压地层进行欠平衡压力钻井时,需要在立管上注气,才能达到要求。注气时的地面泡沫质量为

$$\alpha=\frac{Q_g}{Q_g+Q_1}\tag{4.57}$$

式中　Q_g——出口条件(温度、压力)下的气体流量;

　　　Q_1——液体流量。

反之,根据地面泡沫质量,也可求出所需的注气量为

$$\frac{Q_g}{Q_1}=\frac{\alpha}{1-\alpha}\tag{4.58}$$

如 $\alpha=85\%$ 时,气液比为5.7,根据钻井液出口温度,很容易折算成标准状态下的气液比。

在稳态下,式(4.58)也适用于充气(两相流)钻井的静液柱压力计算。在两相流中,存在着静压区和摩阻区。在摩阻区,循环摩阻对井底压力影响很大,注气量的增加对井底循环压力影响不大;在静压区,可以初步估算产生负压所需的注气量。但准确计算需要考虑环空循环摩阻和岩屑浓度对井底压力的影响,则需用专门的计算机软件设计计算。

3. 欠平衡钻井井控技术

1)欠平衡钻井井控技术与常规钻井井控技术的区别

(1)常规钻井井控技术。

常规井控包括一级井控、二级井控和三级井控。

一级井控是指通过钻井液密度使钻井液液柱压力大于地层孔隙压力,以阻止地层流体流入井筒。钻井液密度的确定是以裸眼井段最高的孔隙压力梯度为基准,再增加一个附加值,附加值按以下原则确定:

油水井:0.05~0.10 g/cm³,井底正压差1.5~3.5 MPa。

气井:0.07~0.15 g/cm³,井底正压差3.0~5.0 MPa。

二级井控即一级井控失败,出现井涌或井喷,此时依靠二级井控,即采用地面井控设备和适当的井控技术来控制井涌或井喷。溢流量的界定如下。

油水井:井深≤1 500 m,溢流量1.0 m³报警,2.0 m³关井;

　　　　1 500<井深≤2 500 m,溢流量2.0 m³报警,3.0 m³关井;

气井:井深≤1 500 m,溢流量1.0 m³报警,1.5 m³关井;

　　　1 500<井深≤2 500 m,溢流量1.5 m³报警,2.0 m³关井;

　　　井深>2 500 m,溢流量2.0 m³报警,3.0 m³关井。

三级井控即二级井控失败也就是井喷失控,采用打救援井、灭火等措施。

(2)欠平衡钻井井控技术。

欠平衡钻井是通过旋转防喷器(或旋转控制头)和节流管汇控制井底压力,允许井涌和适度井喷,只有在井口回压(套压)超过一定值时,采用常规井控技术来控制井底压力以防止井喷失控。欠平衡钻井不存在一级井控阶段。

2)欠平衡钻井井控技术

井底压力控制是欠平衡钻井成功的关键,如果井底压力控制不当,会造成过压钻井,导致油气层污染,从而降低油气井产能,甚至引起井漏等井下复杂事故,影响整体勘探开发效果。

(1)欠平衡井口装置的选择。

井口装置主要考虑地层孔隙压力、钻机底座高度、地层流体类型等因素。其选择原则参见4.5.6节。

(2)井底压力影响因素分析。

现场施工时可能造成井底压力波动的因素有:地层参数和井筒几何尺寸;钻井液性能和注入气体类型;泵排量和气体注入速度;随钻气液产量;地面控制程序(主要是节流阀开度);注气方法;起下钻、接单根和修理设备等操作。

以上参数的最终变化结果都会影响井底压力,即井底负压值,关系到能否实现和保持欠平衡状态。

变化公式(4.4)可以得到井底压力的表达式为

$$p_w = p_m + p_f + p_{acc} + p_t \tag{4.59}$$

式中　p_f——摩擦压力损失；

　　　p_{acc}——液流加速度压力；

　　　p_t——地面压力(套压)，取决于地面节流阀控制、气体和液体流速等；

　　　p_m——静液柱压力，取决于气体和液体密度及气体相关参数的函数。

上述四个参数均是动态的，在欠平衡钻井过程中，由于非线性多相流的特性和钻井过程中的各种影响因素，井底压力是变化的。

但在一段时间内，井底压力又是相对稳定的，因此可以进行单项对比分析，并采取相应的对策。

①地层参数和井筒的几何尺寸。

地层压力是在欠平衡钻井过程中首先要搞清楚的最基本压力，一切欠平衡的压力计算都建立在这个压力基础之上。其求得方法参照4.5.2节中的论述。其他地层参数，如坍塌压力、破裂压力、岩性、产层等参数是设计井底负压值和井口回压的重要依据。

井筒的深度、井径和井身结构是计算环空静液压力、环空循环压耗的稳定参数。

②钻井液性能、注入气类型和注入方式。

由于地面上对返出钻井液中的油气进行了充分的分离，因此钻井液性能引起井底压力发生变化的可能性很小，除非人为地对钻井液性能进行调整。因此，可以排除钻井液性能对井底压力波动的影响。

注入气的类型影响，主要是指所注入气的性能参数，它影响了井底压力的计算。如果注入气溶于钻井液，会影响钻井液的性能。同样，注入方式不同，所产生的效果也不同，主要反映在钻井液柱压力的大小上。

③泵排量和气体注入速度。

泵排量是主要影响因素，它的变化反映在泵压、套压的变化上，影响着 p_m、p_f、p_{acc}、p_t 的变化。

在欠平衡压力钻井中，气体在井眼内占据的体积和相应的流动循环摩阻对井底压力的影响很大。前者使井底压力下降，后者使井底压力增加，二者相互影响、制约，又会影响地层流体进入井眼气体的流量。这说明：在给定的欠平衡钻井条件下，环空气量降低井底压力存在一个极限值——最佳注气量。

当钻井液排量一定时，井底压力随环空气量的增加而下降，但有一个极限值，一般而言，排量越小，井底压力的下降幅度越大。

④随钻气液产量。

这是一个很难精确控制的因素，但却对井底压力有着重要的影响，它是设计井底负压值和最大井口回压的主要依据，同时也是在钻进过程中调解井底负压值的参考数据之一。

在设计过程中依据公式(4.8)在钻进中调整，最简单的办法是根据地面产量的测量数据，考虑影响因素，根据产层渗流方程进行回归分析。

a. 欠平衡钻直井油层单相液流稳定渗流模型。

当产出速度较低时,此时应用达西定律,推导出如下公式:

$$Q_o = \frac{2\pi K_o h_o (p_p - p_w)}{\mu_o B_o \left(\ln \dfrac{r_e}{r_w} + S - 0.75 \right)} \tag{4.60}$$

式中　Q_o——原油产量,m/d;

　　　K_o——油层有效渗透率,$10^{-3}\ \mu m^2$;

　　　h_o——油层有效厚度,m;

　　　p_w——井底压力,MPa;

　　　p_p——地层压力,MPa;

　　　μ_o——原油黏度,MPa·s;

　　　B_o——原油体积系数,无因次。

当产出速度较高时,在井底附近将出现非达西渗流,根据渗流力学中的非达西渗流二项式,得出生产压差与油井产量之间的关系为

$$p_p - p_w = CQ_o + DQ_o^2 \tag{4.61}$$

式中　　　$C = \dfrac{\mu_o B_o \left(\ln \dfrac{r_e}{r_w} + S - 0.75 \right)}{2\pi K_o h_o \alpha}$,　$D = 1.339\,6 \times 10^{-18} \dfrac{\beta B_o^2 \rho_o}{4\pi^2 h_o^2 r_w}$

其中　α——单位换算系数,无因次;

　　　D——紊流系数,无因次;

　　　ρ_o——原油密度,g/cm^3;

　　　β——紊流速度系数,$\beta = \dfrac{1.906 \times 10^6}{K^{1.201}}$,m^{-1}。

b. 欠平衡钻直井气层稳定渗流模型。

根据 Jones 等人推导出来的流动方程,计算在恒定流压条件下,以及考虑到表皮效应和紊流条件的天然气产量,推导出方程

$$p_p^2 - p_w^2 = aQ_g^2 + bQ_g \tag{4.62}$$

式中　　　$a = \dfrac{3.16 \times 10^{-2} \beta \rho_g T Z}{h_g^2 r_w}$

$$b = \dfrac{1.424 \times 10^3 \mu_g T \left(\ln \dfrac{r_e}{r_w} - 0.75 + S \right)}{K_g h_g}$$

$$Q_g = \dfrac{-b + \sqrt{b^2 - 4ac}}{2a}$$

$$c = -(p_p^2 - p_w^2)$$

其中　Q_g——标态下天然气产量,10^3 ft^3/d;

　　　K_g——气层渗透率,$10^{-3}\ \mu m^2$;

　　　h_g——气层有效厚度,ft;

　　　μ_g——天然气黏度,mPa·s;

　　　ρ_g——天然气相对密度,无因次;

Z——天然气压缩因子,无因次;

T——储层温度,K;

β——紊流系数,$\beta=\dfrac{2.33\times10^{10}}{K^{1.201}}$,ft^{-1}(1 ft=0.304 8 m)。

当雷诺数小于 1 时,紊流效应忽略不计,可用径向流动方程:

$$Q=\frac{703\times10^{-6}Kh(p_\text{p}^2-p_\text{w}^2)}{T\mu_\text{g}Z\left(\ln\dfrac{r_\text{e}}{r_\text{w}}+S-0.75\right)} \tag{4.63}$$

以上计算都含有一定假设条件,但计算精度较高,适用于欠平衡钻井中,根据随钻产量反算井底压力。

⑤起下钻、接单根和修理设备等操作。

在起下钻、接单根和修理设备等操作时,循环被终止,此时,在不同欠平衡工况条件下,由于没有摩擦压力损失,井底压力都会发生不同程度的变化。

a.接单根。

接单根时,井底压力下降,井底负压值增大,产油气量增加,其产出量取决于井眼类型、产出率等因素。在较长裸眼段的水平井内,过多的产液量引起钻井液分离,从而在较低部位引起静液压力变化,可能导致过平衡状态或负压增加。重新循环时,摩擦压力作用于井底,因液流加速而增大,可能会导致压力激增。特别是钻杆注气,井底压力波动较大。

采用环空注气在接单根时,如果环空关闭,井筒上部钻井液出现分离;如果环空开放,由于产出液的渗入,液柱压力增加幅度不大。因此,可保持适度的连续气量注入以避免压力激增。与钻杆注气不同的是,环空注气时井底压力取决于井眼上部液体及注气速度。

b.起下钻速度。

起下钻时很难保持欠平衡状态。

如果连续管钻井,可以通过钻杆注气的方式进行维护;如果是流钻条件钻井,则需要压井,此时井下将达到过平衡状态,应该应用不压井起下钻工艺;应用环空注气与不压井起下钻工艺相结合,效果较理想,可以维持连续的欠平衡状态。同时,起下钻作业会引起抽汲和激动压力,要严格控制速度,避免引起井底压力产生较大的波动。

另外,欠平衡钻井时,应尽量缩短设备的修理时间。

⑥地面控制程序。

地面控制程序主要是节流阀开度控制,压力发生变化前节流阀开度一般保持不变,为了控制井底压力一般都采用调节节流阀开度的方法。

对于地层压力系数不小于 1.00 流钻气藏欠平衡钻井,由于井筒环空中存在气液固三相流,环空中多相流计算比较麻烦,精确解难以求得。而钻井液循环系统可以在地面将多相流充分分离,并且入口钻井液性能保持比较稳定,可以采用控制井口回压的方法来保证设计的负压值与实际负压值相等。

3)气侵后环空气体钻井及其分布规律

(1)气体定律。

①气体的类型。

含气产层的主要产物为碳氢化合物、H_2S、CO_2 等。

a. 碳氢化合物。在有机化合物中,有一大类物质仅由碳和氢两种元素组成,这类物质总称烃,也称碳氢化合物。

甲烷是碳氢化合物里最简单的物质,是有机物的母体,也是天然气最主要的成分,占 $80\% \sim 97\%$ 。甲烷无色、无味,标准状态下的密度为 0.717 g/cm^3,大约是空气的一半,极难溶于水,燃烧生成 $H_2O \cdot CO_2$。

其他还有乙烷、丙烷和 CO 等有毒气体。

b. H_2S。它是一种无色、低浓度、有臭味的气体,密度为 1.176 g/cm^3,沸点为 -60 ℃。燃烧呈蓝色火焰,产生 H_2O、SO_2,溶于水形成酸。

c. CO_2。它是一种无色气体,加压降温变成液体和固体,标准状态下的密度为 1.977 g/cm^3,同体积的水能溶解同体积的 CO_2。CO_2 不能燃烧,也不支持燃烧,溶于水形成碳酸。

②气体的定律。

$$p_1 \cdot V_1 \cdot T_2 \cdot Z_1 = p_2 \cdot V_2 \cdot T_1 \cdot Z_2 \tag{4.64}$$

式中　p_1、Z_1、Z_1——原始绝对压力、体积、温度;

$\quad\quad Z_1$——在 p_1、T_1 情况下的压力系数变化量;

$\quad\quad p_2$、V_2、T_2、Z_2——其他条件下的相应值。

③欠平衡状态下天然气侵入井内的方式。

当在欠平衡状态下钻井时,气体以气态或溶解状态大量侵入井内。井底负压值越大,侵入的气体量就越多,而且很容易在井内形成气柱,其侵入量与岩石的孔隙度、井径、机械钻速和气层的厚度成正比。

(2)天然气侵入井内后对钻井液液柱压力和环空密度的影响。

天然气侵入钻井液后,常以微小的气泡形式混合在钻井液中。随着钻井液循环在环空上升或因其密度小在钻井液中滑脱上升。

在井底开始侵入时受到的压力较大,气泡体积很小,对钻井液的密度影响也较小。在上升过程中,由于受到的钻井液液柱压力逐渐减小,气泡逐渐膨胀,体积增大,钻井液的密度随着气泡的上升而逐渐减小,在井口达到最小值。

气侵后,井内钻井液的密度可用下式求得:

$$\rho_{mh} = \frac{\alpha p}{\alpha + (1-\alpha)\dfrac{p_t}{p_t + 9.8\rho_m H}} \tag{4.65}$$

气侵后钻井液的液柱压力减小值的计算公式为

$$\Delta p = 2.3\frac{(1-\alpha)p_t T_a Z_a}{\alpha T_s Z_s}\lg\frac{p_t + 9.8\rho_{mh}H}{p_t} \tag{4.66}$$

式中　Δp——气侵后钻井液液柱压力减小值,MPa;

$\quad\quad \rho_{mh}$——井深为 H 时气侵钻井液密度,g/cm^3;

$\quad\quad \rho_m$——原始钻井液密度,g/cm^3;

$\quad\quad H$——计算井深,m;

$\quad\quad Z_s$——地面天然气压缩系数;

$\quad\quad Z_a$——天然气平均压缩系数,$Z_a = (Z_s + Z_b)/2$;

Z_b——井底天然气压缩系数；

T_s——地面温度，K；

T_a——平均温度，$T_a = (T_s + T_b)/2$；

T_b——井底温度，K；

α——地面气侵后钻井液密度与气侵前钻井液密度的比值，无因次。

①气体以气泡形式侵入钻井液后，环空气侵钻井液密度是不等的，随井深自下而上变小。

②钻井液气侵后，会使钻井液密度降低，钻井液柱压力减小，但其减小值是有限的。相对而言，气侵对浅井压力的影响比深井大。

③只要采取有效的除气措施，保证入井钻井液性能不变，就可以有效地控制井喷。

4）气体是否侵入井内的预测方法

（1）钻井液池液面观察预测法。

观察钻井液池液面，如果钻井液池液面升高，说明地层流体已经侵入井眼，应密切注意套压的变化，当套压升至最大关井套压设定值时应及时，采取应急措施。

（2）钻井液入口密度和出口密度差值法。

在正常情况下，如果没有油气侵入井内，由于环空中有钻屑，出口密度应大于入口密度；如果有气体侵入井内，出口密度应小于入口密度，说明地层气体已经侵入井内。

通过勤测钻井液入口密度和出口密度可及时掌握井下动态及气侵情况。应密切注意套压的变化，在确保欠平衡钻进的同时，及时做好应急的准备工作。

（3）立压观察法。

气侵时，钻井液密度降低，同时钻井液性能也随着改变，理论及实践均表明，当有气体侵入井眼内时，立压降低，钻井过程中通过观察立压的变化也可作为判断地层流体是否（这里主要是气体）侵入。在确保欠平衡钻进的同时，应密切注意立压、套压的变化，及时做好应急准备工作。

（4）套压分析法。

如果气体均匀侵入，套压变化基本稳定，但随着侵入量的增加，套压也会逐渐升高，但这种变化比较缓慢；如果地层内气体是以气柱形式侵入，随着气柱的上升，气柱逐渐膨胀，套压升高，这种升高幅度变化较大，到达距井口一定距离后，其上部钻井液液柱无法平衡气柱压力，如果此时不注意观察，大段气柱会突然涌出，套压突然升高。只要在钻进过程中注意观察分析，在这种情况出现之前，是可以做好应急准备工作的。

（5）利用综合录井参数分析法。

大庆油田探井欠平衡钻井现场均配备了 SDL-9000 型综合录井仪，其所测的录井参数主要有立压、泵冲、泥浆泵排量、钻井液出口流量、钻时、套压、钻井液罐内钻井液体积、岩屑迟到时间、钻井液出入口密度、温度、电导率、全烃值（最大、一般、基值、比值）、组分（C_1、C_2、C_3、C_4、iC_4、nC_4）、大钩载荷、Dc 指数预测等。其中，立压、钻井液罐内钻井液体积、钻井液出入口密度、套压，在现场能够通过观察、实测方法得到。泥浆泵排量、钻井液出口流量、钻时、DC 指数、全烃值（最大、一般、基值、比值）、组分（C_1、C_2、C_3、C_4、iC_4、nC_4）、钻时等，为现场判断井下是否有气体侵入、侵入量大小、侵入方式等提供现场无法或难以观察、实测到的基础数据。

①钻时。在钻压、转数、排量一定的情况下,如果地层岩性不发生变化,则钻时不发生变化或变化幅度不大,可能没有钻遇油气层;但在钻进过程中,如果钻时减小,而钻压、转数、排量等不变,可能钻遇油气层,此时应该观察其他参数是否变化,如转盘扭矩是否增大、立压、泥浆泵排量、钻井液出口流量、钻井液罐内钻井液体积、钻井液出入口密度、全烃值显示是否正常,如果这些参数全部或部分发生变化,说明可能钻遇油气层,在确保欠平衡钻进的同时,应及时做好应急准备工作。

②Dc 指数预测法。综合录井是根据 Dc 指数预测法预测地层压力,该预测法不能直接与其他综合录井参数同时在综合录井显示器上显示,而必须停止地质录井作业,对 Dc 指数所要求的基础数据进行综合处理后,计算出地层压力预测值,然后回放到显示器上。将 Dc 指数所预测的地层压力与其他参数(如地质设计给定的地层压力,欠平衡作业期间通过密度、套压、环空压耗等计算的地层压力)进行对比分析,确定合理的预测值,为防止井口失控提供理论依据。

③泥浆泵排量和钻井液出口流量。泥浆泵排量是根据泵冲数、缸套直径、泵效率、有效容积计算得出的,出口流量是通过流量计测得到的。当发现出口流量大于泥浆泵排量时,可能是地层流体(这里主要指气体)侵入井内,可根据两者差值估算出地层流体单位时间内侵入井内的量,并结合其他参数,如套压等,做出准确判断,为制订下一步技术措施提供理论依据。

④根据全烃值、组分显示进行判断。全烃值在屏幕上显示为最大值、一般值、基值和比值。最大值、一般值、基值以百分数形式显示,比值以倍数形式显示。比值=最大值/基值。地质人员一般把比值大于 3 时定为有油气显示,比值从 3～100 不等,有的还大于100。基值是地质人员根据所测得的某个井段而设定的一个百分比,在同一口井可能有很多基值。组分包括 C_1、C_2、C_3、C_4、iC_4、nC_4,它们以百分数的形式显示在显示器上,如果只显示 C_1 或 C_1、C_2,说明储层为气层,如果六个参数都显示,且数值相差不大,则该储层为油层。

目前,根据全烃值、组分显示只能判断出是否已经钻遇气层,提醒人们在制定下一步技术措施时,充分考虑地层流体大量侵入井内的可能性,事先做好应急准备工作。

实际上,单靠某一项参数的变化判断地层气体是否侵入井内是不科学的。根据现场实际,综合分析各种参数的变化情况,才能确定是否有地层流体侵入井内,及时制定相应的应急措施。

(6)在欠平衡状态下井内静止钻井液气侵外溢时间预测。

在采用流钻欠平衡方法进行气井钻井过程中,由于特殊作业中断循环,此时,须对井下情况进行细心观察并收集资料,按以下公式计算出井内积聚气,严重气侵钻井液开始外溢所需时间,以便做好预防措施。

$$\begin{cases} v = \dfrac{p_{t1} - p_t}{G_m} \\ X_1 = \sqrt{X\left(h + \dfrac{10.3}{\rho_m}\right)} \quad t = \dfrac{X_1}{v} \end{cases} \tag{4.67}$$

式中 v——天然气柱上升速度,m/h;

p_t——初始关井套压,MPa;

p_{t1}——关井 1 h 后的套压,MPa;

G_m——气柱上面钻井液液柱压力梯度,MPa/m;

X_1——井下外溢时严重气侵的钻井液液柱高度,m;

X——井下积聚的严重气侵的钻井液液柱高度,m;

h——气柱上面未气侵钻井液液柱高度,m;

ρ_m——未气侵钻井液的密度,g/cm³;

t——积聚气气侵钻井液柱开始外溢所需时间,h。

5)井底压力控制技术措施

(1)井内各液动压力间的基本数学关系。

根据环空动力平衡的条件建立如下等式:

$$p_t + p_m + p_{HK} = p_p - p_F = p_w \tag{4.68}$$

根据水力学关系

$$p_B = p_{ZJ} + p_{HK} + p_M + p_t + p_m - p_Z \tag{4.69}$$

则

$$p_t + p_m + p_{HK} = p_B + p_Z - p_M - p_{ZJ}$$

将式(4.68)代入式(4.69),得

$$p_F = p_p + p_M + p_{ZJ} - p_B - p_Z \tag{4.70}$$

式中　p_m——环空气、液柱压力,MPa;

p_B——泵压,MPa;

p_{ZJ}——钻具内循环压降,MPa;

p_M——钻头压降,MPa;

p_Z——钻具内液柱压力,MPa。

(2)井底负压值与泵压间的关系。

根据井内压力关系,当排量、钻井液入口性能不变,而随钻产油气量变化或气体滑脱上升时,p_M、p_{ZJ}、p_Z、p_p 为常量,设 $k = p_M + p_p + p_{ZJ} - p_Z$,显然,$k$ 亦为常数,则上式可写成

$$p_F = k - p_B \tag{4.71}$$

可见,当排量不变时,如果泵压下降,则井底负压值按同值增加;反之,如果泵压上升,则井底负压值按同值减少。因此,随钻产油气量变化或气体滑脱上升时,靠调节节流阀使泵压保持不变,即可保持井底负压值不变。

(3)井底负压值与井口压力及排量间的关系。

根据水力学有关计算公式(层流状态),当随钻产油气量不变时,推导出

$$p_F = p_p - p_m - (p_t + aQ + b) \tag{4.72}$$

其中,当井眼条件和钻井液性能不变时,a、b 为常数。

当随钻产油量不变(同时入口钻井液性能不变),而排量 Q 变化时,p_m、p_p 为常量,设 $K' = p_p - p_m$,显然,K' 为常数,则

$$p_F = K' - (p_t + aQ + b) \tag{4.73}$$

由式(4.73)可见,当随钻产油气量及入口钻井液性能不变时,如果排量下降,则井底负压值按井口压力下降值与排量下降值的正比值的和同值增加,反之亦然。

当随钻产油气量不变而排量变化时,靠调节节流阀开度变化使井底压力不变。

通过调节 p_1，既保证了欠平衡钻井时，循环压耗等于欠平衡初始时的循环压耗，又可保证设计的负压值等于实际的负压值。但随着井深增加，新的立压参考值应为原循环压耗参考值加上由于井深增加段内的压耗与环空压耗值。

（4）节流阀开度调节操作措施。

为了正确地调节节流阀开度以使井底负压值稳定在设计的范围之内，必须及时收集有关数据（立压、套压、产油量、产气量、泵冲、钻井液密度及黏度等），并制定有关的操作措施。

①随钻产油气量过大，需减小负压值时。

关小节流阀，使泵压增加（增加值为需减少的负压值），由于需要循环一周才能将井眼内较多的油气循环出来，因此，控制的效果只有在一个循环周后才能显现出来，在此期间绝不能因为随钻产油气量没有减少而继续增加回压，以免造成过压钻井或井漏。

②泵排量不变，而泵压下降时。

这种现象一般发生在初次钻遇油气层或钻遇较大的油气层时。因为油气柱在环空上升、膨胀而造成液柱压力下降。在该情况下，应调节节流阀使泵压回升到原来的数值以控制井底压力不变。当泵压明显下降时，除非随钻有气体产出，否则井口及点火管线没有油气增多的迹象，较大的油气只有在一个循环周后才能显现出来。因此，应随时注意泵压的变化。当泵压变小时，及时调节节流阀使泵压迅速回升，以免随钻产油气量急速增加造成后期井底压力控制困难。

当随钻有气体产出时，随着泵压的下降，井口压力反而会增加，这会造成应该减小回压的假象，正确的做法是增加回压使泵压回升。

③随钻产油气量不变，而泵排量变化时。

判断随钻产油气量不变，而泵排量变化时的简单方法是泵压、套压及泵冲同时变大或变小。最好的解决办法是使泵冲恢复到原来的数值。如果井队由于设备问题泵冲无法恢复，应调节节流阀使井底压力保持不变。

当排量增加时，调节节流阀使套压下降到原泵冲时的套压值后，继续调节节流阀再使套压下降 $a(Q_2-Q_1)$。

当排量减少时，调节节流阀使套压上升到原泵冲时的套压值后，继续调节节流阀再使套压上升 $a(Q_2-Q_1)$。

④接单根时。

接单根时，停泵后，必须关闭节流阀，目的是增加井口回压，减小负压值，以减少地层产油气量。接完单根，打开节流阀，马上开泵，尽量减少间隔时间，这样对于控制后效很实用。

⑤套压急剧上升时。

在欠平衡钻进过程中，如果套压急剧上升，现场施工人员需要及时判断井口套压升高的原因。若因井下气体滑脱，至井口引起的套压升高，可采用节流循环排气降压法，使套压降至安全套压范围。

如果采用节流循环排气降压法不能将套压维持在安全套压范围内，这说明地层压力比设计的地层压力大得多，造成实际的负压值过大，给现场施工带来很大的危险。此时现场应采用低泵冲试验，关井求得新的地层压力，根据设计负压值加重钻井液。

⑥钻井液性能变化时。

当新的地层压力确定后，由于此时环空已受侵，在欠平衡状态下的液柱压力 p_m 和环空循环压耗 p_{HK} 难于求出，因此可在假设地层流体未进入井筒的基础上，用前述方法按设计的负压值计算出所需新的欠平衡钻井液密度。新钻井液密度为

$$\rho_m = \frac{p_{P1} - (p_{HK1} + p_F)}{9.81H}$$ (4.74)

式中　　H——井深，km；

　　　　p_{P1}——新地层压力计算值，MPa；

　　　　p_{HK1}——新密度下的循环压耗计算值，MPa。

根据上述原理可知，用调整井口回压的方法，保证此时设计的负压值等于实际的负压值。由于所有压耗与钻井液密度成正比关系，现场施工时，可按下式近似求出：

$$\frac{p_{立1}}{p_{立2}} \propto k'\frac{\rho_{m1}}{\rho_{m2}}$$ (4.75)

式中　　$p_{立1}$——初始循环时立管压力，MPa；

　　　　$p_{立2}$——调整钻井液密度后循环时应保持的立管压力，MPa；

　　　　ρ_{m1}——初始欠平衡时钻井液密度，g/cm³；

　　　　ρ_{m2}——调整后欠平衡的钻井液密度，g/cm³；

　　　　k'——钻井液性能的影响系数，无因次。

运用该公式近似求出调整钻井液密度后应保持的立管压力，并用井口回压控制循环压耗始终等于该立管压力，从而保证实际负压值等于设计的负压值。

（5）井口回压法控制井底负压值的计算方法。

①井口回压法。

另一种控制井底负压值的方法是井口回压法，因为地面唯一可控制因素为节流阀，因此，也可以根据井口回压（套压）的大小计算实际井底负压值，然后根据设计值通过操作节流阀进行调整。

利用环空气液两相流模型推导出利用井口回压计算井底负压值的公式为

$$p_F = 2.3\frac{Q_{go}p_t T_s Z_s}{Q_{mo}T_a Z_a}\lg\frac{p_t + 9.8\rho_{mo}H}{p_t}$$ (4.76)

式中　　ρ_{mo}——气侵前钻井液地面密度，g/cm³；

　　　　p_t——地面压力（套压），kPa；

　　　　Q_{mo}——地面脱气后钻井液返出流量，L/s；

　　　　Q_{go}——地面气体返出流量，L/s。

该模型忽略了环空中气体滑脱造成的能量损失，并假设环空中气体压缩系数和井下温度为井深的线性函数，在积分时取其平均值，气侵量越小，计算精度越高。

②最大井口回压（即关井套压）的确定。

最大关井套压的确定主要考虑井口设备承压能力、套管抗内压强度和套管鞋处地层破裂压力三方面因素，关井最大允许套压取三者中最小值。在一口设计正确的井中，地层通常是最薄弱的，而井口防喷设备是最强的。

因此，关井允许的最大套压=（地层破裂压力梯度-钻井液静液压力梯度）×（套管鞋

处井深）。

但在欠平衡井中，还要考虑液气分离器的处理能力，如果负压值设计或控制不当，随钻产油气量过大，超过液气分离器的处理能力，分离效果不好，恶性循环，设计关井套压过高，不及时采取措施，后果是很严重的。可根据稳定渗流模型公式计算井底欠压值与随钻产气量的关系。

（6）压井技术。

①压井时机的选择。

a. 起下钻压井。

b. 取心作业压井。

c. 中途测试压井。

d. 完井作业压井，如测井、下管柱等。

e. 地层压力过大或回压控制不当，井口压力太大，超过旋转防喷器等井控设备的安全要求时压井。

②压井方法。

欠平衡一般采用工程师法压井，根据具体情况实施正循环或反循环压井。

压井的基本做法仍是在通过调节节流阀的开启程度，控制立管压力，保持井底压力不变的原则下，用重钻井液循环压井。具体步骤及操作方法如下：

a. 经慢启动泵并打开节流阀，使套压等于关井时的套压值。当泵速或排量达到选定的泵速或排量时，保持泵速或排量不变，调节节流阀的开启程度使立管压力等于初始循环立管总压力。

b. 在重钻井液由地面到达钻头的这段时间内，通过调节节流阀控制立管压力，使其按照"立管压力控制表"变化，即由初始循环立管总压力降到终了循环立管总压力。

c. 继续循环，重钻井液在环空上返，调节节流阀，使立管压力保持终了循环立管总压力不变，当重钻井液到达地面后，停泵、关节流阀，检查套管和立管压力是否为零，若为零则说明压井成功。

③压井原则。

以停泵立压、套压为零作为压稳依据，并附加适当的附加值。

④压井步骤。

a. 首先，在钻井过程中应做低泵冲试验，记录压井排量循环泵压。

b. 地层压力=9.8×初始钻井液密度×垂直井深+关井立压。

c. 压井钻井液密度=初始钻井液密度+0.102×关井立管压力/垂直井深。

d. 初始循环立管总压力=压井排量循环泵压+关井立压。

e. 终了循环立管总压力=（压井钻井液密度÷初始钻井液密度）×原钻井液压井排量循环泵压。

f. 总容积=管内容积+管外容积。

g. 重钻井液由地面到达钻头时间=管内容积/压井排量。

h. 重钻井液由井底到地面的时间-管外容积/压井排量。

i. 最大允许关井套压=（地层破裂压力样度-初始钻井液静液压力样度）×垂直井深。

（7）欠平衡钻进过程中技术要求。

①开始钻进时，节流阀不节流，读出此时的立压值作为立压参考值，供节流调节时用。

②正常钻进节流阀调节原则。在钻进过程中，如果未钻遇油气层，立压值等于立压参考值；如果钻遇油气层，当地层油气进入环空后，逐渐改变钻井液密度，当钻井液上升到井口上部时，出口流量开始增加，立压值开始下降，此时应调节节流阀，保持立压值约等于立压参考值。随着井深增加，新的立压参考值应为原立压值加上由井深增加、钻具内增加的压耗与环空压耗值。在钻进过程中，井口若未遇到油气显示，应考虑井底循环压力是否太大，可适当降低钻井液密度。要注意井口岩屑返出情况，应适当控制机械钻速。应及时排除由泵方面因素引起的立压值降低。

③钻进过程中的注意事项。

a.注意钻进过程中各项参数的变化，防钻具、钻头事故。如钻速突然加快，应立即停泵观察，测油气上窜速度、全烃含量、地层压力、钻井液密度，井口有无钻井液溢出，如果一切正常，即可恢复钻进，否则应控制套压在小于最大关井套压设定值下进行欠平衡钻进。

b.当胶芯密封失效需要更换时，箭型止回阀能起作用，半封关井可靠，套压不超过最大关井套压设定值的情况下，可进行不压井更换胶芯，否则根据现场实际情况压井后更换胶芯。

c.当井控装备出现故障不能确保关井安全，使欠平衡作业无法进行时，要进行压井后更换或现场维修井控设备。

d.在钻井过程中，当发生卡钻等事故无法处理时，应压井后再做处理。

e.单流阀失败，钻具内立压无法消除，应压井起钻，更换单流阀。

f.钻头水眼或单流阀堵死，应打开旁通阀压井后提钻更换。

g.在钻井过程中若发生井漏，处理井漏可适当降低钻井液密度至正常或边漏边钻作业。

h.钻井设备出现问题，应根据现场实际情况决定处理方式。

i.当气量较大时，停止钻进作业，关井求压；当气量过大时，返出钻井液超过液气分离器口处理能力时，应放喷，关液气分离器，节流压井。

j.要定时测量钻井液进出口性能。

④钻进中接单根操作程序。

a.打完单根充分循环上提，坐卡瓦，关井，关闭节流阀。

b.增加控制回压（增加值=循环压耗+欠压值）。

c.从六棱方钻杆下方保护接头公螺纹处卸扣。

d.上提六棱方钻杆接单根。

e.单根对好扣，用液压大钳上扣，要对接头表面进行修整、注油。

f.接好单根后，上提去卡瓦。

g.打开节流阀，开泵，调节控制回压。

h.钻进。

⑤起钻操作程序。

起钻原则：钻头提至地面时，套压为零。

a.起钻前循环一周，携带岩屑。

b.关井术压，计算地层压力。

c. 根据立压、套压值,确定压井密度。

d. 将近平衡钻井液打入井筒,建立井筒压力平衡。

e. 停泵,套压为零。

f. 打开旋转防喷器,卸掉方钻杆,起钻。

g. 上提钻具要控制速度,操作要平稳,按要求及时灌满钻井液(注意有无抽汲现象)。

h. 用液压大钳卸扣。

i. 当起钻中途井口有溢流时,应进行阶段压井。

另外,对起出的特殊工具,要认真检查,确保再次下钻能安全使用。

⑥下钻作业程序。

a. 接好钻头,内外钳工扶正入井钻具,让钻具缓慢入井,防止钻头碰坏旋转防喷器。

b. 控制下钻速度,防止压力激动,造成井漏复杂情况的发生。

c. 用液压大钳上紧扣,防止钻进过程中刺坏钻具。

d. 坐卡瓦,起游车,进行下钻的重复作业。

e. 每下钻 20 柱,向钻具水眼灌注钻井液一次。

f. 下钻发现溢流时,视情况尽量将钻具下深,然后采用"四·七"动作关井。

g. 钻头到底后,开泵循环,用欠平衡钻井液替出井内近平衡钻井液,实现欠平衡钻井。

⑦欠平衡钻井液密度的确定。

a. 如果钻井过程中无套压值,应降低钻井液密度,直至井底负压值满足设计要求。

b. 如果钻井过程中套压过大(大于最大关井套压设定值),应适当提高钻井液密度,每循环周按 $0.02\ \mathrm{g/cm^3}$ 提高,直至井底负压值满足设计要求。

4. 欠平衡钻井中故障的处理及应急措施

1)欠平衡钻井中故障的处理

(1)卡钻。

①井塌卡钻和砂桥卡钻。

a. 在钻进过程中发生井塌卡钻和砂桥卡钻,若能循环钻井液,则需向井内打入高黏度钻井液,将井内坍塌碎块和钻屑带出井筒,以解除卡钻事故。

b. 若不能解除卡钻事故,也可以为以后处理创造一个较好的井下环境,然后采取常规方法处理卡钻事故。

c. 倒开钻具,在卡点以上建立起循环,用压井液压井建立起井下压力平衡,然后采取常规方法处理卡钻事故。

②井下落物卡钻。

当出现井下落物而卡钻时,一般情况都能建立循环,此时应把井内钻屑循环干净(以防在以后的处理中由于沉砂而不能循环),然后注入压井液压井建立起井下压力平衡,倒开钻具,起钻采取常规方法处理卡钻事故。

(2)欠平衡钻进过程中突然套压升高紧急处理。

①若套压逐渐升至 7 MPa 不再变化:a. 选用密度稍高的钻井液循环;b. 采用回压控制。

②若套压突然升至 7 MPa 以上,并且继续升高:a. 关井,适度放喷;b. 压井。

(3)钻进过程中钻头水眼堵塞。

投球蹩开旁通阀,压井起钻。

（4）钻进过程中井塌处理措施。

①提高钻井液的黏度、切力,适当升高密度,控制失水。

②倒划眼、正划眼,尽可能使井眼畅通,加足防塌稳定剂,提高井壁的稳定性。

③适当增加钻井液密度,以提高井壁周围的压持力。

2）应急措施

（1）胶芯磨损严重,应更换胶芯:①不起钻更换胶芯;②压井起钻更换胶芯。

（2）旋转防喷器的其他元件损坏而影响密封效果时采用上述操作程序。

（3）钻进过程中液压泵站出现故障(针对有液压泵站的旋转防喷器而言)后旋转防喷器失去了动力源,应关井检修或压井起钻检修。

（4）节流管汇上的液动节流阀出现故障(针对液压控制的节流阀)时,启用手动备用节流阀,检修或更换液动节流阀。

（5）节流管汇上的闸阀出现故障,不能循环时,若井口压力不高,关井检修或更换;若井口压力较高,边节流排气边压井(启用副放喷管线),然后关井检修或更换。

（6）当油水分离器处大量气体聚集时,开鼓风机将聚集的气体吹散。

（7）节流管汇出口到振动筛这段循环管线及设备出现问题而不能循环时,关井处理,严重时压井检修。

（8）地面高压循环系统(从泵到水龙头的高压循环系统)出现问题,如高压闸门、焊接处开裂等,而造成不能正常循环时应采取以下处理办法:关井处理,严重时压井检修。

（9）两台钻井泵同时出现问题不能循环时应关井处理。

（10）节流管汇的液控箱出现问题时,应采用手动阀门来控制,如维修时间过长应压井起钻维修。

5. 欠平衡钻井数据采集与分析处理系统

1）研发欠平衡钻井参数采集与分析处理系统的意义

钻井过程中的实时数据监测是科学打井的前提性工作,对于欠平衡钻井尤其重要。在欠平衡钻井期间,地层流体连续不断地侵入环空,侵入量的大小与地层产能状况、井底负压值等因素密切相关。而侵入量的大小又决定地面设备的承受能力。要求研发的采集与分析处理系统既能够实时分析掌握井下欠平衡状况,提前预防井下发生的异常情况,又能够为事后分析提供基础资料。

若想实时了解井下动态,就要求有一套欠平衡钻井参数采集与分析处理系统,实时分析井底欠平衡钻井动态,如井底欠压值的大小、地层流体侵入量、地层压力的变化情况等,根据采集分析处理数据,对影响欠平衡钻井的诸要素实时调整,进而实现安全快速钻进的目的。

欠平衡钻井数据自动采集分析系统研究的主要内容是:实时采集钻井过程中的相关钻井机械参数、水力参数、钻井液性能参数以及其他与井底欠压值相关的参数,并结合地层参数和实时的井眼参数,实时分析、预测井下的欠压值等。

大庆石油管理局钻井工程技术研究院已经开发出欠平衡钻井采集与分析处理系统,该系统能够对欠平衡钻井相关的参数进行自动采集,通过计算机软件对采集的数据进行分析处理并指导欠平衡钻井现场作业。该系统在现场应用后,达到了设计目的,软件功能强大、设计符合率高、效果明显。本节主要介绍该院研发的欠平衡钻井采集与分析处理系统的设计、软件功能。

2）方案设计

欠平衡钻井参数的采集有两种方式：第一种方式是按常规的方法获取现场数据，即配套地面传感器、数据采集板卡的方式采集欠平衡钻井参数；第二种方式是采用侦听方法直接从录井终端截取。大庆油田探井欠平衡钻井生全部配备了先进的 SDL-9000 型综合录井仪，该录井仪实时采集的数据包括了欠平衡钻井实时分析所需要的基础数据。为了避免在同一口井安装两套传感器，造成不必要的浪费，按照第二种方式采集欠平衡钻井参数。

第一步：针对配备 SDL-9000 综合录井仪的欠平衡钻井，主攻方向是录井仪数据的截取和分析。

第二步：针对将来配备其他系列录井设备的欠平衡钻井，同样要开发数据获取接口。

第三步：对于将来不配备录井设备的欠平衡钻井，仍然采用常规的数据采集系统开发方法，配套传感器。系统工作流程如图 4.20 所示。地层压力模块分析算法流程如图 4.21 所示。

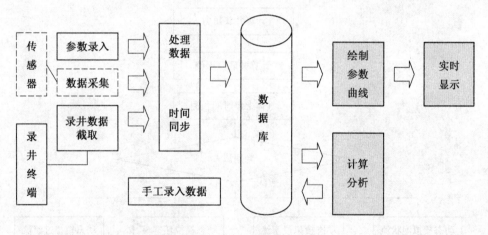

图 4.20 系统工程流程示意图

3）系统软件的主要功能

该系统软件能够对欠平衡钻井过程中的参数进行采集、监测、分析和处理；同时，该系统软件能够对欠平衡井进行事前预测，钻进过程中进行分析处理并指导决策，事后对一口欠平衡井的钻井过程进行分析总结。

该系统软件由十几个功能模块组成。其数据的采集、分析及处理是以图形、曲线和数据表的形式实现的。使用者可以利用存储模块、数据随机查询等模块对欠平衡钻井期间采集的数据自动存储或随机查询任意时间或井深时的数据等。

（1）主要模块。

主要模块是整个系统的入口模块（图 4.22），用来完成系统初始化功能，以及数据录入、曲线选择、监控启动、暂停、继续、数据显示、数据随机查询打印、工况实时动态模拟等功能的协调运行。

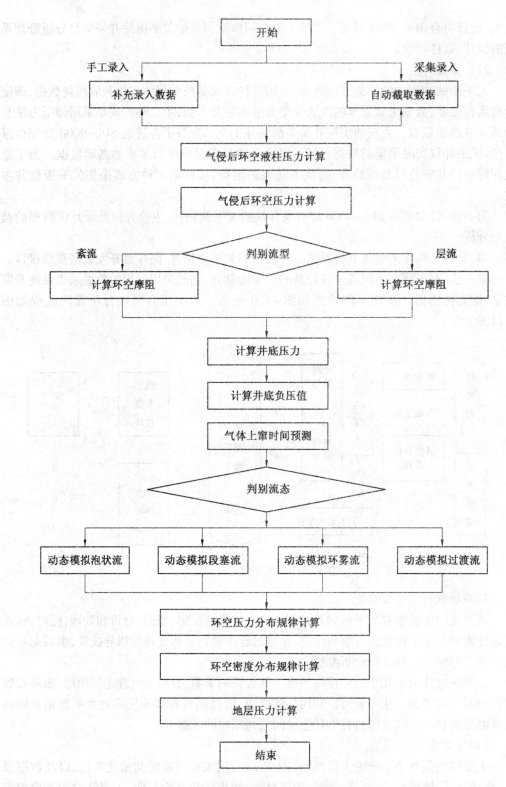

图 4.21　地层压力模块分析算法流程图

图 4.22 主控模块界面示意图

(2)数据包侦听模块。

数据包侦听模块实现的目标是针对 SDL-9000 型综合录井仪数据显示终端,定时(最低 30 s)将发给数据显示终端的特点。根据以太网的 CSMA/CD 工作原理,采用包过滤机制截取 SDL-9000 型综合录井仪与数据显示 X 终端间通信的以太网数据帧。这种方式最主要的特点是对 SDL-9000 型综合录井仪不会产生任何影响。

采用了 WinPcap 包作为开发包,它是 libpcap 在 Win 32 平台下的实现,支持 Win 32 平台上数据包捕获,libpcap 使用 BPF(Berkeley 包过滤器)模型效率很高。它包括内核级的包过滤驱动程序、低级动态链接库(packet. dll)和高级系统无关性库(libpcap)。

WinPcap 数据包捕获程序可把设备驱动增加在 Windows 95、Windows 98、Windows NT 和 Windows 2000 上,可以捕获和发送通过原始套接口的信息包(raw packets),Packet. dll 是一个能用来直接访问 BPF 驱动程序的 API。

(3)数据包分析模块。

目前大庆油田欠平衡井录井队在用的录井仪大致构成为:在录井队仪器房,主要有两台计算机,一台是连接各路传感器的下位机(接收各路传感器信号),另外一台是负责主要计算的工作站(SUN 工作站),两台计算机通过 TCP 上的专有协议传递数据。在地质监督房等处配备有显示实时钻井状态数据的 X 终端,工作站定时将数据通过 X 网络协议发送给显示终端,在实际应用中,最短的数据更新间隔是 30 s。由于 WinPcap 采用高效的 BPF 过滤机制,可以在系统负荷较轻的情况下完成数据包的捕捉,而不会丢失数据。

在网络上传递的数据有下位机到工作站的数据包和工作站到监控终端的数据包。由于前者数据结构未知(系统自己专用的格式,但数据较全),而后者的数据包结构满足 X11 协议的请求显示结构,可以得到相关资料,因此采用监听和分析工作站到显示终端数据包方式。

录井仪与显示终端间使用基于 TCP 协议的 X 协议进行数据传递,因此,对截取下来的数据包依次进行 IP、TCP 及 X 协议的解码和分析,采用有监督模式识别的方法,将终端屏幕特定位置显示的数据项与其物理意义对应起来,将其中包含的有用数据项分离出来,提交给上层的计算和分析模块(图4.23)。

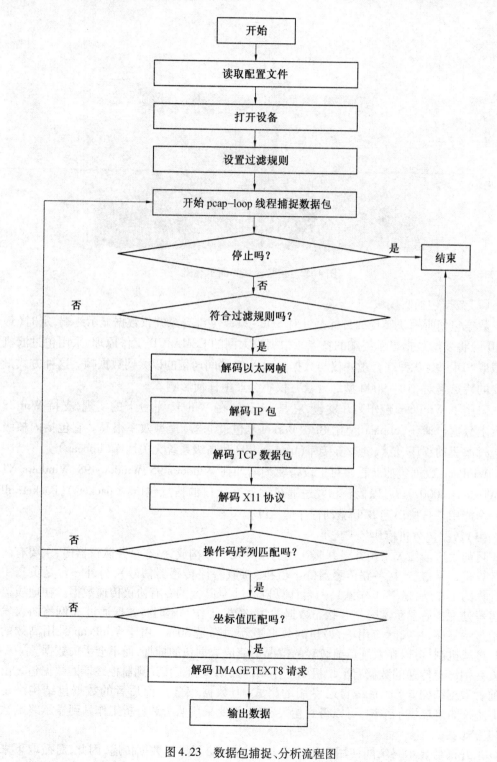

图4.23 数据包捕捉、分析流程图

数据包侦听模块和数据包分析模块两部分封装为一个 DLL 动态库(采用 VC++6 实现)直接被主程序调用。

(4)手工录入数据模块。

以按钮随机激活的方式,手工补充录入数据,包括设计数据、自动采集数据、测井数据和中途测试数据。

手工补充录入数据主要是指那些变化频率不高,且暂时不能自动监测,而计算分析又不可缺少的数据(图 4.24)。

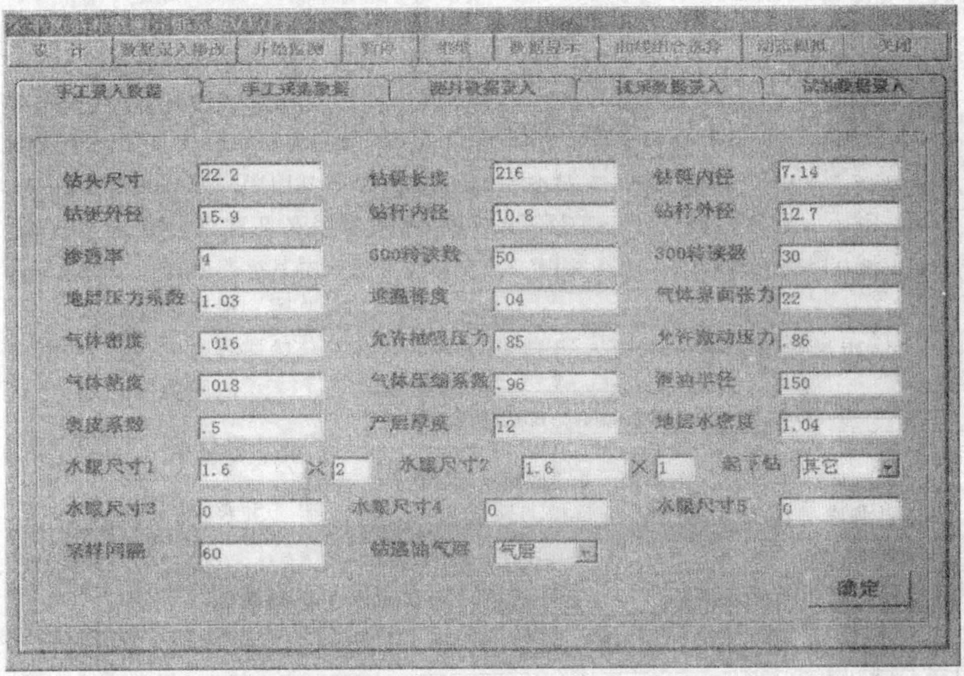

图 4.24　手工录入数据模块示意图

该功能模块还作为一种应急手段,当录井仪因故不能提供数据时,启动该模块手工补充录入数据,保证计算分析不间断。

另外,该功能模块还可用来收集测井、测试、试油试采的数据,为事后分析积累数据(图 4.25)。

(5)数据实时分析模块。

利用自动采集和手工补充录入的数据,实时进行分析计算,获取钻井液参数、环空返速、环空密度分布规律、环空压力分布规律、井底压力、井底欠压值、气体上窜时间、地层压力当量密度、D_c 指数、d 指数等参数,对现场进行指导控制。

(6)数据实时显示模块。

对于自动采集以及分析计算形成的中间数据和结果数据,根据用户的随机选择,给出若干个数据显示屏,按最近的时间区域实时滚动显示。

由于数据较多,采集数据和计算分析结果数据分屏显示(图 4.26 和图 4.27),用户可以任意切换屏幕,查看最近时间段的数据变化情况。

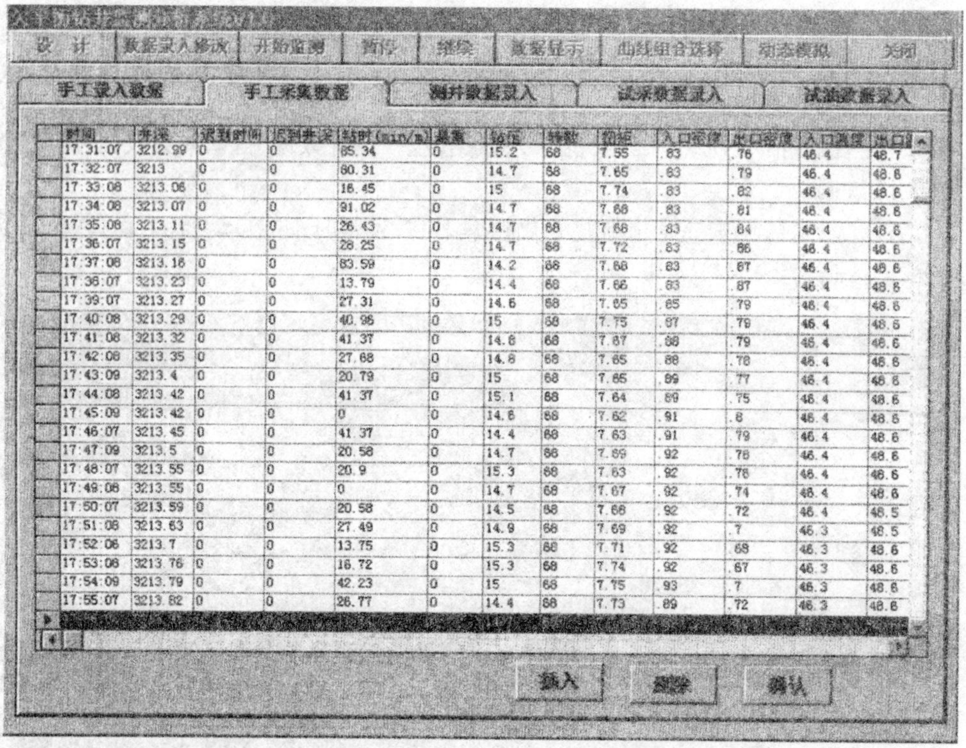

时间	井深	迟到时间	迟到井深	钻时(min/m)	泵冲	钻压	转数	扭矩	入口密度	出口密度	入口温度	出口
17:31:07	3212.99	0	0	65.34	0	15.2	68	7.55	.83	.76	46.4	48.7
17:32:07	3213	0	0	60.31	0	14.7	68	7.65	.83	.79	46.4	48.6
17:33:08	3213.06	0	0	16.45	0	15	68	7.74	.83	.82	46.4	48.6
17:34:08	3213.07	0	0	91.02	0	14.7	68	7.68	.83	.81	46.4	48.6
17:35:08	3213.11	0	0	26.43	0	14.7	68	7.68	.83	.84	46.4	48.6
17:36:07	3213.15	0	0	28.25	0	14.7	68	7.72	.83	.86	46.4	48.6
17:37:08	3213.16	0	0	83.59	0	14.2	68	7.68	.83	.87	46.4	48.6
17:38:07	3213.23	0	0	13.79	0	14.4	68	7.66	.83	.87	46.4	48.6
17:39:07	3213.27	0	0	27.31	0	14.6	68	7.65	.85	.79	46.4	48.6
17:40:08	3213.29	0	0	40.96	0	15	68	7.75	.87	.79	46.4	48.6
17:41:08	3213.32	0	0	41.37	0	14.8	68	7.87	.88	.79	46.4	48.6
17:42:08	3213.35	0	0	27.68	0	14.8	68	7.65	.88	.78	46.4	48.6
17:43:09	3213.4	0	0	20.79	0	15	68	7.65	.89	.77	46.4	48.6
17:44:08	3213.42	0	0	41.37	0	15.1	68	7.64	.89	.75	46.4	48.6
17:45:09	3213.42	0	0	0	0	14.8	68	7.62	.91	.8	46.4	48.6
17:46:07	3213.45	0	0	41.37	0	14.4	68	7.63	.91	.79	46.4	48.6
17:47:09	3213.5	0	0	20.58	0	14.7	68	7.69	.92	.78	46.4	48.6
17:48:07	3213.55	0	0	20.9	0	15.3	68	7.63	.92	.78	46.4	48.6
17:49:08	3213.55	0	0	0	0	14.7	68	7.67	.92	.74	46.4	48.6
17:50:07	3213.59	0	0	20.58	0	14.5	68	7.66	.92	.72	46.4	48.5
17:51:08	3213.63	0	0	27.49	0	14.9	68	7.69	.92	.7	46.3	48.5
17:52:08	3213.7	0	0	13.75	0	15.3	68	7.71	.92	.68	46.3	48.6
17:53:08	3213.76	0	0	16.72	0	15.3	68	7.74	.92	.67	46.3	48.6
17:54:09	3213.79	0	0	42.23	0	15	68	7.75	.93	.7	46.3	48.6
17:55:07	3213.82	0	0	26.77	0	14.4	68	7.73	.89	.72	46.3	48.6

图 4.25　手工收集录入数据界面示意图

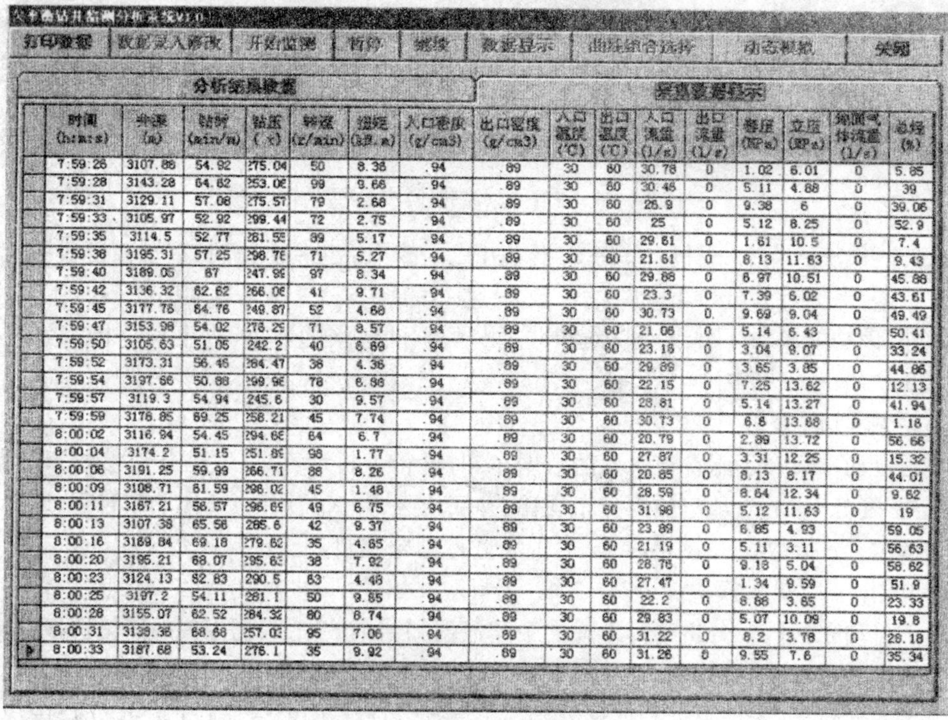

时间(h:m:s)	井深(m)	钻时(min/m)	钻压(kN)	转速(r/min)	扭矩(kN.m)	入口密度(g/cm3)	出口密度(g/cm3)	入口温度(℃)	出口温度(℃)	入口流量(l/s)	出口流量(l/s)	套压(MPa)	立压(MPa)	测量气体流量(l/s)	总烃(%)
7:59:26	3107.86	54.92	275.04	50	8.38	.94	.89	30	60	30.78	0	1.02	6.01	0	5.85
7:59:28	3143.28	64.62	253.06	99	9.66	.94	.89	30	60	30.46	0	5.11	4.88	0	39
7:59:31	3129.11	57.08	275.57	79	2.68	.94	.89	30	60	26.9	0	9.38	6	0	39.06
7:59:33	3105.97	52.92	299.44	72	2.75	.94	.89	30	60	25	0	5.12	8.25	0	52.9
7:59:35	3114.5	52.77	261.59	89	5.17	.94	.89	30	60	29.61	0	1.61	10.5	0	7.4
7:59:38	3195.31	57.25	298.76	71	5.27	.94	.89	30	60	21.61	0	8.13	11.63	0	9.43
7:59:40	3189.05	67	247.99	97	8.34	.94	.89	30	60	29.88	0	6.97	10.51	0	45.88
7:59:42	3136.32	62.62	266.06	41	9.71	.94	.89	30	60	23.3	0	7.39	6.02	0	43.61
7:59:45	3177.76	64.76	249.87	52	4.68	.94	.89	30	60	30.73	0.	9.69	9.04	0	49.49
7:59:47	3153.98	54.02	278.29	71	8.57	.94	.89	30	60	21.06	0	5.14	6.43	0	50.41
7:59:50	3105.63	51.05	242.2	40	6.69	.94	.89	30	60	23.16	0	3.04	9.07	0	33.24
7:59:52	3173.31	56.46	284.47	38	4.36	.94	.89	30	60	29.69	0	3.65	3.85	0	44.86
7:59:54	3197.66	50.88	299.96	78	6.86	.94	.89	30	60	22.15	0	7.25	13.62	0	12.13
7:59:57	3119.3	54.94	245.6	30	9.57	.94	.89	30	60	28.81	0	5.14	13.27	0	41.94
7:59:59	3176.85	69.25	258.21	45	7.74	.94	.89	30	60	30.73	0	6.8	13.68	0	1.18
8:00:02	3116.94	54.45	294.66	64	6.7	.94	.89	30	60	20.79	0	2.89	13.72	0	56.66
8:00:04	3174.2	51.15	251.89	98	1.77	.94	.89	30	60	27.87	0	3.31	12.25	0	15.32
8:00:06	3191.25	59.99	266.71	88	8.26	.94	.89	30	60	20.85	0	8.13	8.17	0	44.01
8:00:09	3108.71	61.59	298.02	45	1.48	.94	.89	30	60	28.59	0	8.64	12.34	0	9.62
8:00:11	3167.21	58.57	296.69	49	6.75	.94	.89	30	60	31.98	0	5.12	11.63	0	19
8:00:13	3107.38	65.58	285.6	42	9.37	.94	.89	30	60	23.89	0	6.85	4.93	0	59.05
8:00:16	3169.84	69.18	279.62	35	4.85	.94	.89	30	60	21.19	0	5.11	3.11	0	56.63
8:00:20	3195.21	68.07	295.63	38	7.92	.94	.89	30	60	28.76	0	9.18	5.04	0	58.62
8:00:23	3124.13	82.83	290.5	63	4.48	.94	.89	30	60	27.47	0	1.34	9.59	0	51.9
8:00:25	3197.2	54.11	281.1	50	9.85	.94	.89	30	60	22.2	0	8.68	3.65	0	23.33
8:00:28	3155.07	62.52	284.32	80	6.74	.94	.89	30	60	29.83	0	5.07	10.09	0	19.8
8:00:31	3139.36	68.66	257.02	95	7.06	.94	.89	30	60	31.22	0	8.2	3.78	0	28.18
8:00:33	3187.68	53.24	276.1	35	9.92	.94	.89	30	60	31.26	0	9.55	7.6	0	35.34

图 4.26　自动采集数据显示屏

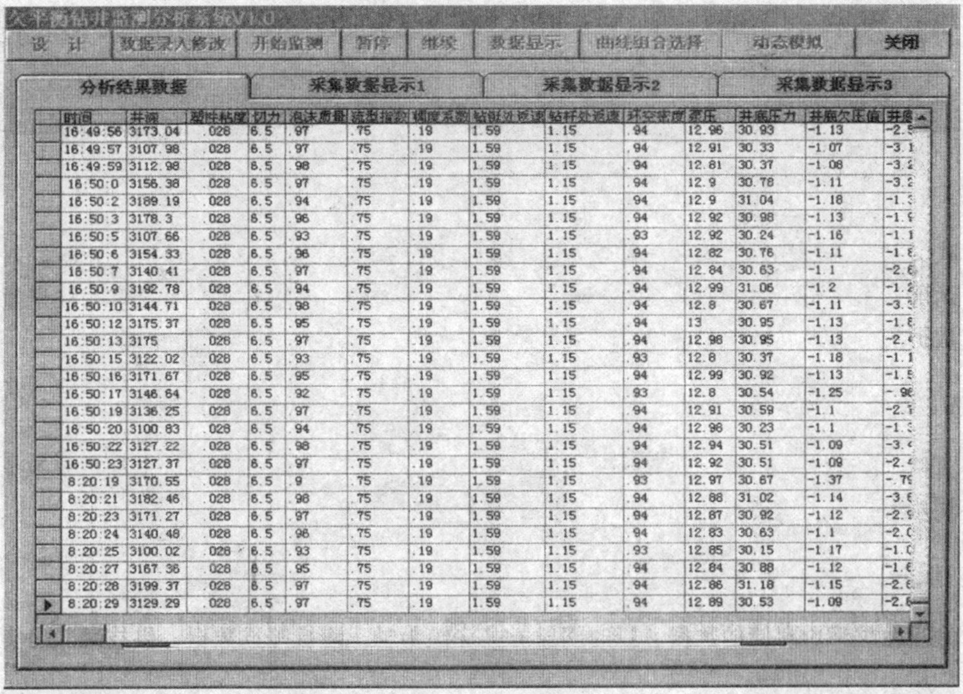

时间	井深	塑性粘度	切力	泡沫质量	流型指数	稠度系数	钻铤处返速	钻杆处返速	环空密度	泵压	井底压力	井底欠压值	井底
16:49:56	3173.04	.028	6.5	.97	.75	.19	1.59	1.15	.94	12.96	30.93	-1.13	-2.5
16:49:57	3107.98	.028	6.5	.97	.75	.19	1.59	1.15	.94	12.91	30.33	-1.07	-3.1
16:49:59	3112.98	.028	6.5	.98	.75	.19	1.59	1.15	.94	12.81	30.37	-1.08	-3.2
16:50:0	3156.38	.028	6.5	.97	.75	.19	1.59	1.15	.94	12.9	30.78	-1.11	-3.2
16:50:2	3189.19	.028	6.5	.94	.75	.19	1.59	1.15	.94	12.9	31.04	-1.18	-1.3
16:50:3	3178.3	.028	6.5	.96	.75	.19	1.59	1.15	.94	12.92	30.98	-1.13	-1.9
16:50:5	3107.66	.028	6.5	.93	.75	.19	1.59	1.15	.93	12.92	30.24	-1.16	-1.1
16:50:6	3154.33	.028	6.5	.96	.75	.19	1.59	1.15	.94	12.82	30.76	-1.11	-1.8
16:50:7	3140.41	.028	6.5	.97	.75	.19	1.59	1.15	.94	12.84	30.63	-1.1	-2.6
16:50:9	3192.78	.028	6.5	.94	.75	.19	1.59	1.15	.94	12.99	31.06	-1.2	-1.2
16:50:10	3144.71	.028	6.5	.98	.75	.19	1.59	1.15	.94	12.8	30.67	-1.11	-3.3
16:50:12	3175.37	.028	6.5	.95	.75	.19	1.59	1.15	.94	13	30.95	-1.13	-1.8
16:50:13	3175	.028	6.5	.97	.75	.19	1.59	1.15	.94	12.98	30.95	-1.13	-2.4
16:50:15	3122.02	.028	6.5	.93	.75	.19	1.59	1.15	.93	12.8	30.37	-1.18	-1.1
16:50:16	3171.67	.028	6.5	.95	.75	.19	1.59	1.15	.94	12.99	30.92	-1.13	-1.5
16:50:17	3146.64	.028	6.5	.92	.75	.19	1.59	1.15	.93	12.8	30.54	-1.25	-.98
16:50:19	3136.25	.028	6.5	.97	.75	.19	1.59	1.15	.94	12.91	30.59	-1.1	-2.7
16:50:20	3100.83	.028	6.5	.94	.75	.19	1.59	1.15	.94	12.98	30.23	-1.1	-1.3
16:50:22	3127.22	.028	6.5	.98	.75	.19	1.59	1.15	.94	12.94	30.51	-1.09	-3.4
16:50:23	3127.37	.028	6.5	.97	.75	.19	1.59	1.15	.94	12.92	30.51	-1.09	-2.4
8:20:19	3170.55	.028	6.5	.9	.75	.19	1.59	1.15	.93	12.97	30.67	-1.37	-.79
8:20:21	3182.46	.028	6.5	.98	.75	.19	1.59	1.15	.94	12.88	31.02	-1.14	-3.6
8:20:23	3171.27	.028	6.5	.97	.75	.19	1.59	1.15	.94	12.87	30.92	-1.12	-2.9
8:20:24	3140.48	.028	6.5	.98	.75	.19	1.59	1.15	.94	12.83	30.63	-1.1	-2.0
8:20:25	3100.02	.028	6.5	.93	.75	.19	1.59	1.15	.93	12.85	30.15	-1.17	-1.0
8:20:27	3167.36	.028	6.5	.95	.75	.19	1.59	1.15	.94	12.84	30.88	-1.12	-1.6
8:20:28	3199.37	.028	6.5	.97	.75	.19	1.59	1.15	.94	12.86	31.18	-1.15	-2.6
8:20:29	3129.29	.028	6.5	.97	.75	.19	1.59	1.15	.94	12.89	30.53	-1.09	-2.6

图 4.27　计算分析结果数据显示屏

(7)随机显示曲线选择模块。

对于自动采集以及分析计算形成的中间数据和结果数据,根据用户的随机选择,按比例绘制若干参数对比曲线,按最近的时间区域实时滚动显示。曲线显示根据工程技术人员要求分为两组:一组显示欠平衡钻井常用的曲线;另一组随机组合显示其他若干条数据曲线,该模块用来完成随机曲线的组合选择(图 4.28)。

(8)曲线实时显示模块

为了满足不同人员的习惯,曲线实时显示分两种显示方式,即纵向和横向显示,每种显示方式又分常用数据曲线组合(图 4.29)和随机数据曲线组合(图 4.30)两种。对于横向显示屏鼠标左击显示该点实际数据,右击擦除。而纵向显示屏鼠标左击弹出数据显示窗口,数据随鼠标在屏幕中移动发生变化。该模块一次最多可显示 20 条数据曲线。

(9)数据存储模块

自动采集的数据、手工补充录入的数据,以及分析计算形成的中间数据和结果数据,经时间同步处理后,定期追加到数据库中,以备事后分析处理之用。

(10)数据随机查询打印模块

利用数据库中存储的数据,以时间段或井深段为轴,随机筛选数据,供技术人员查询和打印数据。

利用此功能现场可以查询任意时间段或井深段的工程和分析数据(图 4.31 和图 4.32),并自动生成 Excel 表格。

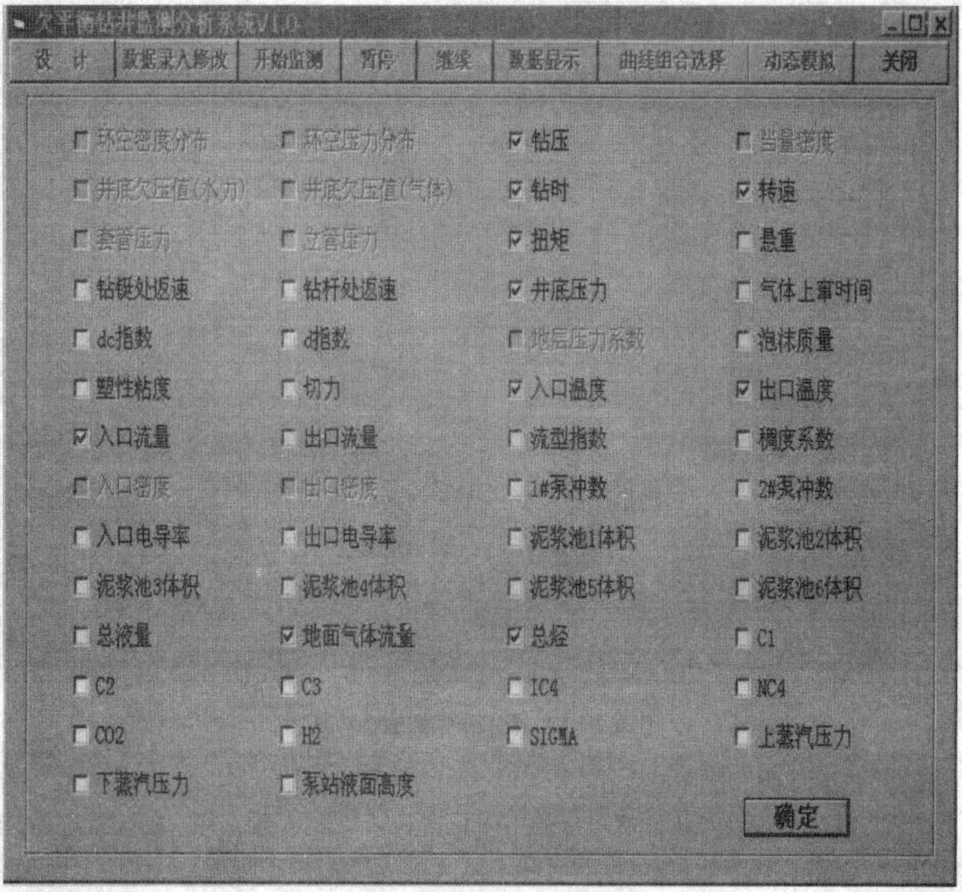

图 4.28　随机曲线的组合选择界面

（11）欠平衡钻井工况实时动态模拟模块。

欠平衡钻井工况实时动态模拟模块的目的是要实时监测欠平衡钻井过程中各种相关设备工作状况和相关参数变化，并以三维动画的形式描述出来，直观、形象地表现井场工作状况，为工程技术人员提供可视化监视界面。

该模块模拟的内容包括：

①模拟钻具的转动。根据钻机传递的扭矩和钻速实时描述钻具的转动工况，并根据现场实际情况描述钻速变化状况。

②模拟泥浆泵泵出钻井液的工况，根据泵冲、排量等参数实时描述钻井液由泥浆罐抽入泥浆泵，并由泥浆泵泵出的工况。

③模拟振动筛工况，描述钻井液由撇油罐出来后，进入振动筛，滤出岩屑，清洁钻井液返回泥浆罐的工况。

④模拟液气分离器工况，由环空返回的钻井液进入到液气分离器，液气分离器对其进行气液分离，回收钻井液的同时将地层侵入的气体经燃烧管线点燃。该过程还根据气体流量参数描述了流量表和火焰变化情况。

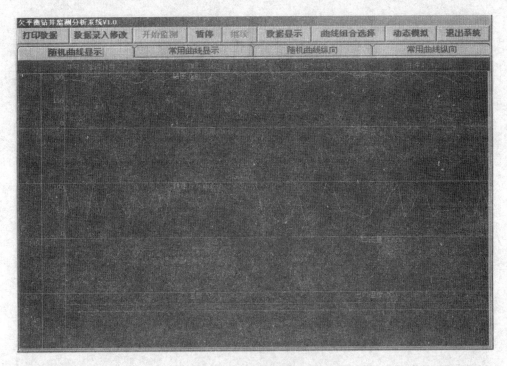

图 4.29　常用数据曲线显示示意图

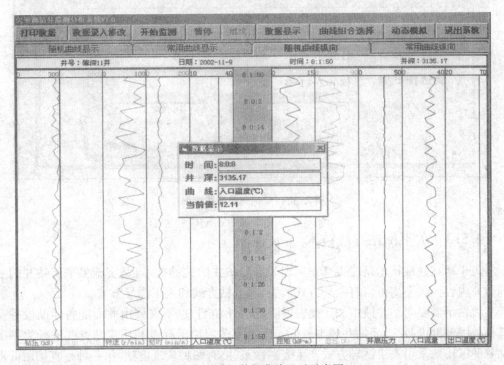

图 4.30　随机数据曲线显示示意图

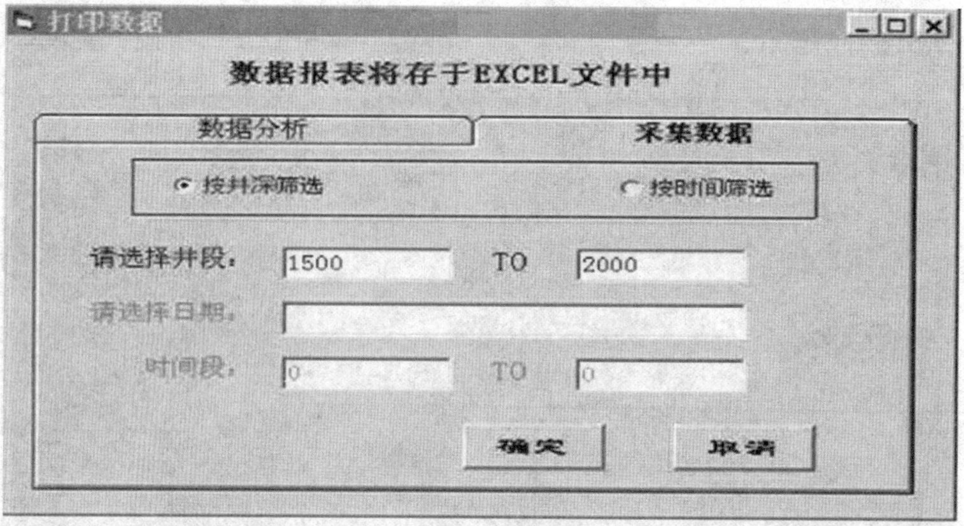

图 4.31　按井深段筛选数据

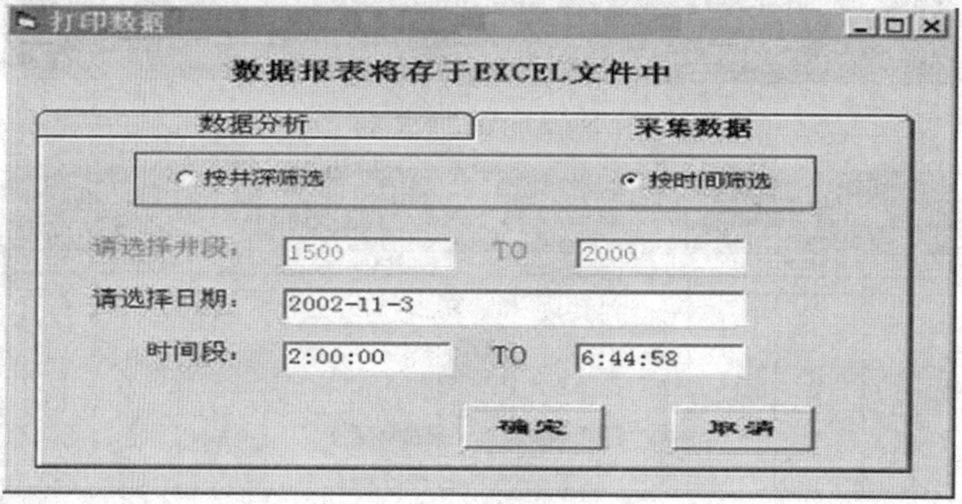

图 4.32　按时间段筛选数据

4.5.3　欠平衡钻井液技术

　　欠平衡钻井液技术是能否真正实现欠平衡钻井的关键技术,是实施欠平衡钻井的一项重要内容。欠平衡可以有两种方式产生,即流钻方式和人工诱导方式。

　　流钻不需要向钻井液中加入使密度降低的外加剂,也不需要由此而配备辅助设备及其他外围辅助设备,因而钻井成本较低。国内大多数油田都有利用流钻方式进行欠平衡钻井的区块。采用人工诱导方式产生欠平衡条件,有两种实现方法:第一种是直接用低密度的空气、雾化、泡沫等钻井液;另一种是往钻井液基液中注入一种或多种非凝气,以降低钻井液密度,实现欠平衡钻井的目的。采用人工诱导方式进行欠平衡钻井,需要在钻井液中加入减轻剂和使用减轻剂制备与充入设备(包括井筒内工具),以及对返出钻井液进行处理的外围设备,因而钻井成本较高。

进行欠平衡钻井作业时,选择合适的钻井液十分重要。选择钻井液时,要根据所钻欠平衡井的类型、井身结构、储层物性、孔隙压力等来综合考虑选择合适的欠平衡钻井液。综合考虑储层、流体作业等方面的因素,主要包括钻井液基液与产出或注入流体之间的配伍性、钻井液基液与储层岩石之间的配伍性以及储层岩石的润湿性等。另外,还应考虑钻井液基液本身的一些物理性质,比如黏度效应低、无腐蚀性、毒性低等。

1. 欠平衡钻井液体系的选择

1)选择钻井液体系应考虑的问题

(1)欠平衡可实现的最低密度。

对于开发井特定的储层,其孔隙压力基本是已知的,所以在实施欠平衡过程中欠压值确定的情况下,所需要的钻井液密度就确定了。而对于探井实施欠平衡,由于目前还没有一种能准确预测地层孔隙压力的方法,其给出的地层孔隙压力只是一个参考值,而欠平衡钻井的核心就是钻井液的液柱压力要低于地层的孔隙压力,这就要求选择的欠平衡钻井液体系的密度在一定的范围内可调,特别是可实现的最低密度要比给出的地层孔隙压力系数要低,以防实际地层压力系数低于预测的地层压力系数时,可以降低钻井液的密度,实现欠平衡。

(2)欠平衡稳定井壁的概念。

实施欠平衡钻井的前提是井壁要稳定,开发井储层比较明确,技术套管可以下到储层的顶部,而探井储层不明确,而且可能勘探的还是多个层,加之地层的孔隙压力不是很准确,在实际实施过程中,能否真正实现欠平衡还不是很清楚。除非在确切知道所实施的欠平衡井段十分稳定的前提下,可以不考虑井壁稳定的问题,否则,在含有大段泥岩地层实施欠平衡钻井,就要考虑欠平衡过程中的井壁稳定问题。

欠平衡井壁稳定的问题,实际上就是在确定了的负压差条件下,实现欠平衡时钻井液的液柱压力是否高于欠平衡段地层的坍塌压力,如果实现欠平衡时钻井液的液柱压力高于欠平衡段地层的坍塌压力,那么,井壁就是稳定的;否则,井壁就要失稳,换句话说,这个层段就不适合实施欠平衡钻井。在液柱压力高于地层的坍塌压力条件下,就实现了井壁的力学稳定,而在欠平衡实施过程中,特别是在低渗透水润湿储层(气层)实施欠平衡钻井时,水基钻井液会因对流自吸作用而滤失到近井眼,也可能引起井壁的不稳定问题发生。所以在选择欠平衡钻井液时也要考虑化学稳定井壁的问题。

(3)欠平衡钻井液的携屑能力。

安全钻井的前提就是钻井液要把钻头所破碎的钻屑有效地携带出来,欠平衡钻井也是一样的,而且欠平衡钻井的机械钻速相对较快,欠平衡钻井液的携屑问题显得更为重要。有的地层很稳定,使用清水可以实施欠平衡,而且可以采用提高排量来满足携屑要求;而有的地层稳定性相对差些,单靠提高排量既提高环空返速来提高携屑能力,又会产生钻井液冲刷井壁,引起井径扩大。所以这就要求欠平衡钻井液要有较好的流变性,即要有较好的携屑能力,满足欠平衡钻井安全施工的需要。

(4)欠平衡钻井液与地层产出物的相溶性。

在欠平衡钻井作业中,如果确实达到了欠平衡条件,地层中的油、气、水等单一或其混合物将从地层流入井眼并与循环的钻井液接触。这样,就会对欠平衡钻井液产生稀释降黏或增黏等作用,所以在选择欠平衡钻井液的时候要充分考虑欠平衡钻井液与地层产出物的相溶性问题。

而在有的井实施欠平衡作业时,使用的是乳化钻井液,特别是在实施油层欠平衡钻井作业时,如果没有选择好合适的乳化剂,储层的原油侵入井眼后就会产生高黏度的稳定乳化物,导致钻屑分散性差、钻屑积聚和卡钻。在选择表面活性剂时还应十分谨慎,防止当钻井液漏失到地层中时引起地层润湿性发生变化。

另一个要防止的问题是钻井液滤液与地层水相互作用产生结垢和沉淀物,也就是钻井液与地层水不配伍的问题。如果是充气钻井,在注入的气中含有 CO_2,CO_2溶解在产出或循环液的油中,在高的井底压力下会产生沥青。

(5)防腐问题。

如果使用充气、盐水钻井液等来实施欠平衡作业,就存在腐蚀的可能性,若地层中产出的气体中含有 H_2S,腐蚀问题会更加严重,容易产生氢脆问题。这就需要对欠平衡钻井液进行评价,采取加入除氧剂、除 H_2S 剂(碱式碳酸锌)等,还要仔细分析评价游离气、溶解气和地层水等。

(6)对流自吸作用。

如果欠平衡钻井作业在低渗透水润湿的储层中进行,毛细管压力作用可能导致地层损害,即便是在连续的欠平衡条件下,因水基钻井液的对流自吸作用而使钻井液滤失到近井眼带。这一问题可通过在钻进过程中全面脱除液体介质或选择非润湿液作为基液来解决,如选择柴油、稳定的凝析油和植物油等。选择非润湿性流体作为基液,是减轻对流自吸作用把侵入损害降低到最低程度的唯一方法。

(7)对测井和录井的影响。

选择欠平衡钻井液时还要考虑钻井液对测井和录井是否有影响,在可能的情况下,选择的钻井液应对测井和录井施工无影响或影响达到最小。

(8)钻井液的经济性和安全性。

在考虑了上述选择欠平衡钻井液的因素外,还要充分考虑钻井液的成本以及使用过程中的安全性等问题。

2)目前应用的欠平衡钻井液体系

随着欠平衡钻井作业越来越多,根据地层和地层孔隙压力系数的不同,所使用的欠平衡钻井液体系也较多,大致归纳起来有以下几类:①各种常规钻井液;②充气体系;③原油、柴油或油包水、水包油体系;④雾;⑤天然气;⑥泡沫;⑦加新型降密度剂的钻井液。

在可以进行流钻的高压地层中已使用了各种常规的钻井液体系。常规钻井液体系具有一些优点,如具有较强的抑制性、流变性和较好的携屑能力。但这些钻井液体系需要充气来降低液柱压力实现欠平衡时,含气钻井液的高黏度将导致很高的循环压耗,这就难以维持实施井眼清洁所需要的紊流和欠平衡条件;降低常规的液气分离器和固控设备效率。

在一些孔隙压力比较合适的地层实施欠平衡钻井作业时,可以使用油包水或水包油钻井液。使用这种钻井液的缺点是在有气体侵入后钻井液黏度较高,脱气效果会受到影响。

在人工诱导的欠平衡作业中,在水、油或油基钻井液中充气得到广泛应用。用水(或清洁盐水)、原油或柴油作为基液进行充气时,这些液体的黏度较小,但当这些基液与足量的气混合后具有较好的井眼清洁和携屑能力,由于其黏度较低,所以气液分离和控制固相较为容易。

在一些地层孔隙压力较低的情况下,可使用雾化实施欠平衡钻井作业,雾也可以对钻头进行润滑。

纯空气、氮气或天然气也可用作欠平衡钻井的循环介质,使用这些介质可达到最低密度。

泡沫钻井液也是应用较广泛的欠平衡钻井液,其原因是泡沫能够实现较低的密度,从而实现较低的井底压力。泡沫钻井液目前有两种:一种是一次性泡沫钻井液;另一种是可循环的微泡钻井液。

加入低密度固体添加剂的钻井流体,这种低密度固体添加剂主要是指空心玻璃球(或者是塑料小球)。空心玻璃球的密度为 $0.7\ g/cm^3$,而微型空心玻璃球的密度为 $0.38\ g/cm^3$,抗破坏压力为 $20.7 \sim 27.6\ MPa$。

据资料介绍,在密度为 $1.054\ g/cm^3$ 的钻井液中加入 50% 的空心玻璃球,可使其密度降到 $0.718\ 8\ g/cm^3$;当空心玻璃球的加量控制在 $35\% \sim 40\%$ 时,钻井液的密度可控制在 $0.78 \sim 0.82\ g/cm^3$。空心玻璃球钻井液的成本要比普通钻井液高。

表 4.3 是 Signa 工程公司提供的地层压力系数与优化钻井液类型关系表。

表 4.3　地层压力系数与优化钻井液类型关系表

地层压力系数	优化钻井液类型	地层压力系数	优化钻井液类型
$0 \sim 0.02$	空气/天然气/氮气	$0.9 \sim 1.02$	油或油基钻井液
$0.02 \sim 0.07$	雾化钻井液	$1.02 \sim 1.3$	水(盐水)
$0.07 \sim 0.6$	泡沫钻井液	1.3 以上	常规水基钻井液
$0.6 \sim 0.9$	充气钻井液		

2. 两相流流动及三相流携屑能力

在欠平衡钻井中,如果储层是天然气,那么地层中的天然气侵入井眼环空后,环空中的钻井液和气体在环空中的流动属气液两相流动。

环空气液两相流体力学是欠平衡环空水力学的一个新领域,它研究气体与液体两相介质在环空中共同流动条件下的流动规律。两相介质与单相介质不同,存在着相的分界面。在两相介质共流过程中,介质除与井壁之间存在作用力外,在两相界面之间也存在作用力。首先,在连续流动情况下,从力平衡的观点来看,这种两相界面之间的作用力是处于平衡状态的,整个两相流体只与外界物体和进出口界面发生力的作用。可是从能量平衡的观点来看,气液两相流动除在整体界面上存在能量交换外,在两相界面之间也会有能量交换,而且这种能量交换必然伴随有机械能的损失。其次,在环空气液两相流动中,两相的分布状况也是多种多样的。各相可以是密集的,也可以是分散的。这种不同的分布状态,称为两相流动的流动形态,简称流型。流动形态的不同,不但影响两相流动的力学关系,而且影响其传热和传质性能。再次,在环空气液两相流动中,各相的速度可能是不同的,这种滑动现象称为滑脱。这些都是环空气液两相流动不同于环空单相流动的重要特点,因而也就使得环空气液两相流动的研究变得复杂了。

1) 环空气液两相流的研究方法

环空气液两相流动虽然比单相流动要复杂得多,但是二者又有共同之处。所以在环空气液两相流动的研究中,也可以参考单相流动的处理方法。

环空气液两相流动的处理方法可以分为以下三种。

(1)经验方法。

从两相流动的物理概念出发,或者使用因次分析法,或者根据流动的基本微分方程式,得到反映某一特定的两相流动过程的一些无因次参数,然后根据实验数据得出描述这一流动过程的经验关系式。

(2)半经验方法。

根据所研究的两相流动的特点,采用适当的假设和简化,再从两相流动的基本方程出发,求得描述这一流动过程的函数式,然后用实验方法定出式中的经验系数。

(3)理论分析法。

针对各种流动形态的特点,使用流体力学方法对其流动特性进行理论分析,进而建立起描述这一流动过程的关系式。

2) 环空气液两相流流动参量

(1)质量流量。

质量流量表示单位时间内流过环空过流断面的流体质量。对于气液两相流动来说,有

$$G = G_g + G_1 \tag{4.77}$$

式中　G——两相混合物的质量流量,kg/s;

　　　G_g——气相的质量流量,kg/s;

　　　G_1——液相的质量流量,kg/s。

(2)体积流量。

体积流量表示单位时间内流过环空过流断面的流体体积。对于气液两相流动来说,有

$$Q = Q_g + Q_1 \tag{4.78}$$

式中　Q——两相混合物的体积流量,kg/s;

　　　Q_g——气相的体积流量,kg/s;

　　　Q_1——液相的体积流量,kg/s。

(3)气相实际速度。

$$v_g = \frac{Q_g}{A_g} \tag{4.79}$$

式中　A_g——气相在环空过流断面上所占的面积,m^2。

然而,事实上它是气相在所占环空断面上的平均速度,真正的气相实际速度是气相各点的局部速度。

(4)液相实际速度。

$$v_1 = \frac{Q_1}{A_1} \tag{4.80}$$

式中　A_1——液相在环空过流断面上所占的面积,m^2。

然而,事实上它是液相在所占环空断面上的平均速度,真正的液相实际速度是液相各点的局部速度。

(5)气相折算速度。

由于两相流动中气液各相在环空过流断面上所占的面积不易测得,因此实际速度很难计算。为了研究方便起见,在气液两相流体力学中引用了折算速度。所谓折算速度就是假定环空的全部过流断面只被两相混合物中的一相占据时的流动速度。因此,折算速度只是一种假想的速度。

气相折算速度为

$$v_{sg} = \frac{Q_g}{A} \tag{4.81}$$

式中　A——环空过流断面的面积,m^2。

显然,气相折算速度必然小于气相实际速度,即

$$v_{sg} < v_g \tag{4.82}$$

(6)液相折算速度。

$$v_{sl} = \frac{Q_l}{A} \tag{4.83}$$

显然,液相折算速度必然小于液相实际速度,即

$$v_{sl} < v_l \tag{4.84}$$

(7)两相混合物速度。

两相混合物速度又称流量速度,它表示两相混合物在单位时间内流过环空过流断面的总体积与环空过流断面面积之比,即

$$v = \frac{Q_g + Q_l}{A} \tag{4.85}$$

从折算速度的定义可知

$$v = v_{sg} + v_{sl} \tag{4.86}$$

显然,混合物速度和折算速度都是实际上不存在的速度,但是引入这些参数将为两相流动的计算和数据处理提供方便。

(8)两相混合物质量速度。

两相混合物质量速度表示单位时间流过单位环控断面的两相流体的总质量,即为G/A。

(9)滑差。

一般情况下,在两相流动中气相实际速度和液相实际速度是不相等的,二者的差为滑差滑脱速度,即

$$\Delta v = v_g - v_l \tag{4.87}$$

(10)滑动比。

气相实际速度与液相实际速度的比值称为滑动比,即

$$s = \frac{v_g}{v_l} \tag{4.88}$$

(11)质量含气率与质量含液率。

质量含气率是指单位时间内流过环空过流断面的两相流体总质量 G 中气相介质质量所占的份额，即

$$x = \frac{G_g}{G} = \frac{G_g}{G_g + G_l} \tag{4.89}$$

而质量含液率是指单位时间内流过环空过流断面的两相流体总质量 G 中液相介质质量所占的份额，即

$$1 - x = \frac{G_l}{G} = \frac{G_l}{G_g + G_l} \tag{4.90}$$

（12）体积含气率与体积含液率。

体积含气率是指单位时间内流过环空过流断面的两相流体总体积 Q 中气相介质体积所占的份额，即

$$\beta = \frac{Q_g}{Q} = \frac{Q_g}{Q_g + Q_l} \tag{4.91}$$

而体积含液率是指单位时间内流过环空过流断面的两相流体总体积 Q 中液相介质体积所占的份额，即

$$1 - \beta = \frac{Q_l}{Q} = \frac{Q_l}{Q_g + Q_l} \tag{4.92}$$

设气相介质的密度为 ρ_g，液相介质的密度为 ρ_l。显然

$$G_g = \rho_g Q_g$$
$$G_l = \rho_l Q_l$$

根据质量含气率的定义，有

$$x = \frac{G_g}{G} = \frac{G_g}{G_g + G_l} = \frac{\rho_g Q_g}{\rho_g Q_g + \rho_l Q_l}$$

将等号右边的分子、分母各除以 $\rho_g(Q_g + Q_l)$，则得

$$x = \frac{\beta}{\beta + (1 - \beta)\dfrac{\rho_l}{\rho_g}} \tag{4.93}$$

同理可得

$$\beta = \frac{x}{x + (1 - x)\dfrac{\rho_g}{\rho_l}} \tag{4.94}$$

（13）真实含气率与真实含液率。

真实含气率又称截面含气率，是指在两相流动的环空过流断面中，气相面积占过流断面总面积的份额，即

$$\phi = \frac{A_g}{A} = \frac{A_g}{A_g + A_l} \tag{4.95}$$

真实含液率又称截面含液率或持液率，是指在两相流动的环空过流断面中，液相面积占过流断面总面积的份额，即

$$1 - \phi = \frac{A_l}{A} = \frac{A_l}{A_g + A_l} \tag{4.96}$$

对于体积含气率 β 一定的两相流动来说，如果气相流得快，液相流得慢，那么气相所占的断面积就小，真实含气率 ϕ 就小。气相比液相流得越快，ϕ 就越小。

真实含液率与体积含液率的差值，就反映了气液两相之间滑动的速度。

真实含气率和真实含液率的确定，是一个比较困难的问题，因为它与环两相流动的流动形态有关。许多科学工作者对此进行了大量的实验研究工作。

（14）流动密度

流动密度表示单位时间内流过环空过流断面的两相混合物的质量与体积之比，即

$$\rho' = \frac{G}{Q} \tag{4.97}$$

两相混合物的流动密度反映两相介质在流动时的密度，因而它与两相介质的流动有关。它常用于计算两相混合物在环空中的沿程阻力损失和局部阻力损失。

两相混合物的流动密度 ρ' 与各相的密度 ρ_g、ρ_1 以及体积含气率 β 有以下关系：

$$\rho' = \frac{G}{Q} = \frac{G_g + G_1}{Q} = \frac{\rho_g Q_g + \rho_1 Q_1}{Q} = \frac{Q_g}{Q}\rho_g + \frac{Q_1}{Q}\rho_1 = \beta\rho_g + (1-\beta)\rho_1 \tag{4.98}$$

（15）真实密度。

设在环空某过流断面上取长度为 Δl 的微小流道，则此微小流道过流断面上两相混合物的真实密度应为此微小流道中两相介质的质量与体积之比，即

$$\rho = \frac{\rho_g \phi A\Delta l + \rho_1(1-\phi)A\Delta l}{A\Delta l} = \phi\rho_g + (1-\phi)\rho_1 \tag{4.99}$$

当两相介质流动的实际速度相等时，即 $v_g = v_1 = v$，则两相混合物的真实密度与流动密度相等，其证明如下。

先分析滑动比：

$$\frac{v_g}{v_1} = \frac{Q_g/A_g}{Q_1/A_1} = \frac{G_g/(A_g\rho_g)}{G_1/(A_1\rho_1)} = \frac{G_g/(A_g\rho_g AG)}{G_1/(A_1\rho_1 AG)} = \frac{G_g/G}{G_1/G} \cdot \frac{\rho_1}{\rho_g} \cdot \frac{A_1/A}{A_g/A} = \frac{x}{1-x} \cdot \frac{\rho_1}{\rho_g} \cdot \frac{1-\phi}{\phi} \tag{4.100}$$

当 $v_g = v_1$ 时，由上式可知

$$\phi = \frac{x}{(1-x)\frac{\rho_g}{\rho_1} + x} = \frac{x}{(1-x)\frac{\rho_g}{\rho_1} + x} \tag{4.101}$$

将上式与式（4.94）进行对比，即得

$$\beta = \phi \tag{4.102}$$

由式（4.98）和式（4.99）可知，此时

$$\rho' = \rho \tag{4.103}$$

当 $v_g > v_1$，$\phi < \beta$，因此 $\rho' < \rho$。

真实含气率 ϕ 与体积含气率 β 的含义是不同的。由于气相介质的密度 ρ_g 比液相质的密度 ρ_1 小，因此 ϕ 越大时，则存在环空中的两相混合物越轻，真实密度 ρ 越小；反之，ϕ 越小，则 ρ 越大。但是，β 不能表示这种特性。这是由于在一般情况下，两相介质的实际流动速度并不相同，因此流过环空的气象体积流量与量刑总体积流量之比并不等于存在于环空内的气相体积与两相总体积之比。因此，真实含气率 ϕ 与真实含液率 $1-\phi$ 在气液两相流动的研究中是一个重要的流动参数。

3）环空气液两相流流动形态

气液两相流动的流动形态有多种多样，界限也不十分清晰，严格来说是很难明确区分的。但是在处理环空两相流体力学问题时，在一定的精确要求下，可以人为地区分为几种流动形态。并且认为，在每一种流动形态范围内，其流体力学特性是基本相同的。

环空气液两相流动形态的划分方法，目前有以下两类，其特性是基本相同的（表4.4）。

表4.4　环空气液两相流动形态的划分

第一类划分方法	第二类划分方法
泡状流	分散流
分散泡状流	
弹状流	间歇流
泡沫状流	
环状流	分离流

第一类划分方法是根据两相介质分布的外形划分的，对于垂直环空来说，气液两相流动只有五种流动形态（图4.33）。第二类划分方法是按照流动的数学模型划分的，分为三种，以便于进行数学处理。

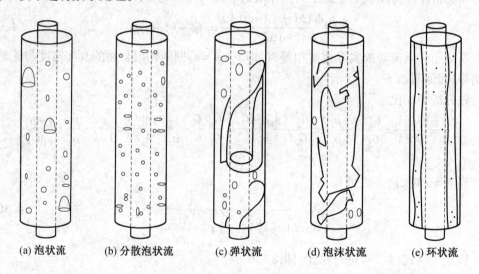

(a) 泡状流　　(b) 分散泡状流　　(c) 弹状流　　(d) 泡沫状流　　(e) 环状流

图4.33　垂直同心环空管两相流流型

环空管内气液两相流的流型大致可分为泡状流、分散泡状流、弹状流、泡沫状流、环状流等类型，但它们的特性又与圆管两相流流型有一些本质上的不同，具体可描述如下：

（1）泡状流。气相以小的离散气泡分布在环形空间的连续液相中。小的离散气泡以两种形式存在：一种是非常小的球形气泡，它以近似"之"形轨迹向上运动；另一种是比球形气泡稍大的帽形气泡，它以近似直线轨迹向上运动。在全偏心环空管（偏心度为最大）中，较小环空间隙区域的小气泡有向较大环空间隙区域迁移的趋势。

（2）分散泡状流。气相以小的离散气泡分布在连续的液相中，小气泡仅以很小的球形气泡的形式存在，它以直线轨迹向上运动。由于在该流型下流体速度较高，两相无分离,气液混合物具有相同的速度。这种流型在同心及全偏心环空管中均可出现。

(3)弹状流。气相主要以大泡,即所谓的 Taylor 泡存在于液相中。Taylor 泡之间被一段含有小气泡的液栓隔开。环空管中 Taylor 泡的形状与圆管中不同,它缠绕在内管外壁上,几乎占据环空管的大部分截面,其横截面为一个被液体分开的圆环。

(4)泡沫状流。有点像弹状流,但非常不稳定而且混乱,Taylor 泡变得较窄,并且被扭曲成泡沫状。

(5)环状流。环空管的内管外壁与外管内壁均有一层液膜,含有微小液滴的气芯占据两层液膜之间的环形空间。Andersen、Caetano 等人研究认为,外管液膜要比内管液膜稍厚。

显然,最精确的处理环空气液两相流动的方法是将两相流动分成几种典型的流动形态,然后按照不同的流动形态来研究两相流动的规律。这种处理方法称为流动形态模型处理法。

4)三相流携屑研究

井眼净化能力能否满足正常钻井需要,取决于钻井环空流体的有效上返速度,只要有效上返速度 v_m 大于岩屑的沉降速度 v_t 和岩屑的最低上返速度 v_c,岩屑就可以被携带到地面上来。

在钻井过程中,随着岩屑的不断产生,要求环空中的岩屑浓度不超过某一临界值 C_c,1993 年 Guo 等人假设如果能避免井眼净化问题,为了维持环空中钻屑浓度低于该临界值,岩屑必须向井口移动的速度 v_c 与机械钻速 ROP 的关系为

$$v_c = \frac{ROP}{3600C_c} \tag{4.104}$$

式中　v_c——临界速度,m/s;

　　　ROP——机械钻速,m/h;

　　　C_c——岩屑浓度,%。

在引力的作用下,岩屑在环空流体中的下落将加速直到颗粒上作用的拉力刚好平衡引力,此后颗粒将以不变的速度下落,我们称此常速度为岩屑的终了沉降速度。根据重力和阻力的平衡关系可以推导出

$$v_t = \sqrt{4gd_c \cdot \frac{\rho_c - \rho_1}{3G_d\rho_1}} \tag{4.105}$$

式中　g——重力加速度,32.17 ft/s^2;

　　　d_c——特征粒子直径,ft;

　　　G_d——沉滑系数;

　　　ρ_c——岩屑密度,lb/ft^3;

　　　ρ_1——流体密度,lb/ft^3。

欠平衡钻井时,钻屑一般都保持在液相中,其携岩能力与流态紧密相关,由于流态不同,其有效携岩的上返速度 v_m 也不一样。

泡状流段有效上返速度 v_m 为

$$v_m = v_{sl} + v_{sg} \tag{4.106}$$

段塞流段可以假设只有液体对携岩有贡献,满足单相流携岩规律,有效上返速度 $v_m =$

v_{sl}。过度流段中液体对携岩的贡献要比段塞流小得多,其有效上返速度为

$$v_m = v_1 (1-E_g)^{1.2} \tag{4.107}$$

环状流段对携岩有贡献的已不是液体,而是气体,要达到井眼净化需要很高的气体流量,此时应按照空气钻井携岩模型来计算:

$$v_m = v_g E_g \tag{4.108}$$

式中　v_{sl}——液相流体表观速度,m/s;

　　　v_{sg}——气相流体表观速度,m/s;

　　　v_1——液相流体实际速度,m/s;

　　　v_g——气相流体实际速度,m/s;

　　　E_g——各流态中气相相应的空隙率,%。

岩屑的滑沉系数受粒子的形状影响,扁平粒子的滑沉系数大约为1.4,而属于角形到次圆状类别的粒子的滑沉系数大约为0.8。综合这些发现和气体定律,Gray推导出临界速度的约等式如下:

对于扁平岩屑:

$$v_0 \approx 3.396 \sqrt{\frac{d_c T \rho_c}{p}} \tag{4.109}$$

对于次圆状岩屑:

$$v_0 \approx 4.164 \sqrt{\frac{d_c T \rho_c}{p}} \tag{4.110}$$

式中　T——井底温度,K;

　　　p——压力,psi(1 psi = 0.006 89 MPa)。

综合各种流态分析的结果,携带钻屑最低的环空返速为

$$v_c = v_m - v_0 \tag{4.111}$$

3. 各种类型欠平衡钻井液体系

实施欠平衡井作业时,应根据储层的孔隙压力系数以及其他要考虑的因素,来选择合适的欠平衡钻井液。

1)常规水基钻井液

对于地层压力系数较高,常规钻井液可以实现欠平衡时,一般就采用常规的钻井液来实施欠平衡作业。对于这类欠平衡钻井,其钻井液与普通钻井液差别不大,只是在钻井液的黏度控制上要求严格一些。因为在欠平衡作业过程中,要涉及气体或原油与钻井液的分离问题,钻井液黏度太高不利于气体或原油与钻井液的分离。

常规钻井液实施欠平衡钻井,其成本不会太高,而且钻井液具有较好的流变性、抑制性和很好的携屑性能。使用常规钻井液实施欠平衡钻井应控制较低的膨润土含量,以保证钻井液具有较合适的黏度和切力。

这种欠平衡作业方式在中原油田完成的白21井欠平衡钻进井段3 113~4 190 m,在地层压力系数1.60 g/cm³的条件下,采用密度为1.32 g/cm³、黏度为50~65 mPa·s的钻井液,成功地在高压低渗透地层中实现了"边喷边钻";江汉油田的王平1井是一口欠平衡水平井,采用混油钻井液,实测地层压力系数为1.62,钻井液黏度为55~70 mPa·s,密度为1.35~1.51 g/cm³,欠平衡井段1 646~1 856 m,实现了欠平衡钻井作业。

2）低固相水基钻井液

在地层压力系数大于 1.0 的地层实施欠平衡，可选用低固相水基钻井液。该钻井液在配浆时可不加或少加膨润土，在钻进过程中，利用固控设备将钻井液中的固相尽量清除掉，以维持较低的钻井液密度。

由于该钻井液可实现的最低密度要大于 1.0 g/cm^3，因此在地层压力系数很准确的情况下，应用该体系比较合适。低固相钻井液也是平衡压力钻井常用的钻井液，具有合适的流变性，稳定井壁能力、携屑能力都较好，使用该钻井液的关键就是利用好固控设备，尽可能除掉钻井液中的固相，以维持钻井液的低密度。

辽河油田胜 23 井是一口典型的欠平衡井，其使用的钻井液是无固相钻井液，钻井液密度为 1.02 g/cm^3。

3）清水作为欠平衡钻井液

在地层压力系数大于 1.0，地层很稳定（如灰岩等地层）的条件下，清水是很好的欠平衡钻井液。

清水作为欠平衡钻井液一个最大的优点就是经济，再有就是清水的黏度很低，有利于气体和原油的分离，而且不需要复杂的处理与维护。即使在地层十分稳定的前提下使用清水作为欠平衡钻井液，也有其不足，主要是在地层压力系数预测不是十分准确，而且实际上是偏低的情况下，降低钻井液密度还是一个难题，除非采用充气工艺。清水作为欠平衡钻井液，在岩石密度较高的情况下也可能存在携屑的问题。

大港油田所实施的欠平衡井的地层为灰岩地层，岩性十分稳定，而且灰岩的密度相对较低，这就为采用清水作为欠平衡钻井液提供了前提条件。大港油田所实施的欠平衡井板深 7 井、板深 8 井等都是采用清水（卤水）作为欠平衡钻井液，并取得了较好的应用效果。

4）乳化钻井液

地层压力系数在 1.0 左右的地层实施欠平衡作业时，要求欠平衡钻井液的密度要低于 1.0 g/cm^3，在这种储层要实施欠平衡钻井，可选择乳化钻井液。这类钻井液主要有水包油钻井液和油包水钻井液，二者相比，水包油钻井液更安全些。乳化钻井液有较好的抗温性，而且有较好的密度稳定性，对于较深的地层，这种钻井液体系有较好的应用前景。低密度乳化钻井液的应用以水包油钻井液居多。

水包油乳化钻井液的关键在于乳化剂的选择，选择乳化剂时，其 HLB 值是一个主要指标，形成水包油乳化钻井液乳化剂的 HLB 值一般为 8 ~ 18。国内应用最多的水包油乳化剂主要有 OP 系列、平平加系列、吐温系列或烷基苯磺酸钠、烷基磺酸钠等，同时，在选择乳化剂时还要考虑乳化剂与分散相的亲和性，以及与分散介质的亲和性和抗温性等。在实际使用过程中，大多使用的是以上水包油乳化剂中的两种或其复配物，一种作为主乳化剂，另一种作为辅乳化剂，以提高乳化钻井液的乳化效果。评价水包油乳化钻井液乳化效果主要是将油和水以及其他的增黏剂等处理剂通过乳化剂乳化之后，对形成的乳状液进行常温静止观察、高温老化后再静止观察、离心试验、测定其粒度分布等。

国外近十年水包油型乳化剂的产品发展较快，达到了近 40 种。应用比较成功的是国际钻井泥浆公司（IDF）研究的 SHALEDRILL（称为页岩钻井液）水包油钻井液体系，在英国北海地区和加拿大共应用了八口井，都取得了较好的效果。SHALEDRILL 钻井液体系虽然也属于水包油乳化钻井液,但它和传统的水包油乳化钻井液不同。尽管也是水包油状态,但整个体系可达到油相润湿的程度,这点与油基钻井液相似。该钻井液有很强的抑制性,主要是新型乳化剂和高度分散的油相的作用。它是通过活力强、高效的表面活性剂和乳化分散的油滴,优先地、强烈地吸附在井壁(页岩)表面,形成一个油膜。这个牢固吸附着的、强度很高的油膜就能阻止水的渗透和页岩的水化膨胀,防止了页岩水化、坍塌。黏性的油膜填充在页岩的裂缝中,可以增强页岩的机械强度,稳定井壁。

国内水包油钻井液应用较多,"八五"期间,华北油田与北京石油勘探开发科学研究院合作,对水包油乳化剂和低密度水包油钻井液进行了研究,其配方主要是:柴油(或原油)增黏剂 PAC141+HV-CMC+降滤失剂 HPAN+主乳化剂 CS-94+辅乳化剂 Y-1+高改沥青粉等。该乳化钻井液在华北油田任平 1 井、任平 2 井水平井上进行了应用,抗温达 120 ℃,实现钻井液密度为 $0.89 \sim 0.95 \ g/cm^3$。大港油田在 1999 年年底,在欠平衡井西 G2 井上应用了水包油钻井液,油水比为 60:40,钻井液密度为 $0.87 \ g/cm^3$,由于地层出水,没有利用该体系钻完欠平衡段。

2000 年 8 月,大庆油田的第一口欠平衡井宋深 101 井使用了大庆石油管理局钻井工程技术研究院研制的抗高温水包油钻井液,该钻井液油水比可控制在(30 ~ 70):(70 ~ 30),配方中有乳化剂、稳定剂及降失水剂等,在宋深 101 井三开欠平衡井段 2 969 ~ 3 880 m 施工过程中,水包油钻井液密度控制在 $0.90 \sim 0.94 \ g/cm^3$。通过补充低密度胶液或柴油和充分利用固控设备,对三开钻井液密度进行了很好的控制,整个三开钻进过程中水包油钻井液的密度基本控制在 $0.90 \sim 0.94 \ g/cm^3$。该钻井液具有较强的携屑能力,钻井液的动塑比较高,达到了 0.4 ~ 0.5,钻井液的流变性很稳定,没有大起大落现象,钻井液的 API 失水很低,都小于 1 mL,整个钻进过程中振动筛上的岩屑返出正常,保证了钻井各项施工的顺利,满足了钻井、录井等施工的正常进行。该钻井液现场应用过程中表现出了良好的乳化稳定性,在油水比达到了 65:35 的情况下,也具有较好的稳定性,没有出现油水分层现象,抗温达到了近 160 ℃。在三开井段施工过程中没有出现井塌等事故,起下钻等作业都很顺利,三开井段平均井径扩大率仅为 6%。继第一口欠平衡井之后,大庆油田先后使用水包油钻井液钻了卫深 5 井、卫深 501 井、肇深 11 井、汪深 1 井、杏深 1 井等欠平衡井和芳深 801 井、葡 333 井、敖 106 井和英 141 井等近平衡井,都取得了很好的效果,特别是卫深 5 井,在钻进过程中,气体流量就达到了 5 000 m^3/h 以上,经试气日产量达到了 $100 \times 10^4 \ m^3$ 以上,欠平衡钻井取得了很好的效果。水包油钻井液经过完善,流变性更加合适,钻井液抗温达到了 180 ℃,连续使用最长裸眼段近 1 800 m,该钻井液体系较好地应用于大庆深层欠平衡井施工作业中。

胜利油田与石油大学共同研制出了固体乳化剂 SN-1,该乳化剂主要用来乳化原油,在水包油钻井液中具有较好的乳化效果,抗温达 120 ℃;自 1990 年以来,先后在胜利油田 50 余口水平井、高难度定向井以及塔里木油田的一些高难度井中成功使用。

中原油田钻井院油化所研制出了可抗温 180 ℃ 的水包油钻井液,其配方为:60%5#白油40%水+(4.0% ~ 5.0%)膨润土+(0.2% ~ 0.4%)增黏剂+(0.5% ~ 1.0%)降滤失剂+(2.0% ~ 3.0%)高温稳定剂+(2.0 ~ 3.0)流变性调节剂+2.0% A-1(乳化剂)。该钻井液体系在文留地区古潜山构造的文古 2 井五开欠平衡段进行了应用,水包油钻井液密度为 $0.91 \sim 0.92 \ g/cm^3$,井底温度达到了 166 ℃,钻井液性能比较稳定,携砂效果好,起下钻顺利,该钻井液满足了欠平衡钻井施工的要求。

水包油乳化钻井液在国内外许多欠平衡井及近平衡井中得到了应用,与油基钻井液和油包水钻井液相比,水包油钻井液成本要低些,其外相是水,对电法测井没有影响,而且相对安全。该类乳化钻井液可实现的最低密度可达到 $0.84\ g/cm^3$(采用密度为 $0.74\ g/cm^3$ 的轻质油配制)。该钻井液主要的缺点是成本相对水基钻井液较高,而且乳化钻井液的黏度相对较高一些,对气体的分离效果要比水基钻井液稍差。

5)纯油钻井液

对于地层压力系数低于 1.0 的地层实施欠平衡井,可以采用纯油类作为欠平衡钻井液,也可用乳化柴油或乳化原油,这类欠平衡钻井液所实现的最低密度就是油本身的密度。这类钻井液在国外有些欠平衡井上进行了应用,取得了较好的效果。

纯柴油作为钻井液的优点是可实现低密度,液气分离效果好,其缺点主要是携屑能力差。而采用加入适量的有机土的方法可以改善其携屑能力。乳化油作为钻井液就有比较合适的流变性,但加入有机土后钻井液的密度比纯油的密度高,而且对气体的分离效果差。选择纯油还是选择乳化油作为欠平衡钻井液,要根据具体的地层特性来确定。

阿莫科石油公司在苏伊士湾的 Sidki 油田用柴油作为钻井液钻了四口水平井,水平段 $6\frac{1}{2}$ in 井眼,携屑没有问题,而在 $9\frac{5}{8}$ in 环空中产生了携屑问题,解决的方法是每钻进 60 ft 就泵入 30 桶携屑剂,携屑剂由水、柴油和有机土配制成的高黏度小球,解决了携屑不好的问题。国内中石化新星石油公司东北石油局在吉林油田 SN98 欠平衡井应用了中石化石油勘探开发研究院德州钻井研究所研制的乳化柴油钻井液。乳化柴油钻井液的配方是:-10#(0#)轻质柴油+(2.0% ~ 5.0%)水+(1.0% ~ 2.0%)有机土+(0.8% ~ 1.5%)主乳化剂+0.5%辅乳化剂,可实现钻井液密度为 $0.84 \sim 0.86\ g/cm^3$。在 SN98 欠平衡井欠平衡段 $2\,000 \sim 2\,310$ m 施工过程中,实现了井底负压值达 2.5 MPa 左右,达到了欠平衡钻井的目的。该钻井液性能稳定、维护简单、抑制性好,但成本相对较高。

6)油包水钻井液

当压力系数在 1.0 左右时,实现欠平衡钻井,可以采用油包水钻井液作为欠平衡钻井或近平衡钻井的钻井液。该类钻井液实现的最低密度能达到 $0.98\ g/cm^3$。这类钻井液在国内外一些近平衡井上应用较多,并得到了较好的效果。

油基钻井液是以油为连续相、水为分散相的钻井液体系。它分为两类:一是油包水钻井液,其油水比在(50 ~ 80):(20 ~ 50)范围内;二是油基钻井液,其含水量不超过 5%。

油基钻井液的发展先后经历了原油阶段、原油通过乳化处理的液体、全油钻井液、油包水乳化钻井液、低胶性油基钻井液和无毒或低毒油基钻井液六个阶段。这六个发展阶段反映了油基钻井液在性能方面的不断改进、完善和提高,降低了钻井液成本,使钻井液的使用更加符合环保的要求。目前,油基钻井液以其优越的温度稳定性、润滑性和井眼稳定性在钻井过程中得到了广泛应用。

与水基钻井液相比,油基钻井液有以下几方面的特点。

(1)很强的抑制性。

由于油基钻井液是以油为外相的,故不会引起与其接触的水敏性地层产生水化膨胀、分散、造浆以致引起缩径或井塌,因而这种钻井液特别适合在造浆剧烈及稳定性差的地层钻井中使用。

（2）很强的耐温能力。

油基钻井液体系一个显著的特点就是高温稳定性较强,其抗温能力优于水基钻井液,故特别适合于深井,尤其是超深井或热井钻井。

（3）有很好的润滑性。

在油基钻井液中,油作为外相,故体系的润滑系数极低,它是所有钻井液体系中最好的。

（4）强抗污染能力。

由于许多水溶性的、可以造成污染的无机盐类都不会在钻井液中溶解或游离而产生不利影响,因此外来的任何污染物都不能轻易产生破坏作用。

（5）有很好的保护油层与减少油层损害的特性

由于油是外相,故用该体系打开油层时,可以减轻其对储层的损害程度,尤其对水敏性强的储层更为有效。其次,可以在油层取心时,保持油层岩心的原始状态以便更加准确地估算油层储量。

（6）较好的抗腐蚀性。

由于在钻井中,钻柱及各种设备都与油接触,而在油中不会产生电腐蚀,腐蚀问题没有水基钻井液突出。

（7）钻井液性能稳定

由于体系具有较大的惰性,对外来各种因素干扰较小,因此在钻井过程中不需要经常进行维护处理,可以较长时间保持良好、稳定的性能,大大减少维护处理费用和降低工人的劳动强度。

油包水钻井液的优点是不损害低压油层的渗透性,有利于保护油层,能防止泥页岩水化膨胀,井眼稳定能力强,防塌作用强,润滑性好,抗温能力高,井径规则,井眼扩大率低,防腐能力强;缺点是钻速低、成本高、环保处理难度大、影响电法测井、影响岩屑录井等,特别是害怕钻遇水层,水浸后,钻井液流变性明显变差,因此在选择该类钻井液作为欠平衡或近平衡钻井的钻井液时,一定要根据地层特性合理选择。

国内外对油基钻井液都曾进行过重点研究,早在20世纪20年代,工程师们开始了对油基钻井液的研究,最初是将处理过的原油用来做完井液和修井液,结果发现原油产量比用水基钻井液时有很大提高。1919年,Swan将用焦油、煤焦油蒸馏物及有机溶剂的混合物来代替水的方法申请了专利。尽管原油钻井液在早期应用时效果很好,经过十多年的使用后却发现原油钻井液存在无切力、不易加重、滤失量大、易着火等问题。因而在20世纪30年代末40年代初,虽然采用油基钻井液作业取得了一些成功,但主要限于在取心完井和解卡作业中应用。40年代随着乳化技术的迅速发展使油包水问题得以控制,自此全油基钻井液得到了广泛应用。在国外,迄今为止,已采用全油基钻井液在墨西哥湾深水水域内钻了约25口井,所有井都是井斜角界于30°~50°的定向井。在密西西比陆上用全油钻井液钻了20 700 ft直井的6 in的油层段。在国内,1993年9月在四川油气田入角地区角57井进行地质取心工作,为了使所取岩心不受外界污染保持良好的原始状态,采用了高密度油基钻井液。由于技术的进步,目前可以成功地应用全油钻井液。

为了保持全油钻井液的优点,尽量避免其不足,国外从20世纪50年代开始试验研究,60 年代开始使用,70 年代开始推广油包水型乳化钻井液,并且成功地用于 9 000 m 超深井的钻进中。与全油钻井液相比,油包水型钻井液最显著的特点就是它的成本低,不易着火,特别适合处理大段泥页岩不稳定地层,通过控制油包水乳化钻井液的活度预防井塌。

我国从 20 世纪 70 年代也开展了油包水乳化钻井液的试验和研究工作并已推广使用,华北油田高家堡构造首次研究和应用了油包水钻井液并顺利完成了一口 5 109 m 的深探井,安全钻穿极为复杂的大段厚盐膏层,解决了多次使用水基钻井液未钻达目的层位的问题,随后在中原油田十分复杂的文东复合盐膏层、南疆复杂地层使用了油包水型钻井液,较好地解决了这些地层的勘探及开发中的难题。在 90 年代初,在新疆、长庆使用了低胶性油包水钻井液钻遇低压低渗透油层,取得了成功。随着石油勘探作业数量的日益增长,各国政府对环境保护更加重视,尤其在海上作业时对钻井作业排放物毒性限制更加严格。为有效地保护自然环境,80 年代国外发展了低毒或无毒油包水乳状液,低毒或无毒油包水钻井液与柴油钻井液并没有本质上的差别,其差别在于配制钻井液使用的基础油不同,另外,各种辅剂的毒性也不同。低毒或无毒钻井液使用的基础油是白油(经工业提炼的所有除柴油以外的用作油基钻井液的基油)。柴油与白油之间最显著的区别在于其芳烃组分的含量上,柴油中芳烃组分含量高,而白油中含量低,芳烃含量越高,对海洋生物的毒性越大。我国在 80 年代末 90 年代初在室内成功地研制出了低毒矿物油的油包水钻井液,90 年代初,在中原和大庆顺利地完成了两口水平井的作业。

近年来,国内外使用油包水钻井液进行了近平衡钻井,都见到较好的效果。最近,国外方面,中油泥浆公司在墨西哥油田用油包水钻井液采用近平衡钻的三口深井,$8\frac{1}{2}$ in 井眼,钻探效果比较好,该地区非常适于使用油包水钻井液施工,同水基钻井液相比,机械钻速高出四倍,携屑效果好,环保压力小,钻井周期明显缩短。使用配方为:90% 柴油+10% 水+2% 主乳化剂+2% 辅助乳化剂+3% 有机土。在国内,2000 年大庆油田钻井工程技术研究院研制的油包水钻井液体系成功地应用于近平衡钻井钻的葡深 1 井 $8\frac{1}{2}$ in 井眼,完钻井深 5 500 m,井底温度近 220 ℃,最低钻井液密度为 1.04 g/cm³;大庆徐深 1 井,$8\frac{1}{2}$ in 井眼,完钻井深为 4 548 m,最低钻井液密度为 1.14 g/cm³,钻井液性能稳定,井眼稳定效果好,施工维护工艺简单,均达到了预期的钻探目的,为在松辽盆地勘探出 300×10⁸ m³ 天然气储量起到了关键性作用。

7) 充气钻井液

当地层压力系数小于 1.0 时,充气钻井液也是比较常用的欠平衡钻井液体系。充气钻井液钻井采用向井内钻井液连续注入一定量的高压气体,以形成不稳定的气液两相流体作为钻井循环介质,达到降低全井筒液柱压力的目的。充气钻井液钻井一般不采用充纯空气,因为充空气钻井,在钻开产层时,存在一定的井内燃爆危险,而且有可能在上部井段发生燃爆,从而造成更大的损害。因此目前国内外多采用充氮气,或者是充氮气和空气按一定阻燃比例加入的混合气体。这种钻井方式的地面设备增加了现场制氮系统。另外,充空气钻井易造成钻具较严重的氧胞腐蚀,采用充氮气后这种腐蚀就大大减轻了。

充气钻井液形成的气液混合物为不稳定两相流体,全井筒基本上是以液体为连续相、气体为分散相的两相介质。不稳定气液两相流体的优点是地面脱气较容易,脱气后的基液可进行常规的净化处理、循环使用。其缺点是在井内气液两相流不稳定,流态变化过大,脱气严重。在垂直环空内,井底处液柱压力最大,故流动处于泡状流,气体以分散的小气泡的形态存在,此时钻井液的密度接近基液的密度;随着气体向上运动,由于井深减少,液柱压力降低,气体开始膨胀,单个气泡开始变大,逐渐形成分散泡状流、弹状流和泡沫状流和环雾流。而环雾流流态在充气钻井液中应是禁止出现的,因为环雾流已失去正常携带岩屑、循环钻井液的能力了,所以,最好能将整个流态由下向上控制在"泡状流、分散泡状流、弹状流"范围之内。

由于充气钻井受有效流态的限制,因此充气钻井液钻井所适用的井深不会太深,全井的平均当量密度不可能降低太多。大致范围如下:

井深在 1 500 m 以内,当量密度为 0.6 ~ 0.7 g/cm³;

井深在 2 500 m 以内,当量密度为 0.7 ~ 0.8 g/cm³;

井深在 3 500 m 以内,当量密度为 0.8 ~ 0.9 g/cm³。

当井深比较大时,不能采用增大注气量的方法降低当量钻井液密度(整个井筒内气液两相流体产生的液柱压力相当于某一当量密度),因为增大注气量就会使上部井段出现环雾流态,从而导致钻进不能正常进行。这一点是限制充气钻井液有效降低密度和限制其应用深度的最大难题。

为了克服这个难题,人们想了很多办法,制造了相应的工具,推出了相应的工艺,在一定程度上改善了充气钻井液钻井流态的限制,这就是强化充气钻井液钻井技术。这些技术的共同思路如下:在注气量较大的垂直井内,在某个井深点即将出现环雾流,其原因是气液比过大,气体太多,而液体太少。如果在这个位置能大量补充液体量,使气液比降低到较低级的流态,则可以避免环雾流的发生,从而提高充气钻井液的使用深度,或在相同深度条件下更有效地降低钻井液的当量密度。由此发展了四种常用的充气方法:双层钻杆法、寄生管法、双层套管法和分段注气法。

充气钻井在我国的辽河油田、新疆油田、胜利油田、中原油田等都应用过。辽河油田从1986年开始到1996年,先后在48口井上应用了充气钻井液技术,无固相基液的密度为 1.01 g/cm³,气液比为(10∶1)~(50∶1),充气后最低密度可达到 0.60 g/cm³,应用的井深一般都小于 3 000 m。新疆油田与西南石油学院合作,从1988年开始研究欠平衡钻井项目,到1996年完成了五口充气欠平衡钻井,但充气段最大的井深也只有 1 705 m,采用低固相不分散钻井液作为基液,密度为 1.02 ~ 1.05 g/cm³,充气后静态钻井液密度为 0.93 g/cm³,动态钻井液密度为 0.95 ~ 0.96 g/cm³。胜利油田1999年在堨741-平1井上开展了充气钻井试验,在低固相基浆中充氮气,基浆密度为 1.05 g/cm³,充气的气液比为 4∶1,井深 3 400 m,静态下井底当量密度为 0.87 g/cm³,动态井底当量密度为 0.90 g/cm³;2001年胜利油田在云参1井工应用了充气钻井技术并获得了成功。中原油田在毛8井上应用了充气钻井液技术,在清水中以 600 m³/h 的充气量充气,在 2 000 m 的井底,钻井液的当量密度为 0.95 ~ 0.96 g/cm³。

充气钻井液技术的缺点主要是设备投入较大,需要购买制氮设备、空压机等,充气后钻井液密度的降低受井深等因素的限制。根据计算,理论上在 4 500 ~ 5 000 m 井段充气,基浆密度为 1.05 g/cm³,钻井液排量以 12.3 L/s 计算,充气量为 800 m³/h(气液比为 18 : 1)时,井底当量密度为 0.85 g/cm³(比基浆密度降低 0.20 g/cm³);充气量为 1 000 m³/h(气液比为 23 : 1)时,井底当量密度为 0.80 g/cm³(比基浆密度降低 0.25 g/cm³);充气量为 1 200 m³/h(气液比为 27 : 1)时,井底当量密度为 0.71 g/cm³ (比基浆密度降低 0.34 g/cm³);充气量为 2 000 m³/h(气液比为 54 : 1)时,井底当量密度为 0.63 g/cm³(比基浆密度降低 0.42 g/cm³)。这些只是理论上的计算,在实际应用过程中,还要考虑在充气量太大时是否产生环雾流而影响钻井液的携屑能力等。

8)泡沫钻井液

在地层压力系数较低的情况下,使用泡沫钻井液实施欠平衡作业也是一个很好的方式。泡沫钻井液有稳定泡沫钻井液和硬胶泡沫钻井液两种。泡沫钻井液是一种均匀、稳定的气液两相流体。在一定的气量和液量比例下,泡沫流体由井底向上,随着液柱压力的变化不会出现流态或流型的变化,而是一直保持均匀、稳定的泡沫状态,只是随着液柱压力的变化泡沫的质量数(泡沫质量数=气体体积流量/混合物总体积流量)有所变化。直接影响的是泡沫的尺寸和液膜厚度的变化。由于泡沫流体在上部环空高速流动作用,泡沫有尺寸和数量重新分布的趋势,最终影响的是泡沫膜厚度和单位时间内流通的气泡数量。泡沫的形态与泡沫的质量数有很大关系,当泡沫质量数小于 0.5 时,气泡成孤立分散状态,泡与泡之间由自由液体隔开,这种泡沫与地层接触时失水较大,稳定井壁能力和保护储层能力都较差,携岩能力也不好,应在泡沫钻井设计和施工中予以避免。当泡沫的质量达到 0.5 时,气泡仍呈圆形,但气泡与气泡之间开始接触,气泡不能再单独运动,而是呈现出一定的结构运动。若泡沫质量达到 0.6,则气泡之间紧密挤压,逐渐形成空间十二面体形状,泡沫流动呈现了很强的结构运动,此时的泡沫流体已无自由液体,液体全部束缚在泡沫膜之间,失水很小。泡沫质量数由 0.7 向 0.95 逐渐增大时,泡沫仍保持十二面体形状,只是泡沫尺寸增大,液膜变薄,此时泡沫的失水可以达到几乎为零。资料认为,当泡沫的质量大于 0.95 至 0.98 时,泡将变成雾,而有的试验证明,钻井中常用的硬胶泡沫,即便是质量数达到 0.99,泡沫仍是稳定的泡沫。一般在泡沫钻井中,泡沫的质量数应控制在 0.6~0.9。

稳定泡沫虽是气液两相流体,但其液相被液膜包裹形成一个个相互隔离的小气泡,气泡的尺寸很小。这样的气泡,即便泡内气体是空气和可燃性气体(如地层中的天然气)的混合物,由于如此小的气泡大大改变了周围的热力学状态,故气泡内混合可燃气体几乎不可能发生点火。即便个别气泡内偶然发生点火,由于气泡之间的液膜隔离,这种燃烧或爆炸不可能传播,因而不能形成连续的燃烧或爆炸。所以,空气气相的稳定泡沫,只要保证泡沫体系在井内、管线内稳定,钻穿油气层时就不会发生井下燃爆危险。但如果不能保证泡沫体系的稳定(如钻遇大量盐水层、油层、高温层中的盐、油、高温对泡沫稳定性的破坏),仍存在井下发生燃爆的风险。

为了彻底消除各种条件下可能的井下燃爆危险,国外推出了氮气泡沫钻井液,其产生泡沫的气相不是空气,而是惰性的氮气。氮气泡沫钻井的地面设备比常规泡沫钻井多了氮气供应装置,也就是现场制氮装置。氮气泡沫钻井液还具有抗高温、减少腐蚀的特点,作为深部地层的欠平衡钻井液还具有防止地层细菌伤害的特点。

泡沫钻井液具有很好的储层保护能力及防止页岩井段井壁失稳的能力,并且携岩能力好、钻速快,成为人们常采用的一种方法,但是泡沫液的一次性使用的特点大大限制了这种技术本身的应用范围。泡沫在地面形成以后,高压注入井内,经过井底携带钻头破碎的钻屑,返至地面后经排放管排入排污池,便完成了它的使命,作为废液而抛弃。泡沫液这种一次性使用带来了环境问题和成本问题。开始钻井后几个循环周内,返出的泡沫便堆积成小山一样,风一吹轻泡沫像雪花一样四处飘扬,造成环境污染;泡沫液的一次性使用就使其成本大大增加了。

针对稳定泡沫(一次性泡沫)污染环境和成本高的问题,研究出了可循环的硬胶泡沫,基本上解决了稳定泡沫存在的弊端。美国 Acti Systems 公司研制成一种在近平衡钻井中使用的微泡钻井液。这种钻井液在不注入空气和天然气的情况下可产生均匀气泡,并把这种钻井液称为"Aphron"钻井液。这种均匀气泡为非聚集和可再循环的微气泡,因此能产生比水低的密度。微泡是由多层膜包裹着气核的独立球体组成。膜是维持气泡强度的关键,使用了一种表面活性剂,以便当微泡形成后能产生表面张力来包裹气泡,形成多层泡壁,维持微泡的稳定。为了达到最佳的效果,有效的做法是使用高屈服应力和剪切稀释性的聚合物。这种聚合物能有效地增加膜壁的黏度,增强微泡膜的强度,使微气泡成为一个独立的气泡。黄原胶生物聚合物对稳定钻井液的微气泡是最有效的。微气泡的结构和尺寸是稳定的,普通微气泡的直径为 10~100 μm。即使在使用固控系统的同时,这种微泡体系也可以重复使用。

就其滤失机理而言,微气泡可以作为桥塞的固相材料,但与普通固相不同,微气泡还能堵塞裂缝和洞穴。

我国胜利油田已研究成功配制可循环泡沫钻井液的处理剂,只需在水中加入 5%~6% 的该处理剂,经搅拌即可配成。配制的微泡钻井液性能稳定,在 140 ℃下仍能保持稳定的性能。当温度一定时,微泡钻井液密度随压力增加而增高,当压力增到一定值时,密度不再升高;当压力增至一定值后,则钻井液的密度随温度上升而下降。

我国在新疆等油田采用过一次性泡沫(稳定泡沫)钻井液实施欠平衡井作业。2001年吉林油田在欠平衡井伊 51 井上使用了一次性泡沫钻井液,基液黏度 60 mPa·s。开始钻进时,泡沫排量:液速为 10 m³/h,气速为 650 m³/h,出现携屑不好的问题;调整泡沫排量液速为 24 m³/h,气速为 850~900 m³/h 后,提高了携屑能力,返出岩屑正常。泡沫的环空当量密度 0.64~0.80 g/cm³,在欠平衡井段 2 930~3 129.1 m 实现了欠平衡钻井,机械钻速也明显提高。

可循环泡沫钻井液在胜利油田多口井上得到了应用,在欠平衡井罗 151-11 井上应用了可循环泡沫钻井液。其配方为:基浆+(0.5%~1.0%)起泡稳泡剂+(0.1%~0.2%)流型调节剂+(0.2%~0.5%)降滤失剂+(0.1%~0.3%)增黏剂,泡沫质量为 0.6~0.8 g。现场配制的泡沫钻井液经井底返出后其密度为 0.74~0.75 g/cm³,计算出环空当量钻井液密度为 0.93 g/cm³,满足了该井欠平衡钻井作业施工的要求,虽没有达到边喷边钻,但停泵后溢流,且钻井液中有油出现。新疆石油管理局所钻的牛 102 井也成功地应用了泡沫钻井液;辽河油田完成的高 3-42-148 井欠平衡井段 1 564~1 642 m,在地层压力系数为 1.0 的条件下,采用 0.95 g/cm³ 低密度泡沫钻井液,成功地实现了欠平衡钻进。

可循环泡沫钻井液解决了一次性泡沫钻井液的成本高和环境污染的问题,但就目前来看,可循环泡沫钻井液可实现的最低密度没有一次性泡沫低,所以,在地层压力系数较低的情况下,就限制了可循环泡沫钻井液的应用。

9)空心玻璃球钻井液

目前所有使用的密度低于 0.84 g/cm³ 的钻井液中都含气,而密度在 0.83~1.0 g/cm³ 的钻井液中均含油。油会对录井资料产生影响,而使用泡沫、充气、氮气等需增加相应的设备,投入成本就会增加,有的还会造成腐蚀、摩阻高、MWD 无法使用等问题。美国能源部(DOE)研究一种新的低密度钻井液,使用空心玻璃球配制密度 0.83~1.0 g/cm³ 的钻井液。所使用的空心玻璃球已有工业产品,此产品被其他行业用作涂料、凝胶和其他液体增量剂。空心玻璃球的密度为 0.38 g/cm³,抗破坏压力达到 21~28 MPa,该玻璃球基本上是不可压缩的,常规的现场固控设备和离心泵都不会破坏空心玻璃球。钻井液中加入空心玻璃球,润滑系数和滤失量均下降,塑性黏度和动切力增高,但可通过加入降黏剂进行调整来满足钻井作业的需要。此钻井液中的空心玻璃球可使用重力分离进行回收。

对含 40% 空心玻璃球的 PHPA 钻井液进行室内测试,测试时使用的是标准的 API 测试方法和设备。当空心玻璃球在钻井液中的含量从零增加到 50% 时,钻井液密度从 1.055 g/cm³ 降低到 0.718 8 g/cm³。当钻屑增加时钻井液的固相含量上升,使钻井液脱水。因此,空心玻璃球的含量限制在 35%~40%,即钻井液的密度限制在 0.778 7~0.814 6 g/cm³。

加入空心玻璃球后钻井液的流变性与常规钻井液相似,当钻井液的固相含量增加时塑性黏度上升,当空心玻璃球的含量达到 40% 时,塑性黏度为 60 mPa·s,当固相含量增加时,钻井液的屈服值仍在可接受的范围内。当空心玻璃球含量从零增加到 25% 时,API 滤失量从 8.3 mL/30 min 降低到 6.2 mL/30 min,与普通钻井液类似,在可以接受限度内。

空心玻璃球钻井液的成本要比普通钻井液高,差不多接近油基钻井液的成本,但空心玻璃球可以回收并重复使用,因此可以节省一部分费用。但使用空心玻璃球钻井液后不用再注气,因而也可节约钻井成本。空心玻璃球钻井液具有可减轻套管磨损、可钻深井和不影响 MWD 脉冲信号的传输等优点,因此在欠平衡作业中具有广泛的应用前途。

空心玻璃球钻井液的应用在国外有报道,早在 20 世纪 60 年代初,苏联曾使用含有空心玻璃球的低密度钻井液在漏失严重的地区钻井,国内还没有在钻井液中应用的报道。国内生产的空心玻璃球密度较高,一般为 0.60~0.70 g/cm³,因此在加量较低时钻井液密度降低有限,而加量太大时又对钻井液的流变性有影响,而且有的空心玻璃球抗压强度不够,在高压条件下破裂进水,所以在高温后密度上升。

加入空心玻璃球前的钻井液要有较高的切力,否则,在加入空心玻璃球后会产生空心玻璃球都漂浮在钻井液表面上的现象。

10)空气钻井转雾化钻井

空气钻井是以空气为循环介质,完成钻进中携带岩屑、冷却钻头等功能的钻井方式。空气钻井中的携带岩屑是以高速气流的冲击功能完成的,环空最低返速也在 15 m/s 以上,岩屑多呈毫米级微小颗粒状排出。故空气钻井液称为"干空气钻井"或"粉尘钻井"。这种钻井方式对地层的外来伤害最小,对井底产生的流体柱动静压力最大不超过 1 MPa,而且干气中无任何外来流体。空气钻井的速度是最快的,为常规钻井液的 4~10 倍。空气钻井对地层的压力极小,是真正的欠平衡钻井,一旦钻油、气、水等储层,地层流体立即进入井内。

当地层水进入井内后,地层水被上返的气流带走,如果进入的地层水太多,则空气钻井改为雾化钻井,以增大携带地层水的能力。在有的空气钻井中,人为地注入一定量的高浓度皂液,使其在环空中成雾状或雾泡沫状,以便带出更多的地层水。

一般的空气钻井方法采用正循环方式,也可采用反循环方式。美国能源部研究证明,反循环空气钻井对地层的损害可以降到最小。反循环空气钻井携岩能力和排水能力较强,也常被用来在气量不足的情况下钻大尺寸井眼,或用来排除较多的地层水。

国外采用空气钻井方式实施了许多欠平衡井,我国早在 20 世纪 60 年代就使用过这种钻井技术,但目前空气钻井应用较少,2000 年在陕 242 欠平衡钻井作业中在欠平衡井段 3 033 ~ 3 190 m 应用了天然气钻井。在钻井过程中,天然气流量为 51.7 ~ 63.3 m³/min,欠平衡钻井机械钻速为 1 ~ 9 min/m(平均钻速为 3 min/m)。通过采用天然气作流体介质进行欠平衡钻井,快速、顺利地钻过了四个气层,保护了气层。

空气钻井中以空气作为循环介质,并且是绝对的欠平衡,因此,当空气钻井钻遇产层时,油气便会涌入井内,又由于井下的高温,此时井下极易产生燃烧、爆炸。燃爆的机理是复杂的,形式是多样的。以往人们多用甲烷在常温下的着火界限分析空气钻井井下燃爆,实际井下燃爆比这复杂得多,燃爆现象与井下温度、可燃物组分、环境热力学状态、流动状态等有复杂关系。对碳氢化合物而言,甲烷是最不容易着火的,随着碳元素的增多,越容易产生着火现象。对井下而言,气藏气、气顶气、原油溶解气、原油挥发气、雾化油滴等都与空气混合形成可燃气体。一般来讲,只要温度超过 350 ℃,在多数压力条件下就可能产生井下燃爆,并且压力升高,着火温度降低。井下燃爆的形式可能有冷焰燃烧、热焰燃烧、燃爆等。以往空气钻井钻遇油气层,多建议转换为天然气钻井,但这种方法多因无邻近气源可用和高成本而不能实际采用。也有人建议在干空气中注入一定量的雾液,以吸收热量阻止燃爆;也有采用注入一定量皂液以形成不稳定的泡沫阻止燃爆发生。但实际上这两种方法均不能实现安全防止井下燃爆。

为了实现使用气基流体低损害的钻穿产层,美国、加拿大开始使用惰性气体钻穿产层。最初使用过液氮,后来基于井下燃爆试验,找到了在空气中混入 60% 氮气就可达到阻燃的比例,进而实现了混合气体(氮气/空气)钻井。

1993 年年底,空心碳纤维膜分离制氮系统开始应用于石油钻井。制氮系统的确是一大进步,但价格较贵。原则上讲,可以利用现场制氮系统进行氮气钻井,但实际上很少有人采用,现场制氮系统更多还是用于充气液钻井、泡沫钻井等耗气量不大的场合。

气体钻井一个最大的优点就是在异常低压储层都可实现欠平衡钻井作业。

在可循环的欠平衡流体应用过程中,维持流体的低密度以保持欠平衡状态是一项重要的工作。而钻井过程中钻屑的侵入会造成钻井流体密度的上升,严重的会导致过平衡钻井。所以,在实施欠平衡钻井作业过程中,钻井液的固相控制是十分重要的。

钻屑的混入情况,随所钻地层特性变化而变化。从密度上可分为"高密度固相"和"低密度固相"。其中高密度固相多半是惰性物质,如石灰岩、花岗岩等,这类固相与钻井液中的液相基本不起反应,但增加钻井液的密度;难于清除的是低密度(1.6 ~ 2.6 g/cm³)的固相,如膨润土类、页岩或黏泥类。这类土质会在钻井液的液相中水化分散,再加上机械破碎,越变越细,表面积急剧增大。这对于钻井液的密度控制和流变性控制都是有害的。通常钻井液中固相粒度的分布状态见表 4.5。

表 4.5　钻井液中固相粒度分布状态

分类	粒度大小 /μm	质量百分比 /%	分类	粒度大小 /μm	质量百分比 /%
砂	>2 000(粗砂)	0.8 ~ 2	泥	44 ~ 74(细)	11.0 ~ 19.8
	250 ~ 2 000(中砂)	0.4 ~ 8.7		2 ~ 44(超细)	56.0 ~ 70.0
	74 ~ 250(中细)	2.5 ~ 15.2	黏土	<2.0(胶体)	5.5 ~ 6.5

从表 4.5 可以看出,钻井液中固相颗粒分布过大的(大于 2 000 μm)和特小的(小于 2 μm)颗粒都不多。由于含砂量的概念是以 74 μm 为界,则大于 74 μm 的颗粒仅占 3.7% ~ 25.9%,也就是说,即使是使用 200 目的振动筛最多也只能筛除整个固相的 1/4,其余 3/4 小于 74 μm 的颗粒还在钻井液中。所以在欠平衡钻井作业过程中,根据钻井液密度的要求,配备合适的振动筛、除砂器、除泥器和离心机,尽可能地清除钻井液中的无用固相,以维持钻井液合适的密度和流变性。

4. 欠平衡压井液的选择

在实施欠平衡钻井作业的过程中,由于在目前的技术条件下,有的环节还不能实现欠平衡作业,虽然发展了不压井起下钻装置,但应用得不是很多。所以,在有些欠平衡井实施过程中,在起下钻、测井或固井前都需要采用压井液来压井。

压井的方法有正循环压井和反循环压井。

如果采用常规钻井液实施欠平衡钻井作业,在钻井液密度相对较高的情况下,实施压井时,可以对欠平衡钻井液进行加重,实施近平衡压井,如果要继续进行欠平衡钻井作业,就需利用离心机清除加重材料,达到欠平衡钻井施工所要求的密度。在这个处理过程中需要一定的时间,但采用该方法进行压井,根据套压逐渐降低,最后为零,可以实现近平衡压井;也可以事先根据预测的地层孔隙压力配制足够量的压井液备用,当需要压井时,用压井液替出欠平衡钻井液,实施压井作业,这种方法在地层压力系数预测偏低的情况下,会达到过平衡,而且与直接在欠平衡钻井液基础上加重相比增加了压井液的费用。但实施欠平衡过程中,备用足够量、足够密度的压井液是必需的。

在采用清水或盐水实施欠平衡钻井作业需要压井时,可以采用盐水作为压井液,需要加重时就使用盐来加重,达到压井所需的密度。

在使用含有油类的欠平衡钻井液实施欠平衡作业时,选用压井液应该考虑压井液与欠平衡钻井液的配伍性问题。

由于在欠平衡钻井实施过程中,井下是负压差,基本不能形成泥饼,而在压井过程中,压井液就有可能侵入地层,对地层造成较大的伤害;另外,选择压井液还要考虑裸眼井段的稳定性问题。所以,在选择压井液的时候,要充分考虑压井液与欠平衡钻井液的相溶性以及压井液保护储层和稳定井壁的能力等问题,在一般情况下,选用的压井液的连续相应与欠平衡钻井液连续相一致。

4.5.4　欠平衡井完井技术

欠平衡钻井技术以其低损害、保护油气层的优点在国内外勘探开发领域得到了广泛的应用,取得了显著的效果。同欠平衡钻井技术发展水平相比,在完井这一环节上无论从技术还是装备都还相当薄弱,问题的关键是难以达到欠平衡完井。如果完井技术应用不合理又有可能造成储层伤害而影响欠平衡钻井的最终效果。

据资料统计,国外欠平衡井76%采用裸眼完井,21%采用筛管完井,3%采用射孔完井,除部分裸眼完井外,其他完井方式均须在压井条件下完成。我国已钻的欠平衡井主要采用裸眼完井和射孔完井两种方式,对于以勘探为目的的欠平衡井,由于有后期改造的考虑,一般采用射孔完井方式,这两种完井方式已分别在新疆和大港等油田得到应用,但各地区根据储层特点和勘探开发要求,在具体完井工艺技术上均有所差别。如新疆小拐油田储层属于胶结较好的裂缝性砂砾岩油藏,欠平衡井以裸眼完成,完井后即迅速投产,获得高产。大港油田千米桥古潜山碳酸盐岩储层,尽管地层稳定,但勘探要求分层测试增产,因此采用低密度水泥固井射孔完井。显然,欠平衡井完井技术具有明显的地区色彩,但研究发展方向是一致的,即欠平衡井完井技术必须是对储层低损害或无损害的完井技术。另外,完井作为钻井的最后一道工序,其完井方法一经确定并实施以后,其井身结构就不易再改变,因此欠平衡井完井技术的应用必须格外慎重。

1. 欠平衡钻井配套完井方法

目前欠平衡钻井配套完井方法主要有三种,即裸眼完井、筛管完井和固井射孔完井。下面分别对三种完井方式的主要特点及适用性进行分析。

1)裸眼完井

裸眼完井是最基本、也是最简便的完井方法。裸眼完井通过下入油管进入产层依靠油藏自身的产能生产。该完井方式的成功与否取决于天然裂缝和储层的渗透性,它的优点是费用低、油流入井阻力小;缺点是存在层间窜流的可能,在多油层的情况下不能采取分段测试和增产措施,生产控制困难。

基于以上裸眼完井方法的优缺点,裸眼完井的基本条件可归纳如下。

(1)岩性致密,井壁稳定。

要求在生产过程中井壁稳定,能够保持油气通道和下入必要的作业管柱,适应岩性主要有碳酸盐岩、致密砂岩、致密白云岩、火山喷发岩等。

(2)裂缝性油层。

裂缝性油气层大多存在于岩性较硬的地层,采用固井方式完井会因堵塞裂缝而影响产能,在无水情况下,裸眼完井是最经济、最有效的方法。

(3)对技术套管的强度要求高。

国外欠平衡钻井当钻遇高产油气层时,有时采用原钻具完井,将钻具坐封于套管头上,直接由钻井转入生产,以减少起钻压井对产层的损害。

裸眼完井法由于不下生产套管,其功能将由技术套管部分担当,所以对技术套管的强度和封固质量都提出了较高的要求。

2)筛管完井

目前常规钻井应用的筛管完井方式较多,既有单一的光筛管完井,也有多种组合筛管完井方式,功能也愈加完善,如封隔器筛管完井、注水泥筛管完井、封隔器分段注水泥筛管完井、砾石充填筛管完井等。目前欠平衡钻井主要出于防砂的目的而采用光筛管完井,但它依然存在裸眼完井的缺点,而且这种方式只能起到防止一定的地层砂侵入井筒的作用,并不能防止井塌,事实上井壁坍塌不仅会填塞筛孔,严重降低产量,而且有挤毁筛管的可能。另外,多种组合筛管完井方式虽然功能有所增强,但完井工艺过于复杂,成本高,欠平衡井很少应用。

3）固井射孔完井

欠平衡钻井盛行之初，处于保护产层的目的，固井射孔完井方式应用得并不多，但随着欠平衡钻井范围的扩大，其应用也逐渐增多起来，目前国内探井欠平衡井基本上都采用这种方式完井，它能够比较有效地封隔和支撑地层，对于不同压力和不同特性的油气层可以有选择地打开，可以分层开采、分层测试和分层增产改造。射孔完井的主要缺点是储层在钻井和固井过程中受钻井液与水泥浆浸泡时间较长，存在一定的污染。

2. 欠平衡完井工艺技术

目前欠平衡井完井作业基本上是在一种过平衡压力下完成的，为了能够在欠平衡或平衡压力下完成完井作业，对于裸眼完井，国外提出了以下两种比较容易实现的工艺技术。

要在欠平衡压力条件下完成一口欠平衡井，首先必须隔离产层，这样才可在不压井的情况下起出钻具，并安装油管头和采油树。

（1）开始起钻或安装井口的时候，采用平衡井筒压力技术，即在井眼底部到整个产层段注入非损害流体，而把重泥浆放在非损害性流体顶部以平衡地层压力。

（2）使用膨胀桥塞。在技术套管鞋处放置一个临时胶塞，如图 4.34 所示，它是一种可膨胀式桥塞，可由油管串取出和安放，使用标准的打捞筒可完成坐封。

用于裸眼完井的临时胶塞可同样用于割缝管完井，坐封后，从井口下入割缝管至桥塞处，用管串前端的打捞筒将桥塞释放，一并下到井底，如图 4.35 所示。这项技术也适用于其他很长的井下装置，如欠平衡方式下入射孔枪等。

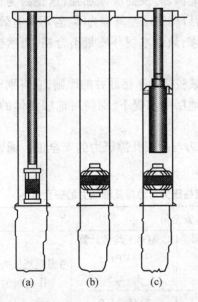

图 4.34　放置临时胶塞

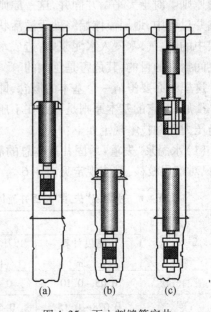

图 4.35　下入割缝管完井

从某种意义上讲，以上欠平衡完井通过挠性管作业机最容易完成，如果使用常规钻机，就目前的井口压力控制能力还难以实现欠平衡完井。

3. 欠平衡钻井配套固井技术的应用分析

欠平衡钻井技术主要用于近于枯竭的油田,尤其是在美国和加拿大,采用这一技术的主要目的在于降低钻井对储层的损害,提高生产井的生产能力,其完井方式以裸眼完井为主。美国的奥斯丁灰岩裂缝性储层应用欠平衡钻井技术来减少钻井过程中的漏失,提高产能,完井以筛管完成。

随着欠平衡钻井井口装备的承压能力的提高,使欠平衡钻井技术在探井上得以推广应用。该技术应用于探井突出的优势在于能够即时发现、即时测试,国内大港油田深层古潜山含油气构造的重大发现在很大程度上归功于欠平衡钻井技术的应用。

欠平衡钻井技术应用于探井、评价井的一个最主要的目的是为了发现和评价储层,由于在钻井过程中,井内液柱压力低于地层孔隙压力,而使地层流体进入井内,随钻井液循环到地面,甚至在地面点火,边喷边钻,相比于常规钻井,优势明显。目前欠平衡钻井井下钻柱结构中都配有旁通阀,可以利用原钻具进行中途测试。应该说,在探井中应用欠平衡钻井的目的在钻井实施阶段就已基本完成。一般来讲,应用欠平衡钻井技术的储层一般为低压低渗透地层或非均质裂缝性地层,受钻井空间的影响,后期压裂改造措施必不可少,就目前几种完井方法对比而言,固井射孔完井方法是最适合的方法,能够满足分层改造,达到求准产能的目的。

1)欠平衡井固井的讨论

目前国内对欠平衡井固井的认识还存在争论,比如说欠平衡井固井应采用"近平衡"固井,甚至还有所谓的欠平衡固井的提法,这难以实现,其原因为固井是采用水泥浆填充环空并固化的一种作业,水泥浆固化必须有一个稳定的地下环境,这就是通常人们常说的压稳原则。对于欠平衡井固井,这一原则非但不能减弱,反而应该加强,这是因为在欠平衡钻井过程中,地层流体始终处于激活状态,重新启动的压差基本为零,若不能有效压稳,储层中的油、气、水侵入水泥浆中,造成水泥浆失重,致使水泥环质量不合格,当然也达不到层间封隔的目的,其危害是巨大的。

这里有必要澄清一个基本的概念,即固井领域坚持的平衡固井的原则,它有别于钻井中平衡原则,它的基本原则是固井在不压漏薄弱地层的前提下,保持对地层流体的压稳,平衡压力固井技术规定如下:

(1)水泥浆"失重"后固井流体总的静液柱压力与地层孔隙压力的安全值。通常情况下,只对产层校核,具体规定见表4.6。

表4.6　水泥浆"失重"后固井流体总的静液柱压力与地层孔隙压力的安全值

层位	安全值			
	以密度计算 /(g·cm⁻²)	以压力梯度计算 /(kPa·m⁻¹)	以绝对平均数计算 /MPa	考虑地层压力的5% 作为附加值
一般油气层	0.05~0.10	0.49~0.98	3~4.5	
气层	0.078~0.15	0.686~1.47	3.45~4.0	

(2)固井流体最大动液柱压力与地层破裂压力的安全值。在整个固井注替过程中,固井流体最大动液柱压力应小于整个井段最薄弱地层层段的破裂压力。该压力差值一般应控制在2.0~3.45 MPa范围内或用相应层段地层破裂压力值的5%作为压力控制的安

全值。

2）关于固井损害问题的探讨

根据目前水泥浆对产层污染的研究与实践认为,水泥浆对储层的污染损害主要有两种形式:一是过高的环空液柱压力,造成地层破裂,水泥浆漏失进储层而形成污染损害;二是水泥浆在压差作用下造成的渗透污染。有关固井水泥浆对储层的渗透污染损害问题,国内外在 20 世纪 80 年代曾有大量的研究,对于低渗透地层,水泥浆损害主要以滤液损害的主要形式,随着水泥添加剂技术的发展,尤其是水泥降失水剂性能的提高,水泥浆的 API 滤失量已能从正常原浆的 1 800 mL 左右降到 50 mL 以下,这在很大程度上阻止了水泥浆向地层中滤失,从而大大减轻了对储层的损害,其有限的损害深度也完全处于射孔范围之内。

采用平衡压力固井技术将通过有效的压差控制技术和固井流体技术获得对产层最好的保护。

另外,谈到固井引起的损害问题必须和固井质量联系在一起,如果不把固井质量放在第一位考虑,而片面地追求低压差固井,致使固井质量难于保证,进而影响层间封隔,对具体一口井而言,这可能是一种最大的损害。

3）关于低密度水泥浆的应用分析

明确了欠平衡井固井原则以后,固井是采用低密度水泥浆还是采用正常密度水泥浆主要应从是否存在漏失问题出发,如地层破裂压力高,欠平衡井段又比较短,一般推荐使用正常密度水泥;对于薄弱储层固井,尽管近几年来低密度水泥浆技术的提高,密度为 1.20 ~ 1.46 g/cm³ 的低密度水泥浆性能已能满足中浅井油层固井需要,但深井低密度水泥浆研究与应用还存在一定的限制。从总体上看,低密度水泥浆无论从施工性能还是从本身性能来看,在固井质量的保障上都与正常密度水泥存在着一定差距,而且失水控制也相对困难。

总之,欠平衡井固井不论采用何种技术,都要遵循一个基本目的,即要满足固井质量的要求。

4.5.5　欠平衡钻井专用设备

与常规钻井不同,欠平衡井钻井必须要有一套专门的特殊井控设备,除常规井控设备外,还包括旋转防喷器、节流管汇、液气分离器、油水分离器(或撇油罐)及点火装置等。这些设备使流体在控制下有序流出,出来的流体可能含有油或气,通过液气分离器先将气体排出烧掉,油和钻井液进入油水分离器,再将油撇掉,钻井液循环到常规的固控系统。节流管汇的作用不但可以实现软关井,更主要的是按照一定的预定压力有目的地控制套压,使井底保持一定的负压值,安全可靠地钻井。

1. 设备的组成

欠平衡钻井地面配套的专用设备包括旋转防喷器及其控制系统、节流管汇及其控制系统、液气分离器、油水分离系统、点火燃烧装置、安全报警控制系统。

整套欠平衡钻井专用设备主要包括以下几大部分:

(1)旋转防喷器及其控制系统。包括旋转防喷器(或旋转控制头)、液压泵站(或冷却润滑系统)及司钻控制盘。

（2）节流控制系统。包括节流管汇、液动节流阀控制台、立压传感器、套压传感器、泵冲传感器及其液压管线和传感器信号线。

（3）液气分离器。

（4）油水分离系统。包括撇油罐、储油罐、振动筛及砂泵。

（5）点火燃烧系统。包括燃烧管线、防回火阀及点火装置。

（6）安全系统。包括可燃气体报警仪、二氧化碳报警仪、硫化氢报警仪、警笛、火焰观测器、风机及防毒面具。

（7）配电照明系统。包括配电柜、防爆灯及电缆线。

（8）其他辅助设备。包括空压机及气管线、对讲机、控制中心板房、液化气罐、工具包及计算机。

（9）井下三阀。包括箭形回压阀、投入式止回阀及旁通阀。

2. 设备的井场布置及钻井工艺流程

1）欠平衡钻井设备的现场布置

图4.36为欠平衡钻井设备现场布置示意图。

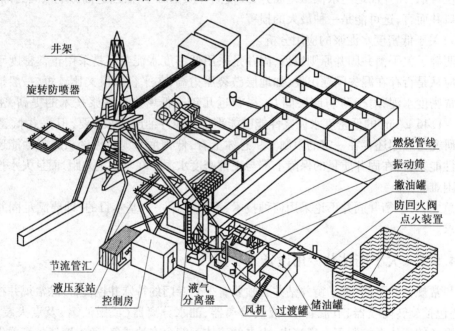

图4.36　欠平衡钻井设备现场布置示意图

2）钻井工艺流程

井口设备从上到下配备如下：旋转防喷器（或旋转控制头）、万能防喷器、双闸板防喷器、四通、单闸板防喷器及套管头。欠平衡钻井井口装置应按此标准配备。

钻井液从井口出来分两路回到泥浆罐：一路是经常规钻井循环路线，在井口从旋转控制头的旁通回到泥浆罐，或从旋转防喷器上面的泥浆伞旁通回到泥浆罐；另一路是经过节流管汇、液气分离器欠平衡钻井的循环路线。两种路线流经的节点如下：

常规钻井循环路线如下：

泥浆泵 → 钻杆 → 环空 → 井口 → 旁通 → 振动筛 → 泥浆罐 → 泥浆泵

欠平衡钻井循环路线如下：

作为欠平衡钻井，井筒内具有一定的压力，从井口出来的液体其内部含有油或气，经四通进入节流管汇，通过对节流管汇的节流阀实时调控，可以控制井筒压力和井底负压值，然后进入液气分离器，将气体与液体分离，气体进入燃烧管线烧掉，液体进入油水分离器进行油水分离，分离后的钻井液通向常规振动筛和泥浆罐，分离出来的原油又进入储油罐。对于气井一般没有油，可以节省油水分离系统；对于油井一般没有气，可以节省液气分离器，这样都可以减少工作量和设备成本。

对于一些井，尤其是气井，在设计时虽然是按照欠平衡钻井设计的，但是在钻井过程中并没有气体显示，在这种情况下，也可以不走欠平衡钻井循环路线，而走常规钻井循环路线，并且旋转防喷器可以处于敞开状态，防止磨损胶芯。

3. 旋转防喷器及其控制系统

在欠平衡地面专用设备中，旋转防喷器系统是最关键的部分。旋转防喷器最初研制于20世纪60年代，主要用于空气钻井、修井等作业。后来随着钻井技术的进步，以及为满足勘探开发的需要，从20世纪90年代以后，欠平衡钻井逐渐用于发现油气层、降低油气层污染、挖掘枯竭油田的剩余油等方面。

目前国外从事旋转防喷器的研制和生产的公司主要有美国的Weathford公司和Shaffer公司，Williams旋转控制头已被Weathford公司收购。Shaffer公司为Varco Co下属公司，主要生产销售常规防喷器、闸板防喷器和旋转防喷器等设备。另外还有美国的Sea-Tech公司和加拿大的高山公司，这两个公司研制的旋转防喷器的胶芯都是胶囊式的。国内从事旋转防喷器的研制和生产的有四川钻采工艺研究院、胜利石油管理局采油工艺研究院，成型产品与Williams旋转控制头相似。大庆钻井工程技术研究院也开展了欠平衡钻井专用设备的研制工作。表4.7为国外主要旋转控制头的性能指标对比。

表4.7　国外主要旋转控制头的性能指标对比

产地	型号	动压/MPa	静压/MPa	最大转速/(r·min⁻¹)	高度/mm	轴承润滑	轴承冷却	缩紧装置	胶芯数量
美国	Shaffer 低压型	3.5	7	200	914	低压脂润滑	无	丝扣圈、锁销	1
	Shaffer 高压型	21.0	35	200	1244	高压油润滑	水冷	丝扣圈、锁销	1
	Williams 9000型	3.5	7	100	927	低压脂润滑	无	手动锁紧卡箍	1
	Williams 7000型	10.5	21	100	1600	高压油润滑	水冷	单液缸液动卡箍	2
	Williams 7100型	17.5	35	100	1764	高压油润滑	水冷	双液缸液动卡箍	2
	Sea-Tech 型	10.5	14	100	1447	高压油润滑	风冷	手动丝扣锁紧	胶囊
加拿大	RP Msystem 300型	14.0	21	100	1016	高压油润滑	水冷	液动锁紧	胶囊

1）Williams 旋转控制头

（1）类型。

Williams 旋转控制头 RCH（Rotating Control Head）为被动式旋转控制,靠胶芯与管柱之间的过盈配合实现密封,而无压力补偿功能。这种结构的旋转防喷器在接单根时,先在钻杆接头上接一个导引头,通过密封胶芯后再接钻头。产品型号有 7100 型、7000 型、IP-1000 型和 8000/9000 型。目前国内外使用的基本上都是 7100 型旋转控制头（图4.37）。

(a) 7100 型外观示意图　　　　　(b) 胶芯示意图

图4.37　Williams 7100 型旋转控制头

图4.37(a)为7100型外观示意图,(b)为胶芯示意图,其胶芯的性能处于国际先进水

平,可以实现动密封 17.5 MPa,并有较长的使用寿命。

（2）主要技术参数。

总高度:1764 mm;工作静压力:35 MPa;底法兰尺寸:13 $\frac{5}{8}$ in 回转半径:513 mm;工作动压力:17.5 MPa。

（3）结构及工作原理。

①结构。

如图 4.38 所示,旋转控制头主要由旋转总成、壳体、上下密封胶芯、卡箍、液缸、旁通、方钻杆驱动器等部分组成。

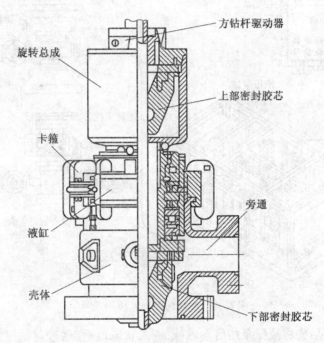

图 4.38 Williams 旋转控制头结构示意图

②工作原理。

当钻杆下入井内后,上下密封胶芯紧紧地抱在钻杆上,形成密封,防止井内的压力通过胶芯与钻杆之间喷到钻台上。钻进时,通过方钻杆驱动器驱动旋转总成,带动胶芯与钻杆一起进行旋转,井内带压流体通过四通进入节流管汇,得到合理的控制,从而实现边喷边钻作业。

③性能特点。

a.结构简单、外形尺寸小、质量轻。

b.换胶芯容易。

c.运输方便、安装方便。

d.适合距离远、地层压力低的井。

该旋转控制头整体设计非常紧凑,结构独特,轴承尺寸小,胶芯密封可靠性高,有一套专门的冷却润滑控制系统始终向工具内注入冷却液和润滑液,提高工具轴承和密封胶芯的寿命。Williams 旋转控制头的易损部件是胶芯和轴承,从现场应用情况看,换胶芯的次数多于 Shaffer 旋转防喷器。

2)Shaffer 旋转防喷器

(1)旋转防喷器的组成与工作原理。

旋转防喷器系统 PCWD(Pressure Control While Drilling),即随钻压力控制。包括旋转防喷器、液压泵站、司钻控制盘及连接的液压管线(图4.39)。

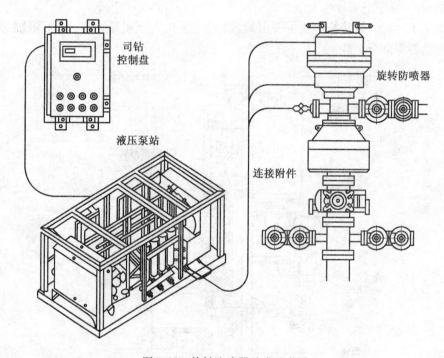

图 4.39 旋转防喷器总成示意图

其工作原理是:先将液压泵站启动运行,进入状态以后,通过司钻控制盘对液压泵站进行控制,打开或关闭旋转防喷器。控制压力系统主要由两部分组成:一部分为液压系统,由变量泵供压,直接控制旋转防喷器的密封压力;另一部分是 PLC 电控制系统,PLC 是一种可编辑控制器,使防喷器密封压力随井下压力的波动而同步变化。辅助系统中有一个电加热器,冬天使油温始终保持在46 ℃。液压缸采用双道动密封,动密封为 Kalsi 密封,密封表面为正弦曲线,这种动密封圈性能可靠,且寿命长。在司钻的控制盘上设有液晶显示器,显示器上有四行文字,分别显示油温、井口压力、打开压力和关闭压力,此外报警时也有文字显示。通过调节控制键可以增加压力。防喷器内的胶芯很厚,不但补偿量大,而且密封能力强。换胶芯时可以把胶芯割开,但目前这种办法很少使用,也很难做到,换胶芯整个环节要比 7100 型旋转控制头麻烦。

(2)旋转防喷器。

旋转防喷器(Rotating Spherical Blowout Preventer)的主要作用是在整个钻井过程中始终密封钻具与井口装置的环隙,即使在井筒具有一定压力的情况下也不能使钻井液从井口环隙喷出,能按预定的出口有序流出,保持正常钻进。Shaffer 旋转防喷器是在万能防喷器的基础上,经过改进,增加了旋转和动密封,逐渐发展和完善成目前具有在钻井过程中控制压力的球形旋转防喷器。

①结构及工作原理。

a. 结构。

图 4.40 为 Shaffer 旋转防喷器结构示意图。其主要由上下壳体、上下动密封、内衬套、轴承、活塞、胶芯、液流阻尼环等部件组成。

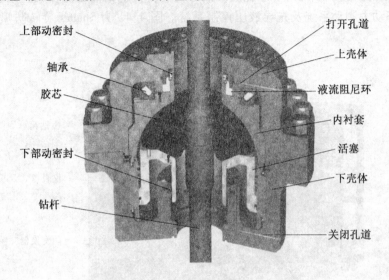

图 4.40　Shaffer 旋转防喷器结构示意图

b. 工作原理。

下完钻具后,关闭旋转防喷器,液压油从关闭孔道进入活塞的液压腔,液压力上顶活塞,活塞上行,推动胶芯沿着内衬套的球形面上移,使胶芯逐渐向中心收拢,紧紧地抱住钻杆,密封井筒压力,防止井筒压力喷向钻台,钻杆带动胶芯与钻杆一起进行旋转,井内带压流体通过四通进入节流管汇,得到合理的控制,从而实现边喷边钻作业。

②主要技术参数。

总高度:1 244 mm;最大静密封:35 MPa;底法兰尺寸 $13\frac{5}{8}$ in;最大外经:1 321 mm;最大动密封:21 MPa;通孔:280 mm。

③性能特点。

随着胶芯的磨损,胶芯下面有一个活塞推动胶芯,使胶芯紧紧抱住钻柱,使胶芯的密封压力始终高于井内压力一定数值,这个数值在设计时给出,一般为 500~1 000 psi,如果这个数值太高,则密封胶芯磨损严重,寿命短。

Shaffer 公司的旋转防喷器具有如下特点:

a. 11 in 通径可使各种钻头及井下工具通过,而不需其他辅助工具。

b. 密封胶芯可密封任何截面形状的钻柱。

c. PCWD 为主动式旋转防喷器,在钻井过程中,它可以自动补充密封胶芯的橡胶量,从而保持良好的密封性能。

d. 液压系统的压力始终大于井筒压力,以保证井筒中的钻井液不会侵入液压系统。

e. 液压系统的压力可以人为地调节,使设备达到最佳的密封及最小的胶芯磨损量。

f. 适合欠平衡井段长,或井口压力高、要求胶芯寿命长的欠平衡井。

(3)液压泵站。

液压泵站 HCU(Hydraulic Control Unit),是旋转防喷器系统的重要组成部分,是旋转防喷器的控制中心。液压泵站为旋转防喷器提供动力,能够实现旋转防喷器的关闭、打开、冷却、润滑、压力控制、处理和净化液压油等功能。其包括液压流体调整系统、动力控制系统、静态动力制动系统及先导液压控制系统。图 4.41 为 Shaffer 旋转防喷器的液压泵站。

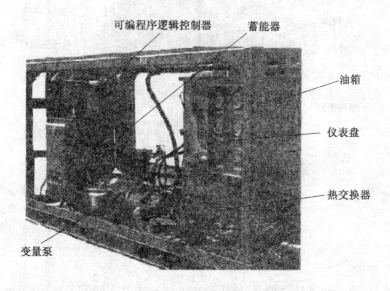

图 4.41　Shaffer 旋转防喷器的液压泵站

主要部件包括:两个液压油箱、四个电驱动泵、两个远程控制阀、五个先导电磁阀、四个高压蓄能瓶、四个过滤器和一个交换器,所有部件都固定在底座上。

①液压流体调整系统。

该系统对于保持 PCWD 系统液压油的清洁和黏度至关重要。在油箱上装有加热器,可以用来给油加热,经温度传感器将信号传给 PLC,PLC 来控制加热器,这一温度在司钻控制盘上有显示。如果油温超出给定的范围会报警。在 PCWD 工作过程中泵始终运转(指该系统的循环泵),负责将杂质污物及热量带走。系统一启动,液压油就被抽汲到循环泵。循环泵是一个内齿轮定量泵,由一个定转速(1 000 r/min)的电机驱动。该循环泵在压力为 150 psi 时排量约为 189 L/min。该系统有一个调定的泄压阀,当循环泵出口压力超过 150 psi 时,泄压返回油箱。

②动力控制系统。

动力控制系统给旋转防喷器提供液压动力,打开、关闭旋转防喷器。该压力称为控制压力,由一个变量泵提供,它的大小随井筒压力和操作者设定的压力的变化而变化。控制压力=井筒压力+设定的压差。

动力控制系统还有一个远程控制阀,称为开关阀,控制旋转防喷器的打开和关闭方向选择。在司钻控制盘上按下旋转按钮,给 PLC 一个信号,PLC 控制一个线圈,依次激发先导阀和开关阀。

控制泵为一个变量泵,由一个 75 hp(1 hp=746 W)的电机驱动。该泵设置最大输出量为 760 L/m,最高压力为 4 200 psi。在线路安装有一个泄压阀,目的是当反馈压力超过 460 psi 时,泄压回油箱。

③静态动力制动系统。

当井筒压力达到或超过 3 000 psi 时,操作者必须将系统状态通过开关转移到静态。静态迅速使压力升高。静态动力制动系统负责将高压传递到关闭线路。静态泵由 10 hp 电机驱动,电机又由 PLC 控制,PLC 已设定了程序,当压力为 5 000 psi 或低于 5 000 psi 时启动电机,当压力达到 5 500 psi 时关闭电机。静压泵的输出量都存储在四个 38 L 的蓄能器瓶子内,瓶内的氮气预充压为 2 250 psi。当状态选择阀(远控激动阀)被激发打开后,液压油便通过该阀进入到旋转防喷器的关闭线路。选择静态后,先导控制单向阀返回路线被截止,不允许返回线路上的液体流动,使旋转防喷器活塞两边保持最大的关闭压力。

④先导液压控制系统。

先导液压控制系统为七个遥控功能的驱动提供动力,附带为井筒压力传感器系统提供油液。先导系统是一个专用的系统,它有自己的油箱、泵和蓄能器。每一种功能都有一个电磁阀,由 PLC 来控制,然后电磁阀驱动由先导泵和蓄能器提供液压的滑阀。

3)四川钻采院旋转控制头

四川油田从 20 世纪 60 ~ 70 年代就开展了欠平衡钻井技术的研究和应用,在川南庙高寺构造、川中磨西构造、西充和岳池区块进行了边喷边钻的欠平衡钻井的试验,取得了较好的经济效益,积累了丰富的技术经验。但由于地面配套设备的技术水平较低,还不能满足欠平衡钻井的需要,并出现过井喷、井涌失控的钻井事故,这项技术的发展和研究一度中断。90 年代随着欠平衡钻井技术在国际上的兴起,国内新疆、大港等油田所开展的欠平衡钻井技术的研究与应用,四川油田欠平衡钻井技术也迅速地发展起来,特别在设备国产化方面的研究步伐已走在了国内的前列。目前,除六方钻杆需要引进外,从井口的旋转控制头、节流控制设备到液气分离器、油水分离器、点火装置和报警仪器方面都相应地进行了研制,并且各项技术指标能够满足现场的需要。到目前为止,旋转控制头已形成系列配套装备及技术,已有 3.5 MPa、5 MPa、7 MPa、10.5 MPa 产品。

第一代 10.5 MPa 的旋转控制头采用双胶芯,结构形式和 Williams 的 7100 型旋转控制头的结构基本相同,工作方式及换胶芯的操作过程与 7100 型旋转防喷器是相同的,但没有润滑冷却系统,并且用手动拆卸。图 4.42 为四川钻采院旋转控制头第一代和第二代外形图。

主要技术参数:FS28/10.5B 旋转防喷器、FS35/10.5B 旋转防喷器;动密封压力:10.5 MPa;公称通径:230 mm、280 mm、350 mm;静密封压力:21 MPa。

第二代 10.5 MPa 旋转防喷器是在第一代的基础上进行设计改进的,与第一代相比增加了完备的控制、润滑、冷却循环系统,用液动卡箍替代手动卡箍,上部胶芯设计为卡扣筒连接,便于现场更换胶芯。

4)胜利油田 XZ-15-05 型旋转防喷器

针对油水井大修过程中井口没有可靠的密封装置,胜利石油管理局采油工艺研究院研制出一种能可靠密封旋转钻具的 XZ-15-05 型旋转防喷器,这种旋转防喷器采用特殊材料的胶芯以及独特的内部和外部结构,具有安装使用简单、胶芯更换容易等特点。该旋转防喷器目前主要用于修井作业。

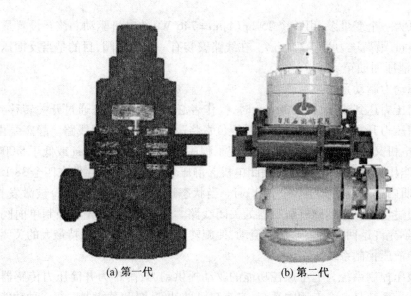

(a) 第一代　　　　　　　　(b) 第二代

图 4.42　四川油田钻采院旋转控制头

（1）结构。

如图 4.43 所示，XZ-15-05 旋转防喷器主要由叉式方补心、压盖、上轴承、胶芯、底座、圆锥棍子轴承、外壳体、中心管、密封圈等部件组成。

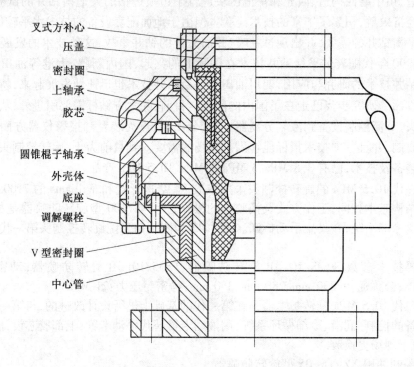

图 4.43　胜利油田 XZ-15-05 旋转防喷器

（2）工作原理。

该旋转防喷器属于被动式旋转控制头类型，原理与 Williams 旋转控制头相似。将 XZ-15-05 旋转防喷器安装在大修井的井口上，胶芯密封方钻杆和钻杆，钻杆带动胶芯一起旋转,胶芯有压井助封作用,可实现边喷边钻作业。

（3）主要技术参数。

高度:525 mm;井口法兰外径:380 mm;最大动密封压力:5 MPa;外径:470 mm;法兰密封垫环:RX-54;最大静密封压力:11 MPa;胶芯最大通径:110 mm。

（4）结构及其优点。

该旋转防喷器胶芯的内部有两种结构:方形和圆形。方形的密封方钻杆,圆形的密封钻杆、油管,另外对方钻杆起辅助密封作用。该旋转防喷器安装拆卸方便,可实现快速拆装胶芯和旋转密封件,能及时调整 V 型密封圈的压力。

4.节流管汇及其控制系统

欠平衡钻井所用节流管汇在结构上与常规节流管汇相似,但在功用上却存在较大差别。其主要用途是通过调节液动节流阀和手动节流阀的开关度来保证立压不变,防止套压过大,同时排放钻井液,以满足欠平衡钻井工艺的要求。对于常规钻井,即使是较深的探井节流管汇也很少用到,这时的节流管汇一般只起到安全保障和放喷作用,使用的时间很少。而在欠平衡钻井当中,节流管汇始终在使用,所以这就要求控制压力的、经常开关的液动节流阀既要可靠,又要有较长的寿命。从经济适用的角度考虑,最好是采用国产节流管汇配进口的液动节流阀。大庆钻井工程技术研究院在节流管汇上采用的就是这种办法,从现场使用情况看,完全能够满足需要。图4.44 为承德石油机械厂生产的 70 MPa 节流管汇,液动节流阀是从美国 Shaffer 公司进口的,液动节流阀配有控制台,该控制台不但能控制液动节流阀,还可以监测套压、立压和泥浆泵的冲数。

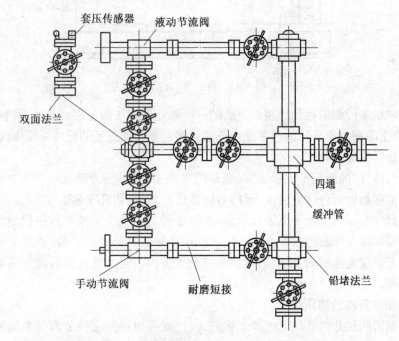

图 4.44　承德石油机械厂生产的 70 MPa 节流管汇

1)控制台的功能及作用

控制台遥控一个或两个液动节流阀。控制台有一个基础的动力源(气源),气源最低压力为 125 psi,用来操纵气/油泵,而气/油泵可提供液力源 2 000 psi 来驱动节流阀。在控制台上的钻机气压表(图 4.45)使操作者监督供气情况。

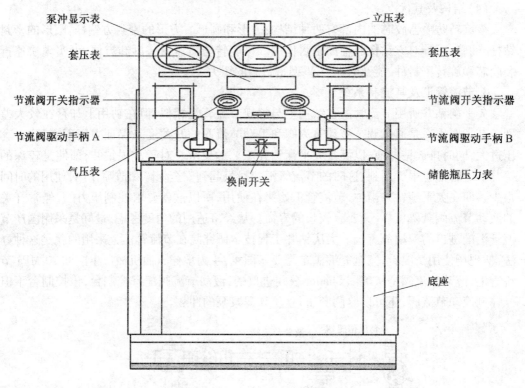

图 4.45　控制台结构示意图

从油泵出来的油储存到控制台里面的一个蓄能器钢瓶内备用。蓄能器钢瓶还具有缓冲作用,防止活塞由于泵脉冲产生冲击波动。蓄能器容纳充足的液体来操作阀,以防备钻机气源的短暂故障。

控制台给气/油泵配备了手动泵,当钻机气源出故障,压力降到低于 1 200 psi 时,用手动泵向蓄能器钢瓶内供应液体,保持蓄能器压力,直到钻机气源正常工作。

控制盘安装了两个电子图表显示器,该装置的动力由 7 V 蓄电池组供给。电池组被封在一个顶部露在外面的接线盒内。用来显示泥浆泵每分钟泵冲数、总的泵冲数的显示表由一块五年锂电池驱动,锂电池也装在一个盒子内。泵冲数由安装在泥浆泵上的传感器负责传递。

2)液动节流阀的功用

由于返回的钻井液直接通过节流管汇,因此就可以通过遥控节流阀系统来控制井眼压力。每个节流阀上有一个具备 1 500 psi 压力的液压启动器,以便快速响应。节流阀的流动控制元件具有公(活塞)和母(塞座)这一结构形式。节流阀是不能完全关死的。

节流阀的操作有以下几个位置:全开、半开(0~100%)。全开钻井液进入节流阀,它完全流经塞与座之间的孔道。当突然发生岩屑堵塞孔道时,操作者能快速退回活塞,让岩屑通过2 in 的最大孔道。岩屑清除干净后,通过观察电子位置指示器,使活塞再回到它的原来开度。

5.液气分离器

液气分离器主要应用在采油、化工和钻井行业进行液体与气体之间的分离。生产用于欠平衡钻井作业的液气分离器的厂家很多,其中国外主要有 SWACO、SIGNA 等几家有名的外国公司研制和生产液气分离器,国内的四川欠平衡钻井技术服务中心、大港中成公司、中原油田也都能生产。

液气分离的方法主要采用重力沉降法和离心分离法两种,国内外在欠平衡钻井过程中使用的液气分离器都采用重力沉降法。沉降法原理简单,易于实现;离心法结构复杂,要添加机动设备,在密闭状态下不易实现。按照放置的形式可分为立式和卧式两种,国内外应用在欠平衡钻井中液气分离器大多采用立式的形式,只有在四相液气分离器上采用卧式形式,其主要原因是在解决沉砂问题上立式比卧式要容易一些。内部结构大多是容器内部设多道折流板的方式,目的是增加液流的行程和液流的接触面积,从而提高分离效率。

1)液气分离器的结构及工艺原理。

如图4.46所示,液气分离器主要由底座、罐体、折流板、支架、进液管线、U 形管、出气管线等几大部分组成。其工作原理是:当带有一定压力的液流从进液管进入液气分离器,由于液气分离器的直径较大,体积虽然放大,含在钻井液中的大气泡就会破裂,游离气就会从钻井液中分离出来,由于气体密度低,就会向上运动从排气管流出,液体密度大,在重力的作用下向下运动,经折流板多次折流,使较小的气泡再进行破裂从钻井液中分离出来,提高分离效率,最后钻井液从液体出口流出完成液气分离过程。

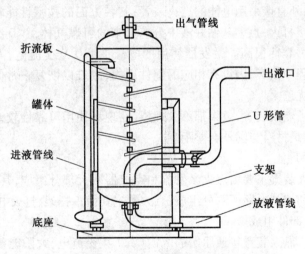

图4.46 液气分离器结构示意图

2)液气分离器的性能参数

液气分离器的性能参数主要有外形尺寸、工作压力(一般为 1.2 ~ 1.5 MPa)、液体处理量(一般 4 000 ~ 8 000 m^3/d)、气体处理量(一般为 $10×10^4 ~ 50×10^4$ m^3/d)。

3)液气分离器存在的问题

(1)钻井液的喷冒。

主要因为气体在从液气分离器到点火处的流动过程中受到来自阻火器、变径、弯头和管线长度四种因素所造成沿程阻力损失,导致从液气分离器内分离出来的气体压力升高,从而推动液面下移,因此压力升高到某一极限值时,气体便从液体出口流出,导致液气分离器不能正常工作,出口液体夹带大量的气体,造成喷冒现象。另外与钻井液的黏度有关,钻井液的黏度大,气体就分离不净,随着钻井液带出,造成喷冒钻井液的现象。针对这种现象,在液体出口前端安装一个缓冲罐,缓冲罐的一个出口与过渡罐相通,缓冲罐的另一个出口与录井脱气槽子连接,有效地解决了液体出口喷冒问题。

(2)燃烧管线进钻井液。

从现场使用情况中发现,燃烧管线进钻井液,严重时影响气体的排放,造成液气分离器内部蹩压,导致液气分离器出口液体夹带大量的气体,造成喷冒现象。所以要经常排放燃烧管线内的钻井液。燃烧管线之所以能进入钻井液,主要是由两方面原因引起的:一是钻井液的黏度大,气体分离不净,气体在分离时也要携带一部分钻井液进入燃烧管线;二是钻井液进入液气分离器后,撞击折流板,使钻井液飞溅出许多细小的液珠,同时出气口是局部低压区,细小的液珠自然随着气体进入燃烧管线。

6.燃烧系统

燃烧系统包括点火装置、燃烧管线和防回火装置,用于点燃欠平衡钻井过程中液气分离器分离出的可燃有毒气体。

1)点火装置

点火装置一般都采用高压电脉冲放电打火。高压电脉冲的来源有两种方式:一是利用太阳能,将太阳能转化为电能;二是直接采用电能,经过变压器变压,可以形成几千伏到上万伏的电能。

图4.47为国外直接采用电能的点火装置,其各方面的技术性能较高,在没有预燃气体的情况下可直接打火,点燃从钻井液中分离出来的可燃气体,并且结构设计紧凑合理,在现场使用验证可靠性很高。激发器使用的电源是110 V交流电,需要用变压器变压。但如果在使用过程中损坏,因没有相应的配件更换,故难以恢复正常使用,尤其是点火头材质在国内难以优选。

国内已开发了点火装置,效果都不太理想,在现场使用可靠性较差,有时不能满足现场需要,主要原因是材料与国外有差距。

(1)结构与原理。

①结构。点火装置主要由点火激发器和点火器两大部分组成,其中点火激发器主要由高压脉冲电源和控制电路两部分组成;点火器主要由承托架、打火电容、辅助点火管线、遮风板、热电偶等部件组成。

②工作原理。点火装置接通原始的电源(220 V交流电、太阳能蓄电池、直流电)后,经过控制电路控制接通激发器,激发器产生高压脉冲电流,通过导线输送到点火电容(点火针)上,使电容在空气介质中受高压激发击穿放电,产生火花点燃从钻井液中分离出来的可燃气体,或先点燃预燃气体,预燃气体的火苗再点燃从钻井液中分离出来的可燃气体。热电偶将热量信号反馈到点火激发器,激发器可以根据点火器处的温度,适当调整打火频率。

(2)技术要求。

①点火头的结构设计要紧凑合理,容易与燃烧管线安装在一起。

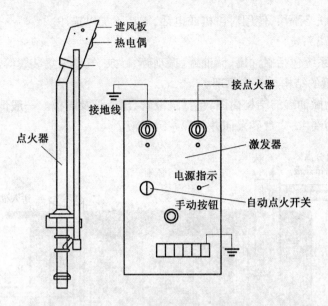

图 4.47　国外直接采用电能的点火装置

②点火激发器的优选：一是产生的火花要足够大，火花越大点火越可靠；二是储能足够大，能够抵制线路的衰减，使电流衰减后在电容上产生的火花足够大，这样可以使点火激发器与火源的距离足够远。

③点火电容要求抗氧化、耐高温。

④控制电路的设计能够实现手动、自动、调节点火时间间隔等功能。

⑤耐高温导线能够耐温 500 ℃，能够满足要求。

2）防回火装置

防回火装置的外观如图 4.48 所示，两端为法兰，与燃烧管线连接。其内部是由抗高温金属丝或金属片缠绕而成的，具有一定厚度，作用是防止燃烧的火焰回燃到燃烧管线内部，以免发生重大事故。防回火装置的特点是允许气体通过，阻止火焰通过。

图 4.48　防回火装置的外观示意图

7. 其他系统

欠平衡钻井专用设备除了上面所讲的系统以外，还包括油水分离系统、安全系统、通信系统、井下三阀（箭型止回阀、旁通阀和投入式止回阀）和控制中心。通信系统是保证各个岗位互相联络手段,使用对讲机或电话,本节不加以描述。

1)油水分离系统

油水分离系统包括撇油罐、储油罐、振动筛、砂泵、气体采集装置等部件。

(1)撇油罐的结构与工作原理。

图4.49为撇油罐的结构简图,包括进液管、出液管及隔板。一般情况下,钻井液不能自动流出,故需要1~2台砂泵向井队泥浆罐供液。

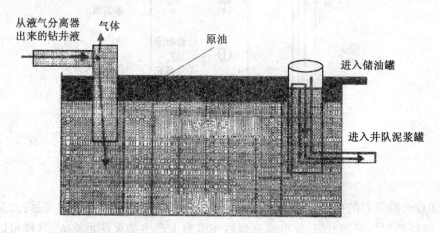

图4.49 撇油罐结构简图

其工作原理:从液气分离器出来的钻井液包括原油和一部分气体,气体自动溢出,钻井液和原油向前流动,因为撇油罐内部设置了一些隔板,所以延长了钻井液的流出时间,由于原油和钻井液的密度不同,使原油能充分地从钻井液中漂浮出来,达到撇油的作用。

(2)使用条件。

一般情况下,油井或具有油层的井一定要使用油水分离系统,将原油从钻井液中分离出去。但对于气井,可以不使用油水分离系统,这样既可减少设备,降低成本,又可减轻劳动强度。如果不使用这套设备,可将从液气分离器出来的气液固三相混合液体直接通到井队常规的振动筛和固控系统进行处理,这种做法一般不影响欠平衡钻井的效果。

2)安全系统

安全系统包括可燃气体报警仪、硫化氢报警仪、二氧化碳报警仪、警笛、风机等设备。

从井内出来的气体一般都是可燃的含烃气体,二氧化碳也是经常出现的,有的地区还可能合有硫化氢,这些气体不能完全被分离燃烧掉,有部分气体会跑到井场,对人造成伤害,直接威胁人的生命,所以安全系统是欠平衡钻井必须具备的,除非是闭环钻井。

现场常用的报警仪器有可燃气体报警仪、硫化氢报警仪和二氧化碳报警仪,安装在撇油罐、井队常规振动筛、井口等处,这三处要相应配有风机,一旦发现报警,马上开风机吹散有害气体。如果是硫化氢报警仪报警,可以根据有关HSE的规定,拉响警笛,疏散现场人员。

3)井下三阀

井下三阀包括箭型止回阀、旁通阀和投入式止回阀。井下三阀对于欠平衡钻井的井下钻具组合必不可少,因为井下是欠压状态,如果不安装箭型止回阀,接单根或起钻时钻井液将从井口喷出;如果不安装旁通阀,则无法进行中途测试;如果不安装投入式止回阀,一旦箭型止回阀失效,接单根或起钻时钻井液就会从井口喷出。

(1)箭型止回阀。

①用途。

a.适用于欠平衡钻井,防止钻井液从钻柱内倒返。

b.井下钻井液柱压力小于地层压力,箭型止回阀在压差作用下及时关闭,阻止钻井液倒返。

c.保持钻井液单向循环,并能防止钻具内溢流喷出。

②结构。

如图 4.50 所示,箭型止回阀两端有与钻杆连接的螺纹,它由阀体、阀芯、阀座、O 型密封圈等组成。

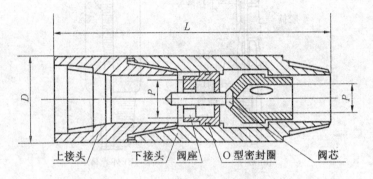

图 4.50　箭型止回阀结构示意图

③工作原理。

正常钻进时钻井液自上而下通过钻杆止回阀,这时箭型阀处于下位即紧靠下顶座。井涌时,钻井液压差将作用于箭型阀的底部,使箭型阀上行紧靠在密封垫上,封闭钻杆内空间。使用这种止回阀,在不影响正常钻进的情况下,可随时应付井下异常情况,是欠平衡钻井必备的防喷装置。

④操作规程。

按钻具设计组合的要求,把箭型止回阀连接到钻柱上即可。

⑤安装调试。

a.使用时,抬上钻台,应轻抬轻放,严禁磕碰。

b.清理上下连接螺纹并涂丝扣油。

c.接时先用人工上扣,拧不动时再改用液压大钳上紧。

⑥维护保养。

a.用时定期检查阀内各密封面,发现冲蚀痕迹,应及时更换。

b.定期做探伤检查。

c.用时应将其卸下,用清水冲洗干净,如长期不用,应将内部零件拆下,清洗、涂油并重新装好备用。

(2)投入式止回阀。

①用途。

a.欠平衡钻井过程中阻止井涌。

b. 钻井过程中提供控制钻井压力的浮阀。

c. 发生井涌时或在有压力的情况下强行起下钻,才将此阀投入管柱中,以控制钻杆压力,挡住井涌。

②结构。

如图 4.51 所示,钻杆投入止回阀由外壳体和芯子两部分组成。外壳体内有止动环和锯齿形槽,外壳体下面与钻锤相连,上面与钻杆相连。芯子由阀体、卡瓦、上下挡圈、胶筒、钢球、弹簧等零件组成。

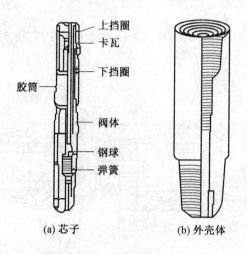

图 4.51　投入止回阀结构示意图

③工作原理。

发生井涌时,将芯子投到钻杆内,开泵循环使阀落入外壳体内,卡瓦卡在槽内。这时如井涌,逆流阀体便上升使胶筒膨胀,封住阀外环隙。这样可以强行起钻。

④操作规程。

a. 外壳体接在钻锤与钻杆之间,如扣形不适合,可以用过渡接头连接,但其内径不得小于钻杆最小内径。

b. 外壳体最小内径小于 68 mm,必要时可用通径规做通过试验。

c. 外壳体止动环要上紧。

d. 投入止回阀的卡瓦应能依靠自重上下活动。

⑤到投入止回阀应用塑料布包起来,妥善保管,以备应急。

⑥每次使用完后,应卸下止动环,将阀自上而下推出来,清洗更换损坏的零件,然后加黄油保存起来备用。

(3)旁通阀。

①用途。

a. 适用于欠平衡钻井中途测试打开近钻头处的钻柱与环空建立循环通道。

b. 钻头水眼堵塞时,可提供解堵的通道。

②结构。

如图 4.52 所示,旁通阀主要由本体、密封滑套、剪销座、剪销、钢球和 O 型密封圈组成。本体材料采用40CrNiMo、40CuMnMo或4145H材料。本体开有与轴线成45°角的六个循环孔,具有足够的旁通循环钻井液的能力。密封滑套由剪销与剪销座连接成一个组件,在未投入钢球前,该组件保证正常钻井。

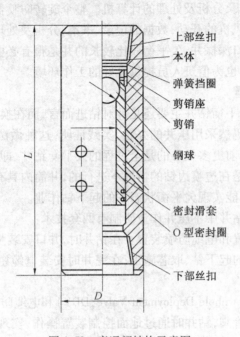

图4.52　旁通阀结构示意图

③工作原理。

将该阀接在近钻头的钻柱中,投入钢球,待坐封后升压打开旁通阀,建立新的循环通道。

④技术指标。

规格:FDF-6 $\frac{1}{4}$ in;剪销压力:8 MPa;密封滑套水眼直径:45 mm;密封压力:32 MPa;

工作介质:钻井液;适用井眼尺寸:8 $\frac{1}{2}$ in;工作压力:小于30 MPa;钢球直径:50 mm;扣型:上下连接均为NC46;外形尺寸:ϕ59 mm×600 mm。

⑤操作规程。

a.旁通阀安装位置一般以紧接钻头或钻头附近为宜。

b.打开旁通阀时,可卸掉方钻杆,投入钢球,然后重新接上方钻杆,小排量泵送,使钢球落至该阀的密封滑套处。

c.高泵压,剪销被剪断,使密封滑套下行,旁通阀打开,泵压随即下降,井筒内建立新的循环通道。

d.使用本阀时,必须保证该阀以上的井下钻具和钻柱的内径大于钢球直径(50 mm)。所以在使用本阀前,应用通径规试通该阀以上所有钻具的水眼,以确保钢球顺利到达密封滑套坐封。

4）控制中心

控制中心是欠平衡专业值班人员所在地，内部包括欠平衡专用设备的配电装置及控制装置、司钻控制盘、节流管汇控制台、可燃气体报警仪、硫化氢报警仪、二氧化碳报警仪、录井终端、数据记录、采集、分析及处理的计算机。整个旋转防喷器的开关操作，节流管汇的开关操作，危险报警，风机的开动，数据的记录、采集、分析及处理等，这些工作都在这里进行。控制中心对于一口深探井、欠平衡段比较长的井是很有必要配备的，它不但为完成上述工作提供环境空间，也为值班人员提供良好的工作环境。

8. 不压井起下钻装置

在过去的几年中，欠平衡钻井主要还是针对钻进而言，而在换钻头、取心、中途测试以及其他处理事故过程中仍然采用压井的办法，实践证明，这种做法对产层仍有污染作用。随着勘探开发的需要，目前更多关心的是全过程的欠平衡钻井，即所谓实现真正的欠平衡钻井。因为欠平衡钻井是在边喷边钻的情况下进行的，井筒内具有一定的压力，如果不采用特殊的工艺技术，就不能实现欠平衡状态下的起下钻作业。

目前国内外欠平衡钻井中不压井作业研制有两套技术：

一是强行起下钻装置和电缆防喷装置。在钻井时，井口安装强行起下钻装置，在安全压差内实现带压情况下的起下钻、取芯施工；在完井时安装电缆密封防喷装置，实现带压情况下的测井作业。

二是井下套管阀（Downhole Deployment Valve，DDV）和电缆防喷装置。在技术套管的一定深度上安装井下套管阀，钻井时通过地面控制装置操作，实现带压情况下的起下钻、取心和部分完井工具（如各类筛管等），在完井测井时安装电缆密封防喷装置，实现带压情况下的测井作业。

1）强行起下钻井口装置

（1）组成。

强行起下钻井口装置主要由固定支架部分、液缸总成、限位卡瓦组和液压控制部分组成，如图 4.53 所示。

①固定支架。固定支架固定在钻台上，下道卡瓦组固定在支架上。

②液缸总成。安装在支架上，液缸总成可以放置在钻台上，也可以放置在钻台下。通过液缸的伸缩，强行起下钻具或套管。

③限位卡瓦组。限位卡瓦分上、下两组：一组为正向卡瓦，分上、下两道，固定在液缸上，起钻时使用；另一组为反向卡瓦，也分上、下两道，下钻时使用。

（2）工作原理。

在欠平衡钻井过程中，不压井起下钻时井口带压操作，当井内钻具很轻时，为防止井内钻具喷出，要利用强行起下钻装置起出或下入一定数量的钻具，能够克服因井内压力产生的上顶力。

在起钻时上道正向卡瓦卡住钻柱，液缸从最低位置缓慢伸出到达最高位置后，下道正向卡瓦卡住钻柱让道正向卡瓦松开，液缸缓慢收回，到达最低位置后让道正向卡瓦重新卡住钻柱，下道正向卡瓦松开，液缸再次缓慢伸出到达最高位置，重复以上动作，直到起完钻柱。

下钻时液缸缓慢伸出到达最高位置后，上道反向卡瓦卡住钻柱，下道反向卡瓦松开

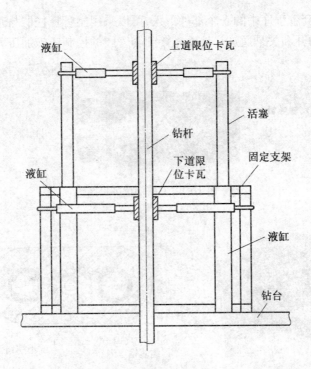

图 4.53　不压井起下装置示意图

后,液缸缓慢收回到达最低位置,下道反向卡瓦卡住钻柱后,上道反向卡瓦松开,液缸再次缓慢伸出到达最高位置,重复以上动作,直到将钻柱下到一定深度。

(3)优点与缺点。

①优点。

结构合理,施工直观,能够被用户接受。

②缺点。

a. 体积大,不便于现场安装和拆卸,增加钻机操作费用。

b. 起下钻时旋转防喷器始终封住钻具,对胶芯磨损严重。

c. 由于液缸伸缩缓慢及伸缩距离有限,增加起下管柱的时间。

d. 不能进行下入割缝尾管、膨胀式防砂筛管等特殊完井作业施工。

2)井下套管阀

井下套管阀是 Weatherford 公司独家拥有的专利技术,该专利技术在美国、加拿大、阿曼、委内瑞拉、印尼等国家的油田都有成功的应用,在加拿大的一口井上使用套管阀,安全进行了 12 次起下钻作业。Weatherford 公司有 7 in–26 lb/ft. 7 in–32 lb/ft、$9\frac{5}{8}$ in–47 lb/ft 三种井下套管阀,最大承压达到 5 000 psi,国内目前还没有应用此项技术。

(1)井下套管阀的组成。

井下套管阀由套管阀体、地面控制系统、控制管线、套管悬挂短节、拼接短节、张开锁定工具等几个部分组成。图 4.54 ~ 4.56 分别为套管阀体外形图、地面控制箱外形图和控制管线剖面图。

在套管串上,套管阀打开和关闭的状态如图 4.57 所示。

套管阀作为套管程序中的一个部件下入,可以采用尾管悬挂器与套管回接方式,使用后回收,套管阀的开和关是通过从地面连接到套管阀的控制线施加压力来实施操纵的。

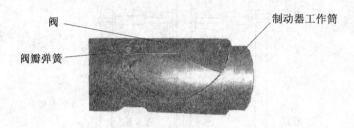

图 4.54　套管阀体外形图

图 4.55　地面控制箱外形图

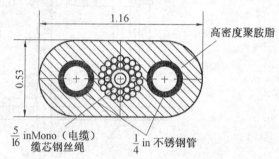

图 4.56　控制管线剖面图

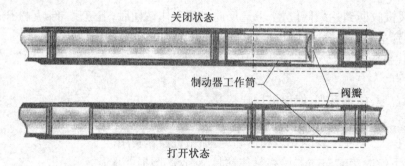

图 4.57　套管阀打开和关闭的状态图

(2)工艺原理。

在正常钻进时,套管阀处于开启状态。在起钻过程中,当钻头起至套管阀以上时,关闭套管阀,并泄掉套管阀以上套压后,即以常规的起钻速度从井中起出钻具,而不需使用强行起下钻装置;在下钻过程中,将钻具下至套管阀以上时,开启套管阀,继续下入钻柱至井底,恢复钻进施工。

工艺流程大体分为以下五个步骤(图 4.58):

①常规下钻至接近套管阀的上方;关闸板防喷器并加压至套管阀开启(图 4.58(a))。

②打开套管阀;将井口压力降至安全井口流动压力;打开闸板防喷器,下钻(图 4.58(b))。

③开始钻井程序(图 4.58(c))。

④起钻柱至套管阀以上(图 4.58(d))。

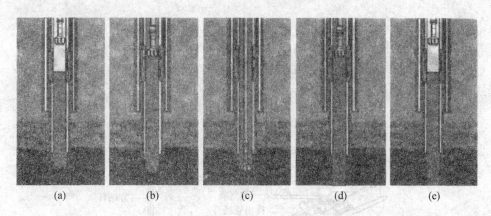

(a)   (b)   (c)   (d)   (e)

图4.58 套管阀工艺流程

⑤关闭套管阀,泄掉套管阀以上的套压;按常规作业方式,从井中起出钻柱(图4.58(e))。

(3)井下套管阀的优点与缺点。

①优点。

a.不需要压井,对地层没有损害。

b.不需要强行起下钻装置,安全性增强。

c.在井眼中没有钻柱时,不会发生溢流。

e.允许下入长而复杂的井下钻具组合。

②缺点。

a.套管阀一旦失效,不能采取补救措施。

b.因为套管阀下在技术套管上,所以增加了技术套管固井的负担。

c.成本高于不压井起下钻井口装置。

(4)井下套管阀的位置。

套管阀随技术套管下入井内,但位置不能过深,也绝不可能下到技术套管的底脚处,因为下入位置越深,需要的控制管线就越长,成本就越高。下入位置要经过计算来确定,这一位置基本上处于压力平衡点。根据地层压力系数和使用的钻井液体系确定井底欠压值,然后计算井口的最大套压值,根据这一压力确定套管阀的下入深度。

$$H = \frac{p}{\rho} \times 100 \tag{4.112}$$

式中 H——套管阀下入深度,m;

p——井口最大套压值,MPa;

ρ——钻井液密度,g/cm^3。

9. 充气、泡沫欠平衡钻井设备

进行充气、泡沫钻井时,在原有欠平衡钻井设备的基础上添加充气或泡沫设备即可。充空气需增加设备——空压机和除气器。注氮气需增加设备:空压机、空气处理系统、膜制氮总成、增压机、动力机(电驱或燃油)及混合系统;泡沫需增加设备:在充气设备基础上再添置泡沫发生器、雾化泵、加药泵及计量仪器等。

1)充空气钻井

(1)配套设备、仪器。

充空气钻井的典型设备连接如图4.59所示。

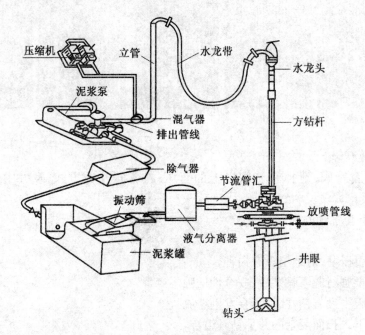

图4.59 充空气钻井的典型井场设备

同常规井相比,只需增加空压机、混气器、除气器(真空或旋流式)及相应高压连接管汇等。此外,在钻柱组合中钻头上需接一个止回阀;若干个钻杆止回阀,当钻头开始钻进时从井口附近的钻杆接头处开始装起,之后每钻进50~100 m装一个,并与钻杆旋塞配对使用,以保证接单根后迅速恢复注气和起钻泄压需要。

(2)钻井液循环路线。

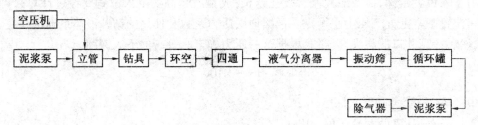

2)充氮气钻井

(1)配套设备、仪器。

与充空气钻井相比,充氮气钻井还需增加制氮系统,其典型设备连接如图4.60所示。此外,还有备用的液氮罐(包括液氮泵、蒸发器)。

通常采用膜分离现场制氮系统,主要包括空压机、空气处理系统、膜制氮总成、增压机、动力机(电驱或燃油)和混合系统。由于价格昂贵,体积庞大,现场制氮系统主要用于充气、泡沫钻井等耗气量不大的场合。

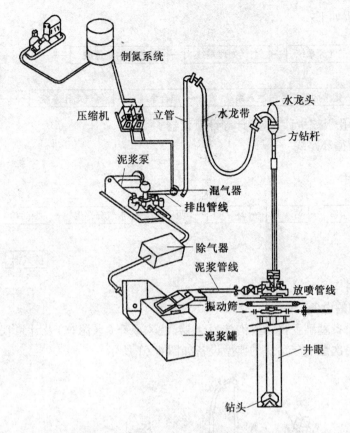

图 4.60　充氮气钻井的典型井场设备

该制氮系统一般分为车载式、撬装式及固定式三种。其核心是膜制氮总成,主要包括以下六部分。

①空气源系统。空气源系统提供一定压力的压缩空气是实施膜分离制氮的前提条件,一般选用螺杆式空气压缩机作为空气源系统,并且其容量的选择是依据最终使用的氮气纯度和气量来确定的。

②空气处理系统。将空气压缩机产出的压缩空气按照膜分离制氮系统的工作要求进行处理是该系统的职责。此系统中具有冷冻除水、精过滤除液、吸附除油、精过滤除颗粒及空气温度的自控调节功能。

③膜分离制氮总成。该系统是空气制氮的中心环节,其使用中空纤维膜系统分离技术实施氮氧分离。

④氮气增压系统。这是由一个接收膜分离系统低压氮气由不大于 1.0 MPa 的缓冲瓶和一台多级柱塞式氮气压缩机组成。根据油田不同条件的需要配置 18 ~ 35 MPa 的氮气压缩机。

⑤化学剂储存计量注入系统。化学剂储存计量注入系统是由化学剂储存罐(不锈钢)和比例计量泵组成,根据对化学剂注入量的不同要求和对注入压力的不同来配置不同容量的计量泵与储存罐。

⑥混合系统。混合系统由气液混合器和混合管路组成。

其工艺流程如下：

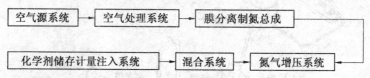

此外,还需孔板流量计、密度计等计量仪器。

（2）钻井液循环路线。

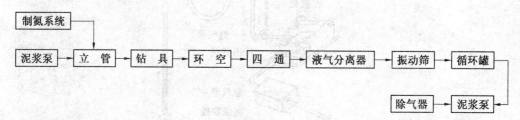

3）泡沫钻井

（1）需增加的设备。

在充空气设备基础上再添置泡沫发生器、注入泵车（水泥车）及计量仪器等,核心是泡沫发生器。一次性泡沫钻井的典型设备如图4.61所示。

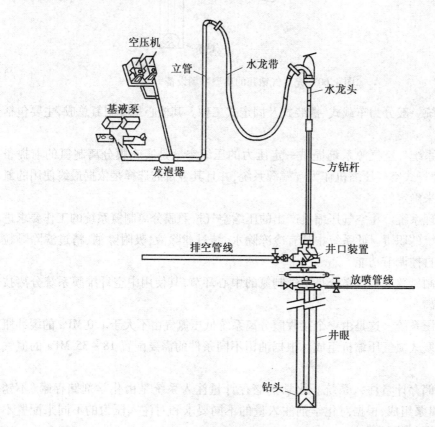

图4.61　泡沫钻井的典型井场设备

（2）按结构分类。

按结构分为四类：孔隙式、同心管式、螺旋式和涡轮式（图 4.62 ~ 4.65），现场常用的是螺旋式和同心管式两种。

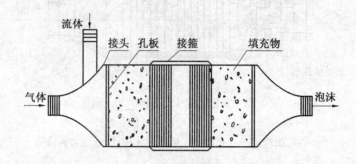

图 4.62 孔隙式泡沫发生器结构示意图

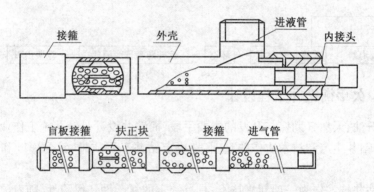

图 4.63 同心管式泡沫发生器结构示意图

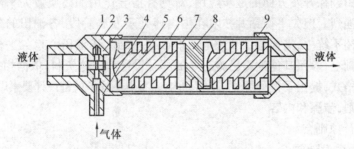

图 4.64 同心管式泡沫发生器结构示意图

1—进口接头；2—喷嘴；3—配气盘；4—气管线接头；5—螺旋心体；
6—外壳；7—衬圈；8—换向盘；9—出口接头

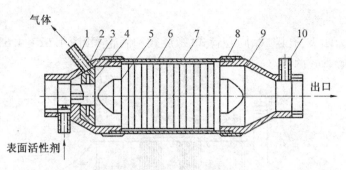

图 4.65　涡轮式泡沫发生器结构示意图

1—接头;2—配液盘;3—喷嘴;4—配气盘;5—心轴;
6—涡轮组件;7—外壳;8—接箍;9—接头;10—压力表接头

(3)钻井液循环路线。

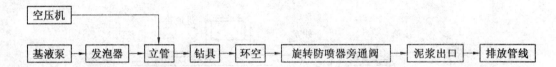

4.5.6　欠平衡钻井工程设计

钻井是石油、天然气勘探与开发的主要手段,而钻井设计是钻井施工作业必须遵循的原则,是组织钻井生产和技术协作的基础,是决定钻井工程质量、钻井速度和钻井成本的指导性依据。

欠平衡钻井技术作为一项新兴技术,具有一定的复杂性和风险性,随着欠平衡钻井技术在国内油气田勘探开发方面的逐步应用,对具有指导作用的高质量欠平衡井工程设计的要求越来越强烈。但欠平衡钻井技术在国内还处于发展阶段,各油田的欠平衡钻井设计内容和格式还不统一,需要总结和规范。本章在总结大庆油田六口欠平衡钻井设计和施工经验的基础上,参照其他油田已施工井的部分设计和实施资料,依据相关行业标准所要求的内容和格式,提出了设计原则、步骤和内容,重点阐述了关键设计要素以及 HSE 要求。

1.设计原则、步骤和内容

1)主要设计原则

(1)满足地质设计要求。

(2)满足安全、健康和环保(HSE)要求。

(3)地层选择合理。

(4)欠平衡方式合理。

(5)设备配套布局合理。

(6)欠平衡相关参数设计合理。

(7)以最佳成本完成勘探、开发和生产目标。

2)主要设计步骤和内容

(1)收集准备施工井的区块或邻井的地质、工程、测井和试油等方面资料。

(2)利用收集的资料分析地层复杂情况,预测地层压力和出油气量,了解施工队伍的设备配置及存在的问题。

（3）进行井身结构、欠平衡钻井和完井方式设计。

（4）提出欠平衡压力钻井配套方案、布置方案和设备改造措施，制订现场设备及管线连接方案。

（5）根据地层岩性和测井资料处理结果优选钻头。

（6）根据地层压力、地层稳定性、地层产量、摩阻等参数确定井底负压值和钻井液密度窗口。

（7）设计钻井机械参数、水力参数、钻井液体系和性能参数。

（9）设计钻具组合（含内防喷工具），钻具组合要考虑保护胶芯。

（10）设计井口设备组合。

（11）制订现场施工压力控制、钻井工艺、起下钻、安全等技术措施。

2. 关键设计因素的考虑

欠平衡钻井技术是一项新技术，与常规钻井相比有其特殊之处，有必要对欠平衡设计中需重点考虑的几个主要问题加以分析。

1）欠平衡钻井地层的选择

（1）地层的选择。

在欠平衡钻井中，对于地层的选择，应考虑储层参数、流体参数的影响。对于储层参数，主要考虑地层渗透率、孔隙度、孔喉尺寸、矿物组分、润湿性、水油饱和度、产层分布、压力以及预计固相的含量、组成和尺寸等；对于流体参数，主要考虑产层流体与空气接触时的闪点、流体与钻井液之间的乳化、结垢和沉淀状况等。

欠平衡钻进井段要求地层比较稳定，油气层段比较集中，裸眼段不易太长，地层压力层系比较单一。比较合适的地层有火成岩地层、不易破碎的灰岩地层等。另外，地层压力的大小直接影响着钻井施工方案的选取，应尽可能掌握地层压力，才能有依据地选择井控等有关设备，合理地选择钻井液类型，确定负压差，制订一系列的施工措施。

（2）对地层参数的要求。

①提供欠平衡钻井井段的分层地层孔隙压力、坍塌压力和破裂压力预测系数。

②提供储层流体类型和邻井最高产量，气井提供邻井无阻流量。

2）欠平衡钻井方式的选择

（1）选择欠平衡钻井方式前，应对欠平衡钻井井段进行井壁稳定性分析，必须考虑是否会导致地层坍塌。

（2）根据地层孔隙压力系数，基本可以确定使用的钻井流体类型和欠平衡钻井方式（表4.8）。

表4.8 欠平衡钻井流体的密度范围

序号	欠平衡钻井流体类型	欠平衡钻井流体密度/$(g \cdot cm^{-3})$	欠平衡钻井方式
1	气体	0.001 2 ~ 0.012	气相欠平衡钻井
2	雾	0.012 ~ 0.36	雾化钻井
3	泡沫钻井液	0.36 ~ 0.84	泡沫钻井
4	充气钻井液	0.48 ~ 0.84	充气钻井
5	液体	0.84 ~ 2.28	液相欠平衡钻井

表4.8所给范围是一般的选择原则,并不是地层孔隙压力系数在哪种欠平衡流体的密度范围内就一定选择相应的欠平衡钻井技术。

(3)较高的地层孔隙压力系数,根据需要也可以选择密度较低的欠平衡钻井流体。

(4)常压地层也经常选择充气钻井实现欠平衡钻井方式,不一定用低密度的液体(如油)实现欠平衡钻井。

(5)欠平衡钻井方式的选择与所解决的问题或应用对象有关(表4.9)。

(6)欠平衡钻井方式的选择应考虑设备和技术能力。

(7)欠平衡钻井方式的选择应考虑地层产出的流体能否在地面进行安全、经济的处理。

表4.9　欠平衡钻井应用与方式选择

序号	欠平衡钻井的原因	所选欠平衡钻井方式
1	钻坚硬岩石时,钻速太低	(1)干空气 (2)雾,井眼内有少量地层水侵入 (3)泡沫钻井液,井内有大量地层水侵入,或井眼易受冲蚀,或井眼直径较大 (4)氮气或天然气,大斜度井或水平井,且正产出湿气
2	钻上覆岩层时,发生循环漏失	(1)充气钻井液,如果钻速高(岩石强度低或中)或存在水敏性页岩 (2)如果井眼稳定,可用泡沫钻井液
3	钻上覆岩层时,发生压差卡钻	(1)充氮钻井液,天然气采出,尤其是使用密闭地面处理系统 (2)充气钻井液,无天然气采出,并使用开式地面处理系统 (3)泡沫钻井液,孔隙压力低,且地层坚硬
4	钻软/中硬的枯竭油藏时,出现地层损害	(1)充氮盐水或充氮原油 ①钻杆注入,地层孔隙压力很低 ②寄生管注入,地层孔隙压力足够高且是斜井或水平井,需要用常规MWD和(或)泥浆马达 ③临时套管柱注入,地层孔隙压力中等,需要较高的气体注入量 ④钻杆和临时套管柱注入,地层孔隙压力很低而且(或)需要较高的气体注入量,用密闭地面处理系统 (2)泡沫钻井液,地层孔隙压力很低,而且可用开式地面处理系统
5	钻正常压力储层时,发生地层损害	控流钻井(若可能含硫,则采用密闭地面处理系统)
6	钻正常压力裂缝储层时,发生循环漏失或地层损害	控流钻井(若无含硫,则采用开式地面处理系统)
7	钻高压储层时,出现地层损害	强行起下钻钻井(若可能含硫,则采用密闭地面处理系统)
8	出现循环漏失	泥浆帽钻井,地面压力若超过14 MPa,有酸性气体产出,小井眼

3）井身结构

常规钻井的井身结构设计一般能够满足欠平衡钻井的要求,但是欠平衡钻井作为一种特殊工艺对井身结构也有一定的要求,应重点考虑的问题是井眼尺寸、套管层次及完钻方式等。

（1）为了减少油气层损害,从稳定井壁和井控要求出发,宜采用先期完井方式,也就是说,技术套管应尽量下到油层顶部,油层根据不同情况可采用裸眼或使用不封固割缝管、筛管完井、固井完井。

（2）用于提高机械钻速等钻井用途时,井身结构设计与常规钻井不同。

（3）选择充气钻井时,如果钻井液当量循环密度达不到要求,应缩小井眼尺寸。

（4）泥浆帽钻井,应选择小井眼。

（5）井身结构要考虑非产层流体的流入（如水）。

（6）目前国内欠平衡钻井常用的有 $\phi215.9\ mm$ 和 $\phi152.4\ mm$ 两种井眼尺寸,相应的技术套管是 $\phi244.5\ mm$ 和 $\phi177.8\ mm$ 两种。

4）钻机类型

目前,从经济与实际的角度考虑,对于钻机类型通常首选能够满足常规钻井需要的旋转钻机,然后对常规旋转钻机进行一些适于欠平衡钻井需要的必要改造,以便能够安装欠平衡设备。

此外,选择常规旋转钻机还有以下几个优点:

（1）常规旋转钻机通常具有较高的机械强度和旋转能力,有利于处理井下复杂情况,并且能够满足钻较大尺寸井眼的需要。

（2）常规旋转钻机使用和维护费用较低。

（3）经验丰富的钻井作业人员。

但是,与一些特殊用途的钻机,如顶部驱动钻机、强行起下钻作业机、挠性管作业机等相比,还存在一些缺陷,主要表现在以下几方面:

（1）起下钻和接单根时,循环中断,造成不希望的井底压力波动,难以维持稳定的欠平衡条件。

（2）不具备强行起下钻的能力,钻遇高压层起出 BHA 前,必须进行必要的压井。

（3）在钻井过程中,井口所能承受的压力受旋转防喷器压力定额的限制。

（4）由于要打开和恢复钻柱回压阀,因此接单根和起下钻时间较长。

5）井底负压值设计

（1）井底负压值下限是零,上限为地层孔隙压力与地层坍塌压力之差。

（2）液相欠平衡钻井技术,井底负压值设计应尽可能小,以降低井口压力。井底负压值一般取 $1\sim3\ MPa$。

（3）气体和雾化钻井,井底负压值不做特别设计。

（4）泡沫和充气钻井,井底负压值设计余地较大,考虑到循环系统存在不稳定性（有气相存在）,井底负压值可设计大一些,防止出现过平衡,但要兼顾井壁稳定和地面处理能力。立管充气钻井,井底负压值应考虑大于 $2\ MPa$。

（5）负压差是保证欠平衡钻井成功的重要参数,负压差设计应从井口装置、套管承压能力、旋转控制头（或旋转防喷器）的性能、井眼的稳定性、地面对产出液量分离能力等几个方面进行综合考虑。

①最大关井套压小于井口装置的额定工作压力、套管抗内压强度的80%及地层破裂压力三者最小者。

②负压差小于旋转控制头连续工况下的承压能力。

③负压差小于裸眼地层强度,防止地层剪切破坏,造成井眼复杂化。

④负压差太大,产出的油气量就大,因此负压差不能使产出的油气量超过地面设备的分离能力。但负压差太小,会给施工又带来一定的难度。

6)欠平衡钻井设备

(1)井口装置。

①井口装置配套按《钻井井控装置组合配套安装调试与维护》(SY/T 5964—2006)执行,参见表4.10。

表4.10 欠平衡钻井井控装置组合配备

已下套管尺寸/mm		ϕ508.0	ϕ339.7	ϕ339.7 ϕ224.5 ϕ177.8	ϕ224.5 ϕ177.8	ϕ177.8	
形式		A	B	A	B	A	B
	工作压力/MPa	—	35	70	35	70	35
井口组合部件	自下而上	套管头下部本体					
		套管头中部本体					
		四通		双法兰短接		套管头下部本体	
		环形防喷器	双闸板防喷器	四通	转换法兰		
			环形防喷器	单闸板防喷器	双闸板防喷器	KQS 四通	
			旋转防喷器	双闸板防喷器	环形防喷器	转换四通	
				环形防喷器	旋转防喷器	双闸板防喷	
		—		旋转防喷器	—	单闸板防喷器 环形防喷器	环形防喷器
				—		旋转防喷器	
防喷器控制装置	控制对象/个	6	5	6			
	公称容积/L	640~800	400~560	640~800			
套管头类型 井口管汇类型	工作压力/MPa	70	35	70	35	70	35

②应按《钻井井控技术规程》(SY/T 6426—2005)选择井控装置的压力等级、尺寸系列和组合形式。

③如果是高产气井或高气油气井,井控装置组合宜按高一级的组合形式选择。

④欠平衡钻井井口比常规井口多装一个旋转控制头或旋转防喷器,高于(包括)21 MPa 的井控装置组合,井架底座应考虑留有足够的安装空间。

a. 旋转控制头或旋转防喷器安装在防喷器组合上,是欠平衡钻井的必需设备。

b. 防喷器组合的压力等级。

● 不大于 35 MPa 时,选择与防喷器压力等级相同的旋转控制头或旋转防喷器。

● 大于 35 MPa 时,选择 35 MPa 的旋转控制头或旋转防喷器。

c. 允许使用压力等级低于防喷器组合的旋转控制头或旋转防喷器。

⑤井控装置应充分考虑预防各装置出现故障的处理措施。

(2)井控管汇。

井控管汇的配备应符合《钻井井控装置组合配套安装调试与维护》(SY/T 5964—2006)中有关的规定。

①节流管汇和压井管汇应符合《节流与压井系统标准》(SY/T 5323—2004)的规定。

②节流管汇应配备液动节流阀控制台,并设置气动油泵、手动油泵、储能器和各类阀件,以及能远程监测环空压力和立管压力的压力变送器及仪表。

③节流/压井管汇应配备相同级别的压力表,并通过截止阀与管汇相连。

④节流管汇应设置两翼或三翼式节流线路,其中两翼式包括一翼设置能遥控的液控节流阀,一翼设置手动节流阀;三翼式包括一翼设置能遥控的液控节流阀,一翼设置手动节流阀和一翼直通线路(在节流阀堵塞或失效时使用)。节流阀应设置阀位开度指示器。

⑤应配备备用节流阀,备用数量根据具体情况确定。

(3)需配备的地面装置。

①钻井流体分离装置。

钻井流体分离装置包括液气分离器、振动筛、旋流器、离心机、搅拌机、除气器、撇油罐、砂泵等。其中配备的振动筛应符合《钻井液振动筛》(SY/T 5612.4—1993)的规定;配备的除气器应符合《钻井液净化系统　除气器》(SY/T 5612.1—1999)的规定;配备的搅拌机应符合《钻井液搅拌器》(SY/T 6159—1995)的规定;配备的旋流器应符合《钻井液净化系统旋流器》(SY/T 5612.3—1999)的规定。

a. 液气分离器。

液气分离器包括进浆管线、排浆管线、分离室、排渣管线、排气管线、分离室液位调节装置、观测仪表、安全阀等。

液气分离器进浆管通径应不小于 100 mm。

液气分离器额定工作压力不低于 1 MPa,处理量不小于井口返出流体流量的 1.5 ~ 2 倍,分离效率应大于 80%。当一个液气分离器的处理量满足不了要求时,允许采用两台以上的液气分离器并联使用。为了提高分离效率,也允许采用两台以上的液气分离器串联使用。

液气分离器的气体分离能力必须大于地质提供的最大产气量。

必须控制液气分离器的液面,防止液体从排液口喷出。

根据最高产量按式(4.113)确定液气分离器最高工作压力：

$$p_1 = \sqrt{\frac{q_{sc}^2 \gamma_g L \overline{T} \overline{Z}}{114.474 d^{16/3}} + p_2^2}$$ (4.113)

式中　q_{sc}——标准状态下的产气量，m^3/d；

p_1、p_2——排气管入口、出口的气体压力，MPa；

d——排气管内径，mm；

γ_g——气体相对密度；

L——管线全长，km；

$\overline{T}$——管内气体温度，K；

$\overline{Z}$——气体平均偏差系数。

根据液气分离器最高工作压力控制液气分离器工作液面。可用节流和静液两种方法控制。按静液法控制时，U 形管高度按式(4.114)计算：

$$h = 102(p_1 - p_2)/\rho$$ (4.114)

式中　ρ——U 形管或分离器内流体密度，g/cm^3；

h——U 形管高，m。

液气分离器应符合《钢制压力容器》(GB 150—1998)的规定；对有防硫要求的应符合《含硫油气用安全钻井法》(SY 5087—1993)的规定。

b. 离心机。

离心机的处理量应大于 20 m^3/h，分离因数应大于 370。

离心机应设置调节装置，电机及控制箱应符合《爆炸性环境》(GB 3836.1—2010)的规定。

c. 撇油罐。

撇油罐应设置进浆装置、撇油装置、分离室、砂泵、油泵、加热器等。

撇油罐的处理量应大于井口返出的流体流量的 1.5 倍，除油效率应大于 80%。

撇油罐配备的电机、电器及电控箱应符合《爆炸性环境》的规定。

②气体燃烧处理装置。

a. 气体燃烧处理装置包括气管线、防回火装置、自动点火装置、火炬等。

b. 排气管线长度大于 50 m，直径一般为 152.4～304.8 mm，根据最大产气量和液气分离器的额定压力确定排气管线直径，按 Weymouth 公式计算：

$$q_{sc} = 0.0037 \times \frac{T_{sc}}{p_{sc}} \times d^{2.667} \times \left(\frac{p_1^2 - p_2^2}{\gamma_g L T Z}\right)^{0.5}$$ (4.115)

式中　T_{sc}——标准状态下的温度，为 293 K；

p_{sc}——标准状态下的压力，为 0 101 325 MPa。

c. 排气管线要用地锚进行固定，每 10 m 设置一个固定点。

d. 排气管线应具有防腐能力。有防硫要求的应符合《含硫化氢油气井安全钻井推荐做法》(SY 5087—2005)的规定。

e. 火炬离钻井液罐的距离应大于 50 m。对于不含硫井(指取样得到 H_2S 浓度小于 0.001% 的井)，火炬高度不低于 2 m；对于含硫井(指取样得到 H_2S 浓度等于或大于

0.001%的井),火炬高度不低于4 m。在环保和安全条件许可的前提下,允许使用卧式火炬,火焰口应背向钻机和废液池,同时应在火炬的周围设置围火墙。

f. 所有气体燃烧系统都应配备自动连续点火装置或自动连续引燃装置。

g. 所有气体燃烧系统都应配备防回火装置。防回火的外壳应防硫化氢腐蚀,内心的过滤网有效过流面积应不小于所配气管线的过流面积。

③加重系统。

a. 加重系统包括加重材料罐、加重装置、重浆储备罐、管汇等。

b. 重浆储备罐的容积应大于井眼容积的1.5～2倍;各罐之间应有管线相连,应配专用泥浆泵,以便在需要时泵入循环罐。将储备罐架高到循环罐面以上,采用自流方式自动流入钻井液循环罐。

c. 电机及电控箱应符合《爆炸性环境》的规定。

d. 重浆储备罐应设置搅拌机,以防加重材料沉淀。

④气体注入设备。

a. 气体、雾化、泡沫和充气钻井都需要气体注入设备。

b. 空气需配置空气压缩机和增压机。

c. 当采用充氮气欠平衡钻井时,应配充氮气装置。

充氮气装置允许采用现场制氮气系统(膜氮),也允许采用液氮系统。

充氮气装置的工作压力和排量根据钻井工程设计要求确定。充氮气装置的额定工作压力应高于欠平衡钻井过程中的最大立管压力。

液氮要配备换热器(汽化器)液氮泵和液氮储备罐。

膜氮设备主要包括压缩机、膜纤维、增压机,可以购置和租赁。

⑤液体注入设备。

a. 充气钻井液可以用常规的泥浆泵作为基浆的注入设备,只是在小井眼的情况下,要选择小排量的泥浆泵(排量小于10 L/s)。

b. 气体、雾化、泡沫钻井要配置雾泵,用于注入水、表面活性剂和防腐剂等。

⑥其他地面装置。

如泡沫发生器、增压器、取样器等。

(4)井场布置要求。

欠平衡钻井的最大原则是在安全的前提下,完成欠平衡作业。井场布置比常规钻井要求高。

①井场面积要能容纳所有的设备,并能安全容易地接近设备,人员居住区、取暖锅炉、消防设施、水源、火源应在井口的上风向或侧风向处。

②转盘以下空间高度要能满足井口设计的全套防喷器组的安装、更换,防喷压井出口管要有适当高度,最好有一面撤开,便于抢险。

③除气系统应距井口下风向50 m以外,以防止发生火灾爆炸,殃及井口安全。周围留有灭火抢险车辆及人员活动的空间。

④节流管汇最好使用双向等效装置,以便在连续使用中一旦发生损坏能不停产及时更换,减少停产带来的井口高压和其他复杂情况。

⑤节流除气后的点火地点应考虑在井口的不同方向,以便随风向变化而进行选择。

⑥在循环系统中的录井部分应按规定安装(与节流管汇连接),以实现最大可能的资料准确性,同时要保证取样人的安全。

⑦现场技术参数和井下情况的收集,要力争使用多参数仪表,特别重视井下扭矩、阻卡、井口压力;旋转防喷器的冷却、润滑、油气消耗变化及温度显示;处理后钻井液密度变化、液量增减等参数的观察,异常情况的及时发现和处理是十分重要的。

⑧各项设施、工具,力争实现双保险。投产前应进行严格的质量验收,使用中加强监视,及时发现隐患,不使异常情况发展。易损件要有充分储备,减少人为因素的停工。凡消耗掉的工具、材料要及时补充,损坏的设备要及时维修和更换。

7)钻具组合

(1)钻头。

应选择寿命长、速度快、易于判断和不易发生井下复杂情况的钻头,以减少从钻开产层到完井投产全过程中的停工和起下钻操作,缩短施工时间,减少风险性。

(2)钻机。

①为了提高井口密封效果及保证胶芯使用寿命,常规钻机应使用六方(或三方)方钻杆或顶驱和18°斜坡钻杆(为防止毛刺和棱角损伤胶芯,对方钻杆的棱及毛刺要用砂轮打磨,磨去毛刺打钝棱角,对下井钻具的毛刺和大钳咬的痕迹也要进行打磨)。

a. ϕ15.9 mm 井眼用 ϕ33.35 mm 方钻杆。

b. ϕ52.4 mm 井眼用 ϕ107.95 mm 方钻杆。

c. 接方钻杆上下旋塞。

d. 对于各种欠平衡钻井,底部(钻头之上)必须至少接两个钻具止回阀。

e. 液相欠平衡钻井,在钻锤上接一个投入式止回阀。

f. 立管充气时,在钻具的上部接一个钻具止回阀,在钻具中间接若干个钻具止回阀(一般每12个单根接一只),阻止两相流分离。

g. 进行不压井起下钻作业时,应安装能泄压的内防喷工具。

h. 对于水平井,底部钻具组合按水平井要求设计,底部的止回阀放置以不影响测斜为原则。

i. 斜台肩(无标示槽)钻杆的长度取决于欠平衡钻井井段长度以及是否需要不压井起下钻作业,如果需要不压井起下钻作业,应全部使用斜台肩钻杆。

j. 如果需要反循环作业、原钻具测试或钻杆投产,应在钻锤上接一个旁通阀。

②钻柱尺寸对欠平衡循环系统具有一定的影响,大直径的钻柱对环空流动具有一定的节流作用,从而实现自身井控,但对于低压储藏欠平衡钻井应采用小直径钻柱来降低环空摩阻,以达到通过地面回压实施调节控制。

③欠平衡钻深气井时,可能会有大量气体涌出,使地面环空压力升高,并远大于钻杆内压力,因此对钻杆的额定挤毁压力,要有充分的考虑和必要的计算。

此外,对于靠液力控制来锁定或打开的某些井下工具,如可变径稳定器、定向工具等,在欠平衡钻井方式下,由于储层的溢流或气体的注入,使环空与钻柱内的流体有所不同,造成工具内外形成固定静液压差,因此可能会妨碍个别工具的正常打开。

8)欠平衡钻井参数设计

(1)气体钻井。

①气体钻井主要是设计携带岩屑所需要的最小气体流量,采用 Angel 的方法。

$$\frac{1.976\times10^4(17.18+T_s+GH)q_s}{(D_h^2-D_p^2)v_{stp}^2}=\sqrt{(6\,482.7\times p_t^2+bT_a^2)e^{3.645aH/T}-bT_a^2} \quad (4.116)$$

$$a=\frac{\gamma_gq_s+2.88\times10^{-5}v_mD_h^2}{53.3q_s} \quad (4.117)$$

$$b=\frac{3.581\times10^{10}q_s^2}{(D_h-D_p)^{1.333}(D_h^2-D_p^2)^2} \quad (4.118)$$

式中　T_s——地面温度,K;

　　　G——地温梯度,K/m;

　　　H——井深,m;

　　　q_s——标准状态下的气体循环流量,m^3/min;

　　　D_h——井眼直径,mm;

　　　D_p——钻柱外径,mm;

　　　v_{stp}——标准状态下的气体速度,为 15.24 m/s;

　　　p_t——套压,MPa;

　　　T_a——平均绝对温度,K;

　　　v_m——机械钻速,m/h。

②气体相对密度取值:空气取 1;氮气取 0.97;天然气取 0 6~0.7,平均为 0.65。

③Angel 方法设计的气体流量可能偏小,在选择充气设备时,额定流量要选择大一些。

④通过考虑岩屑下沉速度的设计方法,由于环空返速影响因素较多,需要专用软件设计。

(2)雾化钻井。

①根据地面注入液量和地层产液量的总液量计算拟机械钻速:

$$v_e=\frac{4.705\times10^5q_l}{D^2} \quad (4.119)$$

式中　v_e——由总液量折算出的拟机械钻速,m/h;

　　　q_l——总液量,m^3/h;

　　　D——钻头直径,mm。

②计算气举岩屑和液体的总机械钻速。

$$v=v_m+v_e \quad (4.120)$$

③用式(4.116)~(4.118)计算出总机械钻速,并代替式(4.119)中的机械钻速,计算气体注入量。

④液体注入量(水、发泡剂和防腐剂)一般为 0.26~0.87 L/s。

⑤雾化钻井比空气钻井的气体流量高 30%~40%。

(3)泡沫钻井。

①泡沫钻井应采用专用软件设计气体流量和液体流量。

②液体流量一般为 0.63 ~ 1.26 L/s,大井眼、深井的液体流量接近 6.3 L/s。

③井口的泡沫质量应不大于 0.97,井底的泡沫质量至少为 0.55,大于 0.65 为佳。

④如果井口的泡沫质量大于 0.97,必须设计控制回压,保证井口的泡沫质量不大于 0.97。

⑤在设计泡沫质量时,要考虑地层产气量、产水量的影响。

⑥水力设计时,应确保满足携岩的要求,0.5 m/s 的环空返速能满足要求。

(4)充气钻井。

①主要设计流体流量和气体流量。

②充气钻井处于静压控制区时,可用下式确定气液比:

$$R = \frac{0.009\ 8h\rho_1 - (p_4 - p_3)}{3.458 \times 10^{-4} T_s \ln\left(\dfrac{p_4}{p_3}\right) - 1.156 \times 10^{-5} h} \tag{4.121}$$

$$p_4 = p_3 + 0.009\ 8h\rho_d \tag{4.122}$$

$$p_4 = p_3 + 0.009\ 8h\rho_d - 0.009\ 8(h - h_p)\rho_1 \tag{4.123}$$

式中　R——标准状态下的气液比;

　　　h——垂深,m;

　　　h_p——寄生管的深度,m;

　　　p_3——绝对地面压力,MPa(无回压时,为 0.101 325 MPa);

　　　p_4——预期的绝对井眼静液压力,MPa;

　　　T_a——平均环空温度,K;

　　　ρ_d——预期的平均钻井液密度,g/cm³;

　　　ρ_1——液相密度,g/cm³。

其中式(4.122)用于立管充气,式(4.123)用于寄生管充气。

③更准确的要采用多相流专用软件设计。

④充气钻井处于摩阻控制区时,应使用多相流专用软件设计液体流量和气体流量。

⑤设计液体流量和气体流量时,应满足如下要求。

a. 当量循环钻井液密度小于地层孔隙压力系数。

b. 要求能满足携岩要求,流态最好要求紊流,提高携岩效率。

c. 钻头处的体积流量要满足动力钻具的工作要求。

⑥钻头选型及其他钻井参数设计与常规钻井相同。

(5)控流钻井。

控流钻井主要是设计钻井液密度,按下式设计:

$$\rho_m = \frac{102(p_P - p_F - p_a)}{H} \tag{4.124}$$

式中　ρ_m——钻井液密度,g/cm³;

　　　p_P——地层孔隙压力,MPa;

　　　p_F——井底负压值,MPa。

　　　p_a——环空压耗,紊流时按式(4.17a)计算,层流时按式(4.17b)计算。

9）钻井液设计考虑

（1）钻井流体类型考虑。

欠平衡钻井方式的选择决定了钻井流体的类型。

（2）钻井流体的气相考虑。

①钻井流体的气相主要是空气、氮气和天然气。

②空气主要在空气、雾化、泡沫钻井中使用，用于提高机械钻速等不易发生燃烧的情形。

③在有油气产出的情况下，从安全上考虑应选择氮气。充气钻井当油作为液相时，应用氮气作气相。

④天然气只有在气源可以利用的情况下才能使用。

⑤空气和氮气混合使用时，要求氧气浓度低于 8%。

⑥当产气层硫化氢浓度高于 5% 时，不能使用膜氮、柴油机尾气。

（3）钻井流体的液相考虑。

①雾化、泡沫钻井的液相主要是水、发泡剂及防腐剂等。

②控流钻井使用液相钻井液，可以用水、盐水、油、油基钻井液、水基钻井液或完井液。

a. 液相钻井液应与储层岩石、流体具有良好的配伍性，满足油气层保护的要求。

b. 应有良好的稳定井壁性能。

c. 钻井液要与产出的储层流体相溶，钻井液黏度适合，防止水-油、气-油乳状物的形成，以利于地面油气分离。

d. 宜使用清洁流体作为钻井液。

e. 地层产气时，宜使用钻井液，控制气体滑脱速度。

f. 要求密度大于 $1.20\ \text{g/cm}^3$ 时，宜使用钻井液。

g. 地层产油或密度小于 $1.20\ \text{g/cm}^3$ 时，宜使用清水和盐水。

③未加重的液相钻井液可作充气钻井液的基浆。

a. 充气钻井的基浆倾向于使用低黏度液体，如水、盐水、柴油、原油、凝析油等。

b. 与液相钻井液一样，应具有良好的配伍性和井壁稳定性能。

（4）钻井液其他因素的考虑。

欠平衡钻井液除了要重点考虑满足设计要求的压力系数之外，还要考虑其他一些因素，主要有以下几方面。

①与地层流体的相溶性。

一方面，地层中的油气水三相流体的混合物将从地层流入井眼并与循环的钻井液接触，可能产生高黏度的稳定乳化物；另一方面，为抑制乳化，使用表面活性剂时，要防止钻井液漏失到地层中引起润湿性变化及防止地层水与钻井液滤液作用产生结垢和沉降物。

②地层产出液对钻井液的稀释。

循环钻井液可能被相溶的地层产出液迅速稀释，使钻井液遭受污染。同时应对储层产出物作苯胺点和浊点测量，以确定产出油再循环时是否会影响泵和井下马达的正常运转，并保证产出液与温度较低的钻井液接触时不发生析蜡。

③防腐。

如果使用氮气或空气实现欠平衡钻井条件,盐水与循环钻井液中的微量氧结合会产生极高的腐蚀性。如果地层产出气中含有硫化氢,腐蚀会更严重,因此,要仔细分析游离气、溶解气和地层水,如果井下设备长期使用,必须对侵蚀进行监测,并采取一项或多项经常性的措施(提高 pH,添加去氧剂、钻杆涂塑及特殊材料的 BHA)。

④钻井液的黏度。

如果丧失了欠平衡条件,基浆中固有的高黏度物质将缓慢地侵入地层,通常在人工诱导的欠平衡钻井中,不考虑使用高黏度的钻井液,以便维持紊流。同时,泵送高黏度钻井液产生的高摩擦力会使钻头处难以维持欠平衡条件。特别是在流钻作业中,一般要维持一定黏性,以防止产出气体上窜过快,给地面井控带来困难。

⑤对流自吸作用。

如果欠平衡钻井作业是在低渗透的水润湿储层(气层)中进行的,毛细管压力作用可能导致地层损害,即使是在连续的欠平衡压力梯度下,水基钻井液也会因对流自吸而滤失到近井眼地带。

10)欠平衡井控特别要求

旋转控制头是欠平衡钻井的核心设备,其结构及其性能必须满足工艺要求,除旋转控制头外,作为欠平衡钻井的其他井控设备,也必须保证对每种工况都能做到用两种以上的方法进行控制。与普通钻井相比,欠平衡钻井增加了体外循环系统,有体内与体外两种循环系统。体外循环系统的主要作用是控压、节流,分离地层产出的液、气及除砂,使泵入的钻井液性能保持不变。体内循环系统的主要作用是在欠平衡钻井前期,地层流体未进入井眼或少量进入井眼,不需要节流或油气分离时使用。对体外循环系统,除了能满足控压、节流及分离除砂的性能外,还要特别注意防止管汇通道发生砂堵。因为欠平衡钻井作业一旦进行,该系统是循环钻井液的唯一通道,节流管汇系统的闸门多,流道复杂,特别是节流阀的流道通径小,易被堵塞,如果一旦出现砂堵,将失去循环能力。因此必须使地面节流管汇具有两个以上通道,一旦其中一个发生砂堵,另一个能立即起用。

一般欠平衡钻井可能产生多相流,井下流体状态主要是靠立管压力和套压来判断。而立管压力和套压又受泵排量的影响,为了尽量准确掌握井下情况,满足压井需要,在欠平衡钻井前,要进行多种泵速试验,以供欠平衡作业时参考使用。

欠平衡作业严格遵守"四·七"动作等相关操作规程。

3. 欠平衡钻井 HSE

欠平衡钻井有别于常规钻井,除执行正常的钻井作业 HSE 管理要求外,还应注意以下要求。

1)原则

(1)在施工作业中现场作业人员的生命与财产同时受到危害时,以保护现场作业人员生命为主。

(2)在施工作业中以保护现场作业人员安全和生命为主。

(3)在作业过程中以保护生态环境为主。

(4)实施 HSE 管理,以最大限度地降低事故和污染为目的,促进综合效益的增长。

(5)现场人员要接受井控、消防、HSE 培训,并熟练使用个人防护用品,井架工以上岗位均持证上岗。

（6）健康、安全与环境管理（HSE）按《石油天然气工业健康安全与环境管理体系》（SY/T 6276—2004）规定执行。

2）环境影响评价

（1）在施工作业中，执行当地有关环境保护的规定，注意保护生态环境，因井场四周为农作物，防止污染环境是本项目的重点。

（2）在施工过程中，最大限度地降低和减少污染，将环境保护工作责任到岗位，考核到岗位。

（3）施工结束后，恢复生态环境。

（4）最大限度地降低噪声、烟雾和振动对周边环境及居民的影响。

（5）污水、污物随时处理，对周围无影响。

3）健康措施

（1）在工作区的每个人都应穿防油防水工作服，戴安全帽，穿工鞋；从事对眼睛有伤害作业（由飞来物体、化学剂、有害光线或热射线等）时，现场作业人员应当戴上适合于该项工作的护目镜、面罩或其他防护用品，以防止事故的发生。

（2）在接触含刺激或损害性化学剂时，现场作业人员应戴上胶皮手套、防护围裙或其他适用的防护用具，不应穿着宽松或不合身的衣服。

（3）在高于某一固定平面2 m以上作业时，应使用安全带。

（4）配备医疗急救设施及药品，有条件或根据现场实际情况有必要时，井场配备救护车一辆，驻队医生一名；否则应配备必要的药品、医疗器具及井队卫生员。

（5）发生人身伤害事故，执行人员伤亡应急行动程序。

4）安全措施

（1）消防措施。

①进入施工作业区佩戴胸卡。

②所有进入井场的车辆应加装防火帽，井场发电机、柴油机要安装防火帽。

③进入井场所有人员严禁携带烟火及易燃易爆物品。

④按钻井队消防设施配备要求配备齐全消防措施。

⑤井场严格执行动火审批制度。

⑥在施工现场设1.5 m宽的消防通道，并与公路相连。

⑦欠平衡钻井点火以后，有条件或根据现场实际情况有必要时，应配备消防车值班。

⑧制定防火、防爆应急措施，当发生火灾爆炸事故时，执行火灾、爆炸应急行动程序。

⑨井架、钻台、机泵房的照明线路应各接一组电源，全部采用防爆灯；探照灯电路单独安装；距井口30 m内的电器设备必须使用防爆开关、防爆马达。

⑩柴油机排气管无破裂、无积炭并有冷却装置，进入井场的车辆必须带防火帽。

⑪按消防规定配齐消防器材、工具，并要求合理摆放，定岗定人负责管理，管理人员必须懂得操作要领、维护、保养和更换失效药剂。

⑫储备足够的加重钻井液（井筒容积的2倍）和加重材料，水源充足，以备随时使用。

⑬井场严禁烟火，避免在井场使用电、气焊，如遇特殊情况非动火不可，必须按规定采取完善的安全防火措施后方可动火。

⑭加强对油罐、氧气瓶、乙炔发生器等易燃易爆物品管理,采取安全保护措施;钻台上下、机泵房周围禁止堆放易燃物、化学物品;钻台、机泵房下无积油。

⑮井场配备消防车值班,并与消防队、医院保持联系,以备紧急情况时调用。

⑯防火、防爆未尽事宜,按《石油天然气钻井、开发、储运防爆安全生产技术规程》(SY 5225—2005)规定执行。

(2)井控措施。

①安装井控设施,并认真试压。

②严格执行每次开钻前井控工作验收批准制度,在打开油气层前进行防喷演习。

③定期对井控设备进行维护保养,保持灵活好用。

④发生井涌(井喷)时应执行井喷应急行动程序。

(3)火灾爆炸应急程序。

①发生火灾、爆炸事故时,目击者大声疾呼"着火了"或"爆炸了",并迅速拉响火灾警报。

②在听到警报或接到报告后,拨打119电话报警。

③疏散控制区内所有无关人员到安全地区。

④医生做好救护准备,必要时与当地医院或油田医院取得联系,做好急救准备。

⑤必要时发电工切断控制区内的电源。

⑥隔离或冷却控制区内及周围易燃易爆品。

⑦在条件许可情况下,对物资设备进行抢救。

⑧向上级应急办公室汇报事故险情及补救情况,必要时请求支援。

⑨指定专人到主要路口等候消防队到来,带队进入作业区指定地点。

⑩服从消防中队指挥,配合消防队员扑灭火灾。

⑪险情控制后,立即清理现场,尽快恢复作业。

⑫收集整理资料,调查分析事故原因。

(4)防硫化氢排毒程序。

①井场发现硫化氢气体溢出,发现者应立即通知欠平衡工作人员拉响警报器,同时通知随队医生。

②医生听到警报后,应立即戴好防毒面具赶赴现场。

③现场作业人员佩戴好防毒面具后,按作业标准尽快调整钻井液密度进行压井。

④疏散现场所有无关人员到上风口安全地区,迅速划出警戒线,并派专人警戒。

⑤与可能受到影响的附近居民区联系,疏散居民到安全地区。

⑥医生对所有人员进行检查,发现有中毒症状者,立即执行急救应急行动程序;

⑦恢复生产。

(5)防硫化氢安全措施。

①在井架上、井场上行风入口处等设置风向标,一旦发生紧急情况,钻井人员可向上风方向疏散。

②配备20套以上防毒面具、3台有毒气体检测仪,在钻台上振动筛、循环罐等硫化氢等易聚积场所进行监测。

③如果地面处理系统不能用来安全处理硫化氢,在发现硫化氢后,立即停止欠平衡作

业,根据硫化氢浓度、井口压力大小等,采取有效压井措施;硫化氢浓度超过 20 mg/cm³ 时必须压稳地层。

④发现硫化氢后,钻井液中加入碱式碳酸锌,防止钻具发生氢脆。

⑤钻台上下、循环罐配备工业排风机,以防止有害或可燃气体聚集。

⑥点火装置,应距井口下风方向 50 m 以上。

⑦防硫化氢未尽事宜,按《含硫化氢油气井安全钻井推荐做法》(SY 5087—2005)规定执行。

5)防火、防爆、防硫化氢装置的配备

(1)井场的电器安装应符合《井场电器安装技术要求》(SY/T 5957—1994)的规定。

(2)井场的布置应符合《井场布置原则和技术要求》(SY/T 5958—1994)的规定。

(3)配备装置的颜色、井场的照明与联络信号应符合《钻井井场照明、设备颜色、联络信号安全规范》(SY 6309—1997)的规定。

(4)硫化氢检测和人身安全防护用品的配备应符合《含硫油气由硫化氢监测与人身安全防护规程》(SY 6277—2005)的规定。

4.5.7 结语

欠平衡钻井使石油和天然气勘探开发进入到一个新的时代。人们正采用这项新技术来提高储层采收率和达到最优的勘探开发效益。对于引进任何一项新技术的初期阶段,都可能出现一定的困难,诸如不可靠性、潜在的高花费和艰难的学习过程。成功的欠平衡钻井取决于对储层及地质情况了解清楚,也取决于合理的设计和选择合适的多相流体流动特征参数的计算机模型。先进的欠平衡钻井技术已经过发展阶段,施工操作的失效已减少至最低限度。

由于欠平衡钻井能够带来较高的综合效益,因此,国内外相继开展欠平衡钻井技术的开发与应用。但在欠平衡钻井技术的研发与应用过程中尚存在诸多问题,制约着欠平衡钻井技术的广泛应用,例如,欠平衡钻井成本相对常规钻井高的问题,欠平衡钻井存在安全问题,不连续的欠平衡钻井作业导致的地层损害问题等。

欠平衡钻井尚处于不断发展阶段,随着人们对欠平衡钻井技术认识的进一步加深,以及各油田勘探开发的不断深入,欠平衡井的数量将会越来越多,相应带来的问题就越显重要。因此欠平衡钻井所要做的工作还很多。

1. 加快欠平衡钻井设备研制步伐

到目前为止,国内欠平衡主要设备还处于研发阶段,其技术能力和技术指标还达不到国外同类产品水平。各油田欠平衡钻井主要设备还依赖进口。据不完全统计,国内各油田进口旋转防喷器(或旋转控制头)近 40 套。引进欠平衡设备具有以下弊端。

1)设备出现故障维修不及时

国内各油田根据各自的情况,引进欠平衡设备的数量不一样,有的油田只引进一套,有的油田引进两套以上。引进的欠平衡设备在使用时都出现过问题,而且往往发生在欠平衡钻进阶段。从国外现发货存在诸多手续问题,时间不允许,严重影响了钻井生产。

2)进口的易损件或备件需花费大量资金

使用引进国外旋转防喷器每年需要花高价从进口设备厂家购买大量易损件或备件,

另外,由于进出口权等因素,现场急需加急进口易损件或备件价格比引进设备时高许多,而且进口易损件或备件受时间等因素限制。

随着人们对欠平衡钻井认识的不断深入和提高,欠平衡钻井的数量会越来越多,欠平衡钻井设备数量也会随着同步增长。虽然在短期内还只能依赖引进欠平衡主要装备,但依赖引进不是长久之计。因此从长远考虑,欠平衡钻井设备的研制势在必行。虽然国内已研制了液气分离器、压力等级为10.5MPa的旋转控制头,但目前尚没形成规模,且其性能能否达到国外同类产品的水平还有待于通过大量现场试验加以验证。最好的办法是组织联合攻关,共同研制开发欠平衡钻井主要设备,共同出资,提供相应的试验井位,这样能够加快欠平衡钻井设备研制的步伐。同时,也可使国产欠平衡钻井设备在性能、技术指标及种类等方面尽快赶上或超过国外同类产品的水平。

一项技术的发展是以其设备为依托的,有了先进的设备,才能带动该项技术的发展。目前,国外已经成功开发出通过立管、寄生管、同心管、钻柱和连续油管等技术向钻井液中注入空气、天然气、氮气,或直接采用空气钻井的人工诱导欠平衡钻井技术,服务于低压油气藏,同时研究开发出稳定和不稳定泡沫设备和相应的配套技术。

我们在引进国外气体、泡沫等先进欠平衡钻井技术和装备的同时,应加大设备自主研究开发的力度,使国内欠平衡钻井技术形成整体配套系列工艺技术,服务于国内市场。

2.加大低压欠平衡钻井工艺技术的研究力度

目前国内欠平衡钻井工艺技术的研究与应用主要侧重于流钻,而对气体钻井、雾化钻井、泡沫钻井、充气钻井的研究应用相对较少。特别是美国和加拿大,不仅在欠平衡设备的研制开发上得到了发展,而且其工艺技术也相应得到了发展,已形成了流钻和空气、雾化、充气等人工诱导欠平衡钻井技术,并且已将这些技术成功地应用于现场,不仅解决了油层污染问题,在一些地区实现了零表皮系数,而且解决了钻井过程中的漏失、压差卡钻等问题。

为此国内应加强低压欠平衡钻井技术的引进和研究应用力度,以解决国内在勘探开发低压油气藏过程中暴露出的问题。例如,玉门油田的窟 9 井在钻探过程中,由于窟窿山逆掩推覆体高陡巨厚老地层"斜、硬、跳、磨、变"的特性,给窟 9 井钻井施工带来了极大的难度,严重制约了钻井速度。该井为了控制井斜,在滞留系逆掩推覆体地层的钻井过程中,先后进行了各种各样防斜打快工艺技术的尝试(常规钟摆、强稳、不同偏心距的偏轴组合等),但实际效果很差。到 2003 年 3 月 1 日钻完,钻井时间长达 10 个月,进尺为 2 970 m,ϕ311.1 mm 井眼平均机械钻速 0.54 m/h。为了加快窟 9 井逆掩推覆体井段钻井速度,寻求硬地层井段提高机械钻速的新方法,降低勘探综合成本,中国石油天然气集团公司、中国石油天然气股份公司、玉门油田分公司共同决定该井四开采用空气、雾化、泡沫钻井技术并付诸实施,取得了相当好的钻探效果。

3.建立欠平衡钻井室内评价实验室

一个油田、区块或者一口井是否适合欠平衡钻井,最科学的方法就是通过室内试验评价,以便获得准确的油藏参数和流体参数。

实验室评价技术(工艺)主要有以下内容:

(1)得到有代表性的储层岩心及准确的原始油/水饱和度条件。

(2)测量原始未损害的油气渗透率。

（3）进行欠平衡模式下的循环钻井液试验，以最大欠平衡压力梯度处理岩心，并连续测量渗透率。

（4）分阶段降低欠压值，观察是否相对自吸，观察渗透率是否随欠压值的变化而变化。

（5）把岩心放在过平衡脉冲条件下，模拟所要求的固相。

（6）用气/油进行一个在变化的生产条件下的渗透率恢复试验，以确定恢复过平衡所需要的门限压力。

通过室内评价，确定一个油田、区块或者一口井是否适合欠平衡钻井，采用怎样的欠平衡钻井方式，使用何种钻井液体系等，避免欠平衡钻井的盲目性而导致欠平衡钻井的失败。

因此，科学的欠平衡井位的设计应是先期对所要钻的井进行室内研究评价，评价的内容包括：油藏参数（渗透率、孔隙度和孔喉尺寸，是否存在孔洞、裂缝、孔隙尺寸，是否存在黏土、硬石膏等敏感矿物，地层水/油的原始饱和度条件，地层中剩余水或油饱和度和毛细管压力特征，适当掌握地层亲水能力，多压力层系每层的实际压力，钻井液固相浓度、组分，储层分布）室内评价和流体参数（井下油藏流体的组分，油藏流体在空气中或氧气含量降下的闪蒸极限）室内评价。在所选区块地层进行充分评价以后，评价出是否适合欠平衡钻井，采用欠平衡钻井的方式及钻井液类型等，然后设计井位，进行欠平衡钻井设计。欠平衡钻井实践证明，如果地层选择正确，设计合理，可以得到最大经济效益；反之，选层不当或设计不合理将导致比设计得当的常规钻井成本高，产量下降。目前国外已经有欠平衡钻井室内综合评价实验室，并且为各大油公司提供商业服务。建议国内各油田以研究院所为依托，建立欠平衡钻井室内综合评价实验室。

4. 研究全过程的欠平衡钻井工艺技术

达不到欠平衡条件的主要原因有以下几个方面：

（1）如果使用旋转钻机，每次接单根必须停止气体注入。每次接单根前循环出纯净气体有助于降低过平衡脉冲的影响，但井底压力波动还是存在的。使用井底实时压力测量装置可以保证一个井下连续的欠平衡条件。

（2）除非欠平衡条件下强行起下钻，否则起下钻前的压井也破坏了欠平衡状态。下钻较快将在钻具前产生一个压缩波，将加剧过平衡条件。如果接近完钻井深，最好提前完钻，以免再下人一只钻头获得最后一段井深。

（3）为了 MWD 测井或地质导向目的而进行周期静液压井作业，将由于流体的侵入而造成不良影响。使用 EMWD 可以在垂深小于 8 000 ft 井中消除这些因素。

（4）如果应用同心管或寄生管来获得连续的欠平衡条件，因为在钻柱中心存在完全的静液柱，整个静液压力将存在于钻头喷嘴上，当流体通过喷嘴时，孔眼效应将降低一些压力，但在钻头与岩石交界面上仍然存在冲刷和过平衡条件，此时钻头附近压力快速下降，在返回钻井液柱的大部分区域的压力由同心管/寄生管柱喷射控制，使得近钻头井下压力传感器无法监测。

（5）发生在地层渗透率低、欠平衡压力高或油藏体积评价受限制情况下的局部衰竭影响。在任何井的生产应用中，在欠平衡动态流动中的油藏将形成拟稳定流状态。在这种情况下，流动平衡井底流压最终会接近循环欠平衡流动压力。即使井下有效压力稍微增加一点,也会导致井内油层过平衡状态,从而导致液体、固相侵入。问题的严重性取决于油藏参数和过平衡阶段地层对枯竭层位的压力恢复速度。

(6)如果对原始油气层压力认识不清,也会影响欠平衡效果而导致过平衡状态。测量地层中油、气、水的过多涌出是判断是否实现欠平衡的重要手段。

(7)多压力层系的存在使得欠平衡无法实现。尤其是多压力层系中有超高压、高渗透率地层存在的情况。

(8)在气体、液体同时喷射的欠平衡作业中垂直井段发生段塞流和液体夹持。这导致很难选择处理周期性高速井涌的地面设备,也导致井下压力波动,其幅度相当于旋转钻井中接单根时所诱发的现象,并导致对低压/衰竭地层的侵害。

(9)井较深时,管柱内外流体空间中,高气流速、摩擦压降是重要的,在一定流动区域内,摩擦压力影响可以导致随着气体喷速的增加而增加井下当量压力。

目前欠平衡钻井主要对钻进而言,如果需要换钻头或中途测井,或需要工序的转换,一般需要压井起下钻。以欠平衡方式钻井,以过平衡方式进行中途工序的转换,将会对储层造成更大的污染机遇,特别是存在流体侵入敏感地层的情况下,其产生的后果可能抵消欠平衡钻井的成果,最终导致欠平衡钻井投资的浪费。

就目前的技术而言,大量的欠平衡作业还不能100%地保持欠平衡条件。最理想的方法应保持井下100%的欠平衡条件,因此,需要研究全过程的欠平衡钻井工艺技术,包括欠平衡取心、起下钻、中途测井等。

5. 应拓宽欠平衡钻井技术的应用领域

欠平衡钻井技术的优越性不仅仅在于能够及时发现和有效保护油气层,还可以避免井漏、压差卡钻,提高机械钻速,在探井中对产层进行随钻测试,真实地评价产能,缩短勘探开发周期。

目前,大港油田在灰岩地层应用欠平衡钻井技术及时发现和保护油气层方面取得了成功;大庆油田在火山岩地层应用欠平衡钻井技术及时发现和保护油气层方面取得了成功;新疆解放128井应用欠平衡钻井技术成功地解决了钻进过程中钻井液严重漏失问题。但目前欠平衡钻井技术的应用领域还较窄,应拓宽欠平衡钻井技术的应用领域,用于解决硬地层的机械钻速低的问题;裂缝性油气藏井漏问题;用于水平井,解决水平段储层的"漏斗形"污染问题等。

玉门油田的窿9井采用空气、雾化、泡沫钻井方式提高硬地层机械钻速的实践取得了成功。空气、雾化、泡沫钻井进尺337.50 m,平均机械钻速为2.48 m/h,下部采用常规钻井液钻井的平均机械钻速只有0.29 m/h,机械钻速提高8.55倍,找到了在硬地层井段提高机械钻速的新方法。

吉林油田的伊51井利用泡沫欠平衡钻井技术克服了钻柱的压持效应,机械钻速比邻井提高了3~4倍,缩短了钻进周期,减少了钻井液对储层的浸泡时间,并且对产层进行了重新评价,对此区块的勘探、开发具有重要的指导意义。

6. 完善欠平衡钻井参数采集与分析处理软件

国外很早就开发出欠平衡钻井参数采集与分析处理系统软件,国内四川、大庆等油田近几年也相继开发出了欠平衡钻井参数采集与分析处理系统软件。该软件的开发与应用对欠平衡现场随钻情况进行分析与处理,对现场实时决策具有一定的指导作用,并且实现了现场实钻资料的自动采集与储存,对现场及事后分析十分方便。该软件还具有决策功能,即根据采集的实钻数据,经过计算处理,给出下一步应该做什么,避免做什么。

但是,随着仪器、仪表数量的增加(例如增加井底随钻脉冲压力测量仪)、欠平衡理论深入研究与发展,现有的欠平衡钻井参数采集与分析处理系统软件可能不能完全满足欠平衡钻井数据采集和分析的要求,因此需要完善欠平衡钻井参数采集与分析处理系统软件。

7. 研究开发井底随钻脉冲压力测量仪

探井实施欠平衡钻井,原始地层压力不十分精确,这样就导致欠平衡钻井液密度窗口很难设计;并且,即使是采用欠平衡钻井技术,计算的欠压值是不真实的,因此井底真实的欠平衡状况无法掌握。

对于两相流(固、液)计算结果与现场实际比较接近;对于多相流,由于多相流体在井眼内不同层段的流型可能不同,计算时很难考虑周全,因此影响计算精度。在不准确水力学计算结果的情况下,很难掌握井底欠平衡状态。

欠平衡钻井井底压力基本上通过水力学计算获得,前面已经讲过,水力学计算存在误差问题。即使能够对井底压力进行测量,但随钻测量实施起来成本较高,存在技术难点;通过储存的方式进行测量,起钻后才能读取地层压力,只能作为事后分析用,已经失去现场实时控制的意义。

因此在欠平衡钻井期间,不能实时掌握真实地层压力和真实井底压力。在这种情况下,地面控制是盲目的,欠平衡钻井参数的选择也是不科学的,地面无法知道井底真正动态欠平衡状况,是欠平衡,还是瞬间过平衡,欠压值是多少,欠压值多大,能否导致井壁失稳等诸多问题都无法说清楚。所以,为了提高欠平衡钻井的成功率,为现场决策提供准确地层压力和井底压力数据,有必要研究开发井底随钻脉冲压力测量仪。

按照上述分析,未来欠平衡钻井的发展趋势应包含以下内容:

首先,科学的设计是未来欠平衡钻井成功的前提。对于一个油田或区块,进行室内分析与评价,筛选出适合欠平衡钻井的区块或地层,分析评价出区块或地层适合欠平衡井的类型、采用钻井液的类型,然后进行欠平衡钻井设计,做到有理有据,确保欠平衡钻井顺利实施。

其次,科学的控制是未来欠平衡钻井成功的基础。科学的控制来源于对井底真实压力(地层压力测量仪器和井底压力测量结果)情况的掌握程度,来源于地面欠平衡钻井数据采集和分析处理软件的分析处理结果。地下和地面有机地统一,为欠平衡现场实时控制和及时调整施工方案提供了科学的技术方案。

再次,实现100%的欠平衡是未来欠平衡发展的最终目的。以欠平衡方式钻井,以过平衡方式进行工序的转换,将会抵消欠平衡钻井的效果。欠平衡钻井的目的是提高勘探开发效果,提高油气井的采收率。

最后,应拓宽欠平衡钻井技术的应用领域,发挥欠平衡钻井技术在解决井漏、压差卡钻,提高机械钻速等方面的作用。

相信在广大石油工作者不懈的努力下,欠平衡钻井和定向井、水平井等其他特殊工艺井一样,一定会具有美好的发展前景,为提高勘探开发综合效益发挥更大作用。

4.6 考 核

4.6.1 理论考核

1.选择题

(1)分支井的优点是( )。

(A)提高单井产量 　　　　　　　(B)可防止锥进效应

(C)减少布井数量,降低开发成本 　(D)以上三点都不是

(2)深井是指井深在( )。

(A)4 500~6 000 m 的直井 　　　(B)6 000~8 000 m 的直井

(C)8 000~10 000 m 的直井 　　 (D)10 000 m 以上的直井

(3)深井的特点是( )。

(A)裸眼井段长,要钻深多套地层压力系统

(B)井温梯度和压力梯度高

(C)深部地层岩石可钻性差

(D)钻机负荷大

(4)小井眼的环空间隙一般( )。

(A)小于2.54 mm 　　　　　　　(B)小于3 mm

(C)小于1 mm 　　　　　　　　　(D)小于5 mm

(5)常规井发生井涌后给司钻处理的时间有30 min,而小井眼只有( )min,比常规井做出决断处理的时间短。

(A)1~2 　　　(B)2~3 　　　(C)4~5 　　　(D)3~4

(6)欠平衡钻井的优点是( )。

(A)减轻地层伤害,解放油气层,提高油气井产能

(B)能够明显提高机械钻速

(C)可以减少或避免压差卡钻和井漏事故的发生

(D)有利于识别评价油气藏

(7)与水基钻井液相比,油基钻井液所具有的特点是( )。

(A)很强的抑制性 　　　　　　　(B)很强的耐温能力

(C)强抗污染能力 　　　　　　　(D)较好的抗腐蚀性

(8)据资料统计,国外欠平衡井76%采用( )完井,21%采用( )完井,3%采用( )完井,除部分( )完井外,其他完井方式均须在压井条件下完成。

(A)裸眼完井 　　　　　　　　　(B)砾石充填完井

(C)射孔完井 　　　　　　　　　(D)筛管完井

(9)欠平衡钻井井下三阀包括( )。

(A)箭形止回阀 　　　　　　　　(B)节流阀

(C)投入式止回阀 　　　　　　　(D)旁通阀

(10)井下套管阀的优点是( )。

（A）不需要压井,对地层没有损害

（B）不需要强行起下钻装置,安全性好

（C）在井眼中没有钻柱时,不会发生溢流

（D）允许下入长而复杂的井下钻具组合

2. 判断题(对的画"√",错的画"×")

（　　）(1)分支井是指从一个主井眼钻出两个以上尺寸必须相等的分支井眼的井。

（　　）(2)丛式井广泛应用于海上油田开发、沙漠中油田开发等。

（　　）(3)井下动力钻具+PDC 钻头是提高钻速的一项重要措施。

（　　）(4)深井使用动力钻具钻柱不旋转,减少了钻具和套管的磨损,延长钻杆寿命10～20 倍。

（　　）(5)常规钻井通过检测泥浆池液面增量来控制检测井涌,而小井眼钻井不能单纯依靠池增量来检测井涌。

（　　）(6)小井眼采用动态压井法还是常规压井法,取决于地层压力预测值和可获得的环空压耗。

（　　）(7)气相欠平衡钻井的优点是钻速快且单只钻头进尺高,另外,钻成的井具有井斜小、固井质量好、完井容易、产量高等特点。

（　　）(8)欠平衡钻井所用节流管汇的主要用途是通过调节液动节流阀和手动节流阀的开关度的大小来保证立压不变,防止套压过大,同时排放钻井液,以满足欠平衡钻井工艺的要求。

（　　）(9)液气分离的方法主要采用重力沉降法和离心分离法两种,国内外在欠平衡钻井过程中使用的液气分离器都采用重力沉降法。

（　　）(10)欠平衡钻井是通过旋转防喷器(或旋转控制头)和节流管汇控制井底压力,允许井涌和适度井喷。

3. 叙述题

(1)简述分支井、多底井的概念及其优点和适用条件。

(2)简述丛式井的特点。

(3)简述影响深井钻速的主要原因及提高深井机械钻速的主要措施。

(4)简述小井眼钻井的技术难题。

(5)简述减小钻柱振动和疲劳破坏的工具。

(6)简述小井眼压井方法。

(7)简述欠平衡钻井技术的优越性和局限性。

(8)简述哪些地层适合欠平衡钻井,哪些地层不适合欠平衡钻井。

(9)简述平衡钻井与常规钻井的区别。

(10)简述在设计井底负压值时应考虑的因素。

(11)简述单一地层压力体系下如何设计井底负压值。

(12)简述气液两相流动模型的种类以及各自的特点。

(13)简述在选择欠平衡钻井液体系时应考虑的问题。

(14)列表说明如何根据地层孔隙压力系数优选钻井液类型。

(15)简述射孔完井的优点和缺点。

（16）简述 Williams 7100 型旋转防喷器的主要技术参数、结构及其工作原理。

（17）简述撇油罐的结构及其工作原理。

（18）简述液气分离器在进行液气分离时产生钻井液喷冒现象的原因。

（19）简述液气分离器的结构及其工作原理。

（20）简述点火装置的结构及其工作原理。

（21）简述箭型止回阀的用途。

（22）简述投入式止回阀的用途。

4.6.2　技能考核

1. 考核项目

（1）欠平衡钻井的井控操作。

（2）深井的作业特点和采取的作业方式。

（3）小井眼钻井作业。

2. 考核要求

（1）考场准备。

①考场设在室内或实验井场。

②考场清洁卫生。

（2）考试要求。

①过程。

②考试时间及形式：每个项目考试时间为 20 min，采用笔试或模拟操作。到时停止答卷。

参考文献

[1] 滕学清,李宁,陈勉.盐下水平井钻井理论与配套技术[M].北京:石油工业出版社,2013.

[2] 王清江,毛建华,韩贵金.定向钻井技术[M].北京:石油工业出版社,2009.

[3] 魏学敬,赵相泽.定向钻井技术与作业指南[M].北京:石油工业出版社,2012.

[4] 阿扎 J J,罗埃罗·萨莫埃尔 G.钻井工程手册[M].张磊,赵军,胡景宏,译.北京:石油工业出版社,2011.

[5] 张发展.复杂钻井工艺技术[M].北京:石油工业出版社,2006.

[6] 迈克尔.R,钱伯斯.多分支井技术[M].孙仁远,译.北京:石油工业出版社,2006.

[7] 大港油田公司,渤海钻探公司.渤海湾盆地超深定向井钻井工艺技术:中国石油风险探井新港 1 井钻探实践[M].北京:石油工业出版社,2012.

[8] 魏风勇.钻井工程现场实用技术[M].北京:中国石化出版社,2014.

[9] 刘汝山,曾义金.复杂条件下钻井技术难点及对策[M].北京:中国石化出版社,2009.

[10] 刘希圣.石油技术辞典[M].北京:石油工业出版社,1996.